개정판

생태계와 기후변화

정병곤 · 김득수 · 차왕석
김민영 · 구재근 · 장호영

도서출판 동화기술

머리말

지구의 역사가 약 46억년이고 인류가 지구상에 나타난 것이 약 400만 년 전이니 지구의 역사를 1년이라 한다면 인간이 지구상에 나타나 지금까지 살아온 시간은 7~8시간 정도에 불과하다. 그 중에서도 인간이 지구상에서 살면서 인간의 활동 자체가 지구생태계에 커다란 변화요인으로 작용한 것은 산업혁명 이후 약 200년 동안이다. 지구의 역사로 보나 인류의 역사로 보나 정말 찰나에 가까운 짧은 시간 동안에 산업혁명 이후 인류가 만들어낸 눈부신 과학기술의 발전은 우리의 생활을 극적으로 훨씬 더 편리하고 풍족하게 만들었지만 그 반대급부 또한 만만치 않다.

개발에 따른 생태계에 미치는 대표적인 역작용 중 전 지구적 규모로 일어나는 복잡한 양상 중의 하나가 지구온난화와 기후변화이다. 조절되지 않는 상태로 이대로 간다면 인류의 생존마저도 위협받게 되는 문제이며 이를 조절하기 위해서는 현재 우리가 가지고 있는 생활 및 산업의 패러다임을 전반적으로 바꾸어야 하는 문제이기도 하다.

이러한 문제는 몇몇 기술자나 과학자들만이 해결할 수 있는 문제도 아니고 과학기술 영역에 국한된 문제도 아니다. 사회, 경제, 문화 전반에 걸친 문제이며 복합적이며 다학제적 접근방식을 요구하는 문제이기도 하다. 또한 단순히 개발에 반대되는 보전의 개념이 아니라 좀 더 적극적인 면에서 보면 새로운 산업의 창출이라는 의미도 갖는다. 녹색기술, 재순환기술 외에도 선진국이 개도국의 온실가스 감축사업에 투자하여 그 나라의 지속가능한 발전도 돕고 자국의 감축의무도 달성하게 되는 CDM(청정개발체제) 사업과 같이 새로운 산업으로서의 매력도 있다. 또한 과학지식의 문제에 국한되지 않고 경제, 사회학적 문제이면서 인문학적 문제이기도 하다.

따라서 기후변화 문제와 이로 인한 생태계 변화 및 일반적인 생태계의 기본적인 지식은 학문분야를 불구하고 반드시 알아야 할 교양의 문제인 동시에 자연과학과 인문학의 다학제적 연구 분야이기도 하다. 본 교재는 이러한 취지에 입각하여 기후변화 및 생태계 문제를 다학제적 견지에서 접근하려 시도하였다 이를 위하여 생태계가 가지고 있는 일반적인 특징을 이해하고 기후변화에 대처하는 과학기술적 노력을 숙지하는 것 외에도 기후변화가 미치는 여러 가지 산업분야에 대한 지식을 공부하고 경제학적 관점에서도 고찰하고자 하였다.

교재의 구성은 생태학에 대한 일반적인 지식과 기후변화에 대한 기본적 지식, 그리고 기후변화와 에너지, 기후변화가 식품, 생물자원 해양환경 등에 미치는 영향 그리고 경제학적 관점에서 본 기후변화 등으로 이루어져 있다. 교재의 내용은 교양과목으로 한 학기를 공부하기에 적합하도록 작성되었다. 이 책을 통하여 다양한 전공의 학생들이 생태계의 특성과 기본적인 특성 및 환경오염 문제, 기후변화와 기후변화가 다양한 산업에 미치는 영향을 공학적, 과학적, 인문사회 및 경제적 관점에서 이해하는 통섭적 능력이 배양되길 바란다.

대표저자 정병곤

CONTENTS

제 01 장 생태계의 특성 7

제1절 생태계의 정의 8
제2절 생물권의 특성 8
제3절 생태계의 구성요소 13
참고문헌 14

제 02 장 현대 환경문제의 특징과 생태학적 생활 15

제1절 현대 환경문제의 특징 16
제2절 환경오염으로 인한 피해 23
제3절 생태학적 생활 25
참고문헌 28

제 03 장 물 - 차세대 블루골드 29

제1절 물의 분포 30
제2절 산업으로서의 물 33
참고문헌 37

제 04 장 생태계 물질순환 39

제1절 물의 순환 40
제2절 탄소의 순환 41
제3절 산소의 순환 42
제4절 질소의 순환 44
제5절 인의 순환 47
제6절 황의 순환 50
참고문헌 52

CONTENTS

제 05 장 인구와 자원 53

제1절 인구증가 54
제2절 농업생산과 인구 부양능력 55
제3절 자원의 종류 55
제4절 자원의 한계 57
제5절 자원의 한계 내에서의 생존방안 58
참고문헌 65

제 06 장 기후 변화와 지구온난화 67

제1절 지구대기와 기후 변화 68
제2절 지구온난화 81

제 07 장 기후는 변화하고 있는가? 93

제1절 기후 변화의 진행 94
제2절 미래 기후 변화의 전망 99

제 08 장 기후 변화의 영향은 어느 정도인가? 109

제1절 기후 변화의 현황 110
제2절 부문별 기후 변화의 영향 115
제3절 기후 변화의 대책 122
참고문헌 128

제 09 장 기후 변화와 신재생에너지 129

제1절 태양열 130
제2절 태양광 136

제3절 바이오에너지(Bio-energy) 139
참고문헌 149

제 10 장 기후 변화의 사회경제적 영향 151

제1절 날씨 · 기후와 사회경제생활 152
제2절 기후 변화의 영향요인들 155
제3절 기후 변화의 경제학적 분석 163
제4절 기후 변화와 사회경제적 대응 173
참고문헌 175

제 11 장 기후 변화와 식량 179

제1절 식량 생산에 미치는 주요 원인 181
제2절 세계 식량 현황 183
제3절 국내 식량 현황 190
제4절 식량 대책 192
참고문헌 194

제 12 장 기후 변화와 수산업 195

제1절 우리나라의 수산업 현황 196
제2절 기후 변화와 수산업 202
참고문헌 208

제 13 장 기후 변화와 해양오염 209

제1절 오염원 210
제2절 오염 현상 221
참고문헌 225

찾아보기 226

CONTENTS

제1장

생태계의 특성

제1절 생태계의 정의
제2절 생물권의 특성
제3절 생태계의 구성요소

제1절

생태계의 정의

생태계란 우리가 살고 있는 터를 말하며 여기에는 생물적 요인과 무생물적 요인이 서로 상호작용을 하고 있다. 광의의 생태계는 우리가 사는 지구 전체를 들 수 있으며 협의의 생태계는 해양생태계, 산림생태계와 같이 특정한 공간을 지칭할 수도 있고 미생물 생태계, 식물 생태계 등과 같이 대상 생물의 특성에 따라 나눌 수도 있다. 생태학(ecology)을 뜻하는 그리스 원어 'oikos'는 '집'을 의미한다. 따라서 생태학은 우리가 살고 있는 터와 그곳에 살고 있는 생물간의 상호작용을 연구하는 학문이다.

제2절

생물권의 특성

생물권은 육역, 수역, 해역을 포함한 지구상에서 생물이 존재하는 부분을 통칭하는 말이다. 지구 전체를 놓고 볼 때 생물이 살 수 있는 생물권은 수평적으로는 지구의 많은 부분을 차지하나 깊이나 높이로는 즉, 수직적으로는 극히 제한된 부분에만 생물이 살 수 있다. 높이를 예로 들면 약 22 km로 지구를 농구공만한 크기로 본다면 대기권은 이 공에 칠해진 페인트 한 겹 정도의 두께이다. 깊이 측면에서도 생물은 토양의 표면에서 생활하며 수권, 즉 물의 경우에도 생물의 성장은 햇빛이 투과되는 깊이 정도에 국한되어 있다. 이는 해양의 경우에도 유사하게 적용되는데 생물의 성장은 천해나 연안역에서 거의 대부분 일어난다. 생물의 존재에 필수적인 여러 요인들의 특성을 살펴보면 아래와 같다.

1. 대기

대기층은 기체로 된 보호막이라 할 수 있는데 질소 78 %, 산소 21 %, 소량의 이산화탄소 (0.03 %)와 수증기를 포함한 그 외 기체 1 %로 구성되어 있다. 지구 대기의 대부분은 지표면에서 8～11 km내에 존재한다.

대기의 역할은 생물이 살아가는데 필요한 유용한 기체의 저장소이면서 성층권의 오존층의 경우는 생물에 유해한 자외선이 지표면에 닿지 않도록 차단해 주는 역할도 함으로서 생명을 위해 절대 필요한 공간이기도 하다. 대기는 또한 열을 흡수하여 보유하는 열 저장소 역할도 한다.

태양으로부터 빛에너지의 형태로 지구로 들어오는 에너지의 양과 지구에서 우주로 방출되는 복사에너지의 양은 같다. 그러나 이러한 평형상태는 인간의 활동으로 인한 대기오염에 의하여 깨어지고 있다. 특히 이산화탄소는 인간이나 동물의 호흡과정에서도 발생되지만 화석연료의 연소, 삼림과 목초지 파괴 등 모든 형태의 연소로부터 발생된다. 대기 중에 증가된 이산화탄소는 복사열을 잡아둠으로써 지구의 온실효과(green house effect)를 유발한다.

2. 물

지구상에 존재하는 여러 가지 물질 중 물은 다른 물질과는 다른 독특한 성질을 많이 지니고 있다. 물은 수소원자 2개와 산소원자 1개가 결합하고 있는데 분자식은 H_2O이다. 물분자의 구조특성으로 두 개의 수소원자가 대칭의 직선구조를 가지고 있는 것이 아니고 두 수소원자와 산소간의 각도가 105°로 되어있다.

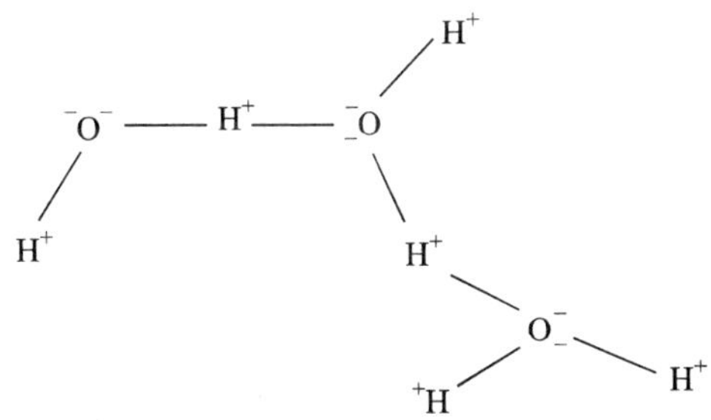

〈그림 1-1〉 물분자의 구조

이 결과로 물분자는 매우 큰 쌍극자 모멘트를 가지게 되고 다른 물분자와 수소결합을 형성함으로써 물이 물로서 가지는 각종 특성을 가지게 된다. 물은 상온 대기압하에서 액체 상태로 남아 해양, 하천, 호수에 담겨있으면서 각종 용수로 사용되기도 하고 천연수에 각종 물질들을 용존하고 있어 생물이 살아갈 수 있는 환경을 제공하는 것도 물의 독특한 분자 구조적 특성 때문이다. 예를 들어 주기율표상에 2수소화합물인 H_2S, H_2Se, H_2Te 등은 H_2O보다 분자량이 2배 이상 7배까지 큰데도 불구하고 상온에서 모두 기체 상태이나 물은 통상 액체 상태로 존재하며 기체, 액체, 고체 3상 모두의 형태로 존재한다.

물은 또한 훌륭한 용매로서 거의 모든 유기, 무기물질들을 용해시킬 수 있는 능력을 지니고 있다. 이러한 현상은 전 생물권뿐만 아니라 개개의 생물체내에서도 일어난다. 즉, 우리 몸에서 기본적인 수송 작용을 하는 세 가지는 피, 림프액, 오줌인데 이들도 대부분 물로 구성되어 있으며, 생물체내에서 일어나는 생화학적 대사과정의 대부분이 물의 특유한 화학적 성질에서 비롯된다.

물은 열용량(물체의 온도를 단위온도만큼 올리는데 필요한 열량으로서 비열과 질량의 곱)이 보통 물질 중 가장 크다. 이 말은 일정한 온도를 높이려면 물은 다른 물질보다 더 많은 에너지가 필요하다는 뜻이다. 반대로 일정한 온도로 냉각하려면 이때에도 물은 다른 물질보다 더 많은 에너지가 든다. 이러한 물의 특성은 생물 개체에 있어서나 전 지구적인 견지에서 보아도 중요한 일이다. 개체 생물에 있어서 물이 높은 열용량을 갖는다는 것은 온도가 갑작스럽게 변하는 경우에 물이 완충제 역할을 할 수 있다는 뜻이 된다. 좀 더 큰 범위로 본다면 대양과 같이 대단히 많은 양의 물이 존재하게 되면 계절적 온도의 변동을 조절한다. 그래서 같은 위도상에서 해안지방이 내륙지방보다 여름에 더 시원하고 겨울에 더 따뜻한 이유가 된다.

물은 높은 기화열을 필요로 한다. 물 1 g을 수증기로 바꾸는데 평균 539 cal가 든다. 이것은 다른 어떤 물질의 값보다 크며 많은 동물들의 체중조절에도 큰 의의가 있다. 땀을 흘리고 가쁜 숨을 쉬는 것은 표유류가 체온을 내리게 하기 위한 두 가지 행동방식이다. 물의 이 같은 특성들은 물 분자 구조에 기인한 것인데 물에서 전자의 불균형된 분포 때문에 분자는 강렬한 극성이 있다. 이는 물이 다른 극성체와 쉽게 작용하고 강한 용매작용을 하게 한다. 이로 인하여 물은 넓은 범위의 온도에서 액체로 존재하게 되고 얼 때 높은 응고열을 방출하고 증발할 때 높은 기화열을 필요로 하게 된다.

물은 비열이 높기 때문에 온도를 올리기 위해서는 비교적 큰 에너지가 필요하며 또한 매우 느리게 에너지를 잃는다. 따라서 물은 지구의 온도를 일정하게 유지시켜주는 역할을 한다. 지구가 심한 기후변동을 겪지 않고 비교적 온화한 기후를 유지할 수 있는 것은 대기중에 존재하는 수증기 때문이기도 하다. 이 습기는 열을 보유하며 지구표면으로부터 열이 느리게 복사되도록 한다.

물은 4℃에서 밀도가 가장 크고 고체인 얼음보다 밀도가 크다. 호수나 바닷물이 겨울철에 표층수부터 얼기 시작하면 고체인 얼음이 저층으로 가라앉지 않고 물위에 떠있기 때문에 얼음막이 표층에 형성되어 한파를 막아 표층 아래에 있는 물은 더 이상 얼지 않고 계속 액체 상태로 남아있게 되고 이러한 이유로 그 속에 살고 있던 물고기와 같은 각종 생물들이 겨울철에도 얼지 않고 살아갈 수 있게 된다.

어떤 물질이 기체, 액체, 고체로 상이 변하면 분자간의 간격이 좁아지게 된다. 그러나 물은 물의 수소결합으로 인하여 액체상에서 고체상으로 변하면 가벼워지고 부피가 더 커지게 되는 독특한 특성을 지니게 된다. 물은 액체상에서 고체상으로 변하면 즉, 물이 얼음이 되면

1/11만큼 부피가 팽창한다. 추운 겨울날 수도관이 얼게 되면 수도관이 터지게 되는 것도 물이 1/11만큼 부피가 더 늘어났기 때문이다. 빙산이 물위에 떠다니는 것도 이러한 이유이며 흔히들 빙산의 일각이라고 말하듯이 빙산은 물위에 1/11만큼만 올라오고 나머지 10/11은 물속에 잠겨 있는 형태로 존재하는 것도 물의 이러한 특성 때문이다.

3. 토양

토양은 물, 온도 등과 더불어 지구 생산력의 중요한 결정요인이다. 토양의 수직단면은 몇 개의 층으로 구성되어 있는데 맨 위층은 나뭇잎과 같은 부분적으로 썩은 유기물로 구성되어 있고 이 층 바로 밑에 존재하는 표토(topsoil)에는 썩은 유기물인 부식질(humus)이 있어서 어두운 색깔을 나타낸다. 농작물은 주로 이 표토층에서 자라게 되는데 그 이유는 부식질이 토양을 성기게 하여 수분의 보유와 공기의 유통을 좋게 할 뿐만 아니라 여러 가지 영양물질을 잡아두는 역할을 하기 때문이다.

표토 밑은 하층도(subsoil)로서 표토보다는 색이 옅고 무기 영양분이 많이 함유되어 있다. 하층토 밑은 풍화된 모암층으로 이는 화학적 파쇄에 의해 모암이 토양으로 전환되는 첫 단계이다.

통상 경시도가 심하고 강수량이 많은 지역에서는 지표수에 의해 부식질 및 무기염류가 씻겨나가 그 토양은 산성화되고 척박해지며 비옥도가 낮아져 비료와 석회를 많이 투입하여야만 생산량을 높일 수 있다. 반대로 사막의 경우는 강우량이 대단히 적어서 수분은 표면에만 약간 있다가 증발되어 버리고 염분이 표토 근처에 올라와 있어 염도가 높으며 알칼리성을 띄고 유기물 함량이 적어서 농작물이 제대로 자랄 수 없다.

4. 태양에너지

지구로 들어오는 태양광선 중 약 30 %는 지구와 대기에 의해 다시 우주공간으로 반사되고 20 %는 대기 중의 기체에 흡수된다. 그 나머지 50 % 가량만이 빛에너지로서 지구 표면에 도달하는데 일단 육지와 물에 흡수되었다가 열로서 우주공간에 다시 복사된다. 이 중에서 광합성 과정에 쓰이는 빛에너지는 1 %도 채 안 된다. 나머지 대부분의 열은 해양, 호수, 강 등에 유입되어 물을 증발시키거나 미약하지만 증산작용을 통해 식물의 잎에서 일어나는 증발에도 관여한다. 태양에너지를 흡수한 물 분자는 열을 얻어 활발히 움직이다가 결국 수증기로서 대기로 올라간다. 대기중에서 물은 다시 액체 상태로 응축되어 열을 잃고 비나 눈으로 낙하한다. 따라서 태양에너지는 지구상에 물을 분배시키는데 결정적인 역할을 하며 또한 지구의 기후를 조절하는 열을 재분배한다.

5. 기후

지구에 도달하는 태양에너지의 가장 두드러진 효과는 1년을 주기로 일어나는 계절 현상을 유발하는 것이다. 주기적인 계절의 변화는 지구의 공전을 따라 태양의 직사광에 노출되는 지표면의 부위가 변하기 때문에 일어난다. 일정 지역에 일어나는 직사광선의 노출 변화는 지구의 회전축이 태양광선에 수직이 아니라 수직으로부터 23.5° 기울어져 있기 때문이다. 기울어진 축은 무역풍과 지역 특유의 강우 양상도 일으킨다.

태양광선은 지구의 다른 지역보다도 적도에 더 많은 양이 도달하기 때문에 적도 지방은 덥다. 이 열은 수증기를 많이 포함하는 아주 따뜻한 **기단**(氣團, air mass)을 형성시켜 상승하게 만든다. 따뜻한 공기는 찬 공기보다 습기를 많이 보유한다. 따뜻한 기단이 상승하면 아래쪽의 대기 밀도가 희박해짐으로써 북쪽으로부터 차고 건조한 기단이 밀려들어오게 되는데, 이 때 지구의 자전력에 의해 **무역풍**이 발생한다.

적도에서 생긴 습한 공기는 이동하면서 적도 지방 특유의 강우 양상을 형성한다. 상승한 기단은 빠르게 차가워져서 적도 지방 근처에 비를 뿌려 대부분의 물을 잃게 된다. 공기 격실 내의 기단이 북쪽으로 점차 이동함에 따라 습기가 점점 더 고갈되며 이 지역에서의 강우량은 더 적어진다. 결국 북위와 남위 30°부근 지역은 강우량의 부족으로 인하여 **사막**(desert)이 형성된다.

기단의 이동은 **해류**를 만드는 데 일익을 담당하기도 한다. 해류의 이동은 근처에 있는 육지의 기후에 영향을 주고, 물을 혼합하여 수중 생물에 필요한 영양분과 가스 등을 분배하기 때문에 상당히 중요하다.

제3절

생태계의 구성요소

생태계의 구성요소는 생물적 구성요소와 비생물적 구성요소로 나눌 수 있다.

1. 생물적 구성요소

생물적 구성요소로는 생산자, 소비자, 분해자를 들 수 있다.

1) 생산자

무기물로부터 유기물을 만들어내는 독립영양생물(Autotroph)로 대표적인 것으로는 광합성 생물로 육지에서는 식물이 수생태계에서는 조류(algae)가 여기에 해당된다. 반응의 에너지원으로 햇빛을 사용하는 광합성 생물이 수나 양적인 측면에서 주된 종이기는 하나 빛 외에 화학물질을 에너지원으로 사용하는 화학합성 생물도 존재한다. 먹이 피라미드의 맨 하부에 위치하며 생산자의 규모가 전체 생태계의 크기를 결정한다.

2) 소비자

생산자가 자기의 체세포 즉, 유기물을 무기물로부터 만들어내는 생물을 총칭한다면 소비자는 자신의 체세포를 만들기 위하여 다른 유기물을 이용하는 생물을 말한다. 생산자를 먹이로 하기도 하고 다른 소비자를 먹이로 하기도 한다. 종속영양생물(Heterotroph)이라고도 한다.

3) 분해자

미세소비자 즉, 종속영양성 미생물로 사체나 분뇨 등 유기물을 분해하여 무기물로 되돌리는 역할을 수행하는 미생물을 일컫는다.

2. 비생물적 구성요소

비생물적 구성요소로는 CO_2, H_2O 등과 같이 물질순환에 관여하는 무기물과 탄수화물, 단백질, 부식질 등과 같은 유기화합물 그리고 공기, 온도, 습도, 기후 등과 같은 물리적 요소가 있다. 이런 비생물적 구성요소는 생물적 구성요소에 영향을 미치기도 한다. 또한 생물적 구성요소의 활동결과가 비생물적 구성요소에 영향을 미치기도 한다. 따라서 생태학은 생물적 구성요소와 비생물적 구성요소간의 상호작용을 연구하는 학문이다.

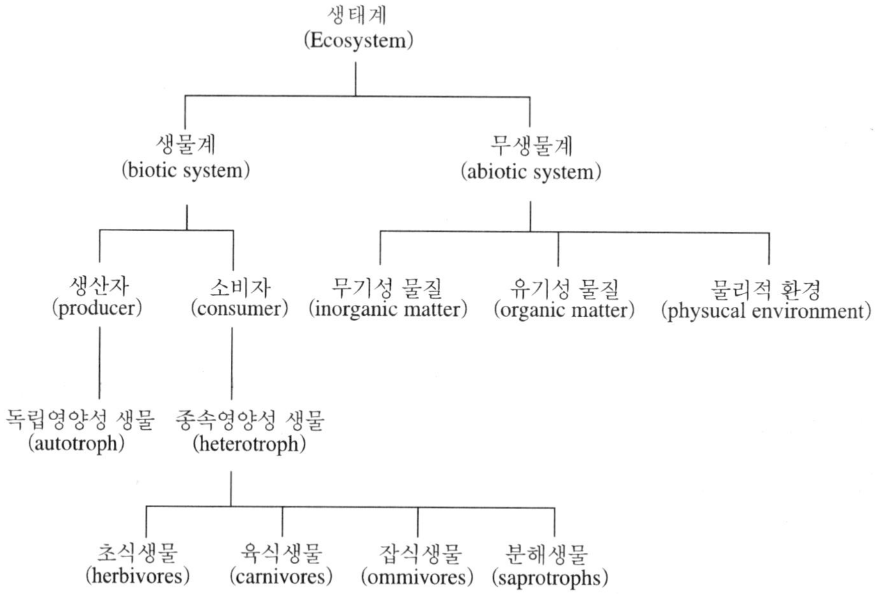

〈그림 1-2〉 생태계의 구성요소

참고문헌

박철희, 조기안, 정병곤, 최세웅, 한상국, 환경생태학, 동화기술, 2013
오계헌, 송홍규, 최성찬, 환경생태학, 동화기술, 1999
정문식, 박석환, 환경생태학, 신광문화사, 2003
M.C. Dash, Fundamentals of Ecology, McGraw-Hill Book Company, 1996
Berry, R.J., Ecology and Environment, Templeton Foundation Press, 2011

제2장

현대 환경문제의 특징과 생태학적 생활

제1절 현대 환경문제의 특징
제2절 환경오염으로 인한 피해
제3절 생태학적 생활

제1절

현대 환경문제의 특징

1. 복잡성

흔히들 생태계의 생산자와 소비자 간의 관계 또는 1차 소비자와 다차 소비자 간의 관계를 먹이연쇄(food chain)로 표현하지만 실제에 있어서 이들 간의 관계는 chain처럼 일직선상의 관계라기보다는 대단히 복잡한 양상을 나타낸다. 따라서 이들 간의 관계를 그물망과 같다하여 먹이그물(food web)이라고 나타내기도 한다. 그림 2-1은 호수 내 먹이그물을 나타내어 놓은 그림이다.

이러한 복잡성을 설명하기 위하여 18세기 영국의 생태학자들은 영국의 위대함은 늙은 하녀의 부지런함에서 비롯되었다는 말을 내 놓았다. 이 말은 18세기 영국은 소위 해가 지지 않는 제국이라는 소리를 들을 정도로 광대한 식민지를 거느린 대제국이었는데 그렇게 대제국이 될 수 있었던 것은 영국의 막강한 해군력에 의해서였고 영국의 막강한 해군력은 영국 해군의 건강에 의해서 지탱되었고 영국 해군의 건강은 영국에서 나는 맛있는 쇠고기 때문이며 맛있는 쇠고기는 영국의 질 좋은 클로버를 소가 먹기 때문이며 클로버는 벌에 의해 수분이 되고 이 벌집은 들쥐가 먹고 이 들쥐는 고양이가 먹어치우는데 이 고양이는 늙은 하녀가 키우기 때문에 영국의 위대함은 늙은 하녀의 부지런함 때문이라는 것이다. 조금은 황당해 보이는 인과관계에 대한 설명을 들어야만 겨우 이해가 되거나 듣고도 고개가 갸우뚱 해지는 것과 같이 인과관계의 증명이 매우 힘들다는 것이 현대 환경문제의 특성이다.

이러한 복잡성으로 인하여 인과관계 증명이 어려움에도 불구하고 인과관계의 증명이 반드시 필요한 이유는 오염으로 인한 피해보상은 결국 원인자가 부담하여야 하기 때문에 더욱 그렇다. 그러나 실제에 있어서 이러한 인과관계의 증명은 매우 힘들고 복잡하다. 예를 들어 현재의 지구온난화는 그 원인물질이 이산화탄소가 가장 중요한 물질이고 이산화탄소의 주배출원은 화석연료의 연소과정이며 이는 주로 공업화된 국가에서 발생된다. 그러나 이로 인한 해수면 상승으로 인한 피해를 가장 크게 입는 곳은 투발루나 몰디브와 같이 이산화탄소 발생에 거의 기여하지 않은 나라이다. 투발루나 몰디브는 해수면 상승으로 인하여 금세기내에 나라가 모두 물에 잠길 가능성이 있는 나라이기도 하다.

미나마따병이나 이따이이따이병의 예에서 보다시피 환경오염 문제는 인과관계의 증명이 매우 힘들고 시간도 많이 걸리고 경비도 많이 소요되기도 하나 원인과 결과 사이에는 분명한 연결선이 존재한다. 이러한 연결선을 찾기 위해서는 상당한 시간과 노력을 기울어야 가능하다.

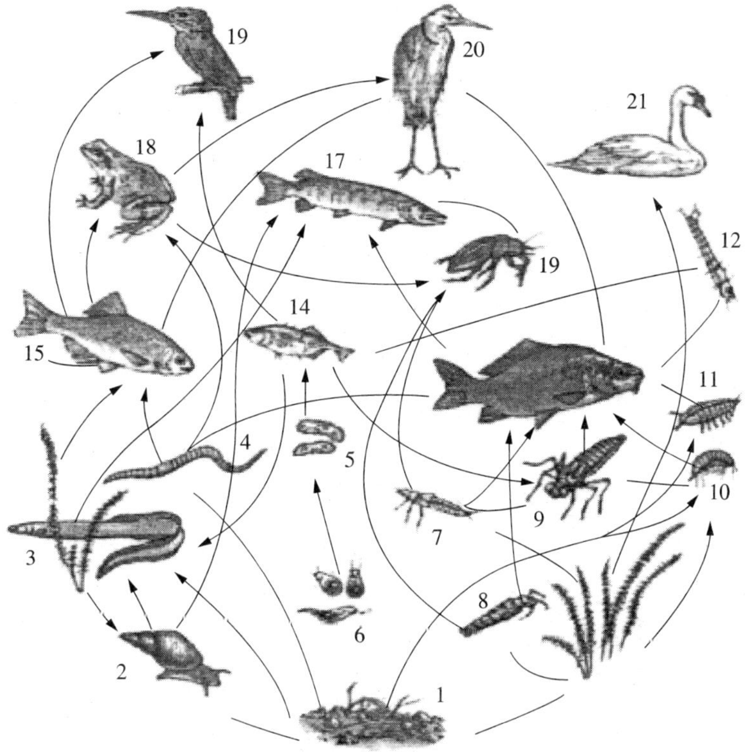

1. 부식질 2. 물달팽이 3. 뱀장어
4. 지렁이 5. 동물성 플랑크톤 6. 식물성 플랑크톤
7. 하루살이 유충 8. 날도래 유충 9. 잠자리 유생
10. 갑각류 11. 등각류 12. 모기 유생
13. 잉어 14. 큰가시고기 15. 각시붕어
16. 물방개 17. 창꼬치 18. 개구리
19. 물총새 20. 왜가리 21. 백조

〈그림 2-1〉 호수에 서식하는 생물들의 먹이사슬들이 연결되어 형성된 먹이그물

최근 들어 오염의 원인물질이 더 다양해짐에 따라 예전에 비하여 복잡함의 정도는 더 심해지고 있으며, 따라서 인과관계의 증명도 더 힘들며 책임의 문제도 더 복잡해지는 양상을 띠고 있다.

2. 광역화

현대 환경문제의 또 다른 특징은 광역성에 있다. 광역화 문제가 심각한 이유 중의 하나는 발생지역과 피해지역이 일치하지 않는다는 것이다. 기후 변화 문제에서 보다시피 온실가스를 많이 내어 놓는 지역은 산업이 발달된 선진국이지만 그로 인한 피해는 지구 전체에 걸쳐 일어나며 경우에 따라서는 온실가스 발생에 거의 기여를 하지 않은 나라가 피해는 집중적으로 입기도 한다. 지구온난화로 인한 해수면 상승으로 국토의 대부분이 바다 속으로 가라앉을 운명에 처한 투발루나 몰디브 같은 나라들이 전형적인 예이다.

이러한 광역화 문제는 기후 변화뿐만 아니라 산성비, 사막화, 해양오염 등 다양한 문제에서도 볼 수 있다. 우리나라의 경우에도 해마다 봄철이면 겪게 되는 황사도 이러한 범주에 속하는 문제이다. 황사의 발원지는 우리나라와 전혀 관계없는 내몽고이지만 우리나라는 매년 황사로 인한 피해를 입고 있다. 타클라마칸, 오르도스, 고비 등에서 발원한 황사는 우리나라로 오면서 중국에서 발생한 대기오염 물질을 흡착해서 운반해 오기 때문에 피해에 따른 원인 유발 정도를 파악하기가 대단히 힘들고 복잡하다.

해양오염의 경우도 마찬가지인데 해양은 대단히 넓어 어떤 물질이 유입된다 해도 금방 혼합, 희석되어 흔적도 찾기 힘들 것 같지만 실제 해양은 우리가 생각하는 것처럼 그렇게 균질한 생태계가 아닌 경우가 많다. 때론 오염물질이 주변 바닷물과 거의 희석, 혼합되지 않고 해류를 따라 굉장히 먼 거리를 이동하기도 한다. 실제 유럽의 경우 북해의 오염의 상당부분이 멀리 떨어진 영국에서 배출된 오염물질에 기인한 것으로 알려져 있다. 이러한 이유로 해양오염과 같이 광역화된 오염 즉, 국경을 넘어서는 오염(월경오염)의 경우에는 여러 나라들이 참여하는 국제적 협약이 매우 중요하다. 해양오염에 관한 런던협약 등이 그 좋은 예이다.

이와 유사한 많은 국제적 협약들이 광역화된 오염문제에 대처하기 위하여 만들어져 있다. 기후 변화 협약, 사막화 협약 등이 좋은 예이다.

3. 시차성

현대 환경문제의 또 다른 특징은 시차성에 있다. 시차성이란 오염물질의 체내 유입과 이로 인한 가시적인 피해의 발생 간에 상당한 시간이 요한다는 것이다. 고엽제 문제나 유전자 조작식품(GMO) 문제가 여기에 속한다.

고엽제는 베트남전에서 나뭇잎의 성장을 억제하여 정글에서 적군의 근거지를 제거할 목적으로 사용되었던 다이옥신계열 제초제를 말한다. 미국은 1961년부터 1971년까지 4천400만 리터의 고엽제를 베트남 주요작전지역에 비행기로 살포했는데 이 중에는 인체에 해로운 것으로 알려진 170 kg의 다이옥신이 포함돼 있었다. 1969년 동물실험에 의하여, 2,4,5－T계 제초제를 합성할 때 함유하는 초미량의 불순물인 다이옥신이 인체에 들어간 뒤 5~10년이 지나면 각종 암과 신경계 마비를 일으키는 등 이 제초제의 살포로 인한 인체 건강장애가 보고되기 시작하여 1971년에는 살포가 중지되었다.

우리나라에서 이 고엽제가 문제가 된 것은 베트남전쟁에 참전했던 참전용사 중 상당수가 고엽제 후유증에 시달리고 있다는 것이 밝혀지면서부터다. 고엽제로 인하여 두통, 현기증, 가슴앓이부터 암 유발, 기형아출산, 정신질환의 후유증까지 일어나는 것으로 알려져 있다. 국가보훈처 자료에 따르면, 2011년 3월 말 고엽제 후유증에 따른 국가유공자는 2만 3,405명, 후유의증으로 수당을 받는 환자는 5만 2,848명으로 집계되었다. 또 고엽제 후유증 2세로 수당을 받는 환자가 57명, 고엽제 후유증이나 후유의증은 아니지만 등외 판정을 받아 병원 치료비를 지원받는 환자는 3만 6,582명으로 조사되는 등 고엽제로 인한 직·간접 피해로 보훈대상이 된 국민은 모두 11만 2,892명에 달할 정도로 많은 수가 이 고엽제 후유증을 가지고 있다는 것을 알 수 있다.

GMO(Genetically Modified Organisms)식품의 경우는 이와는 조금 다른데 통상 현대 생명공학기술을 이용해 새롭게 조합된 유전물질을 포함하고 있는 동물, 식물, 미생물을 유전자변형생물체라고 하고(LMO법 제2조 제1호) 이렇게 만들어진 유전자변형생물체를 재배하여 식품 혹은 식품의 원료로 이용할 때 이를 GMO식품이라 할 수 있다. 즉, 생명공학기술을 이용해 다른 생물의 유전자를 재조합하거나 다른 생물의 유전자를 도입하여 만든 유전자변형생물체나 그 생물체를 원료로 하여 만든 식품을 GMO식품이라고 한다. 대표적으로는 유전자변형옥수수, 유전자변형콩 등이 있다. 겉으로 보기에는 똑같지만 특정 형질(제초제에 잘 견디거나, 해충에 저항성을 가지는 형질)을 가지고 있어 재배하는데 편리하거나 병충해에 강한 작물들이 많이 재배되고 있으며 이 작물을 이용해 만든 식품들을 GMO식품이라고 보면 된다. 이 GMO식품에 대해서는 긍정적 견해와 부정적 견해가 상존하고 있으며 이를 정리하면 다음 그림 2－2와 같다.

GMO식품의 장점은 생산성 및 품질이 우수해 전 세계 식량난 해소에 기여하며, 병충해에 강해 농약, 비료 사용량을 대폭 줄일 수 있어 환경오염 방지 효과가 있다는 것이며 단점으로는 인체 유해성 및 생태계 교란 등 환경재앙 발생이 우려되고 장기간 섭취 시 부작용에 대한 연구가 진행 중이나 아직 뚜렷한 결과가 나오지 않았다는 것이다. 현재 GMO 시장은 몇몇 다국적기업이 주도하고 있는데 칼진(Calgene), 몬산토(Monsanto) 등이 대표적 기업이다.

식량 / 작물

생산량 증가 및 농가 소득 향상

찬성	반대
해충, 잡초, 바이러스 등으로 인한 생산량 감소와 품질 저하 개선으로 세계적인 기아 문제 해결	식량문제는 생산량의 부족이 아닌 분배의 불균형에 기인 다국적 기업과 선진국의 식량 독점으로 분배 불균형 심화
과거대비 작물 수확량 증가 및 농약 비용, 인건비 절감으로 농가의 소득이 향상되고 소비자의 이익도 증가	매년 발생하는 유전자변형농작물 종자 구입 비용으로 소비자 부담 증가, 기존 작물에 비해 작물의 수확량이 적거나 비슷하다는 통계결과도 있음.

인류의 건강 증진

찬성	반대
비타민A가 강화된 황금쌀 같은 유전자변형생물체의 이용으로 인류 건강 증진	유전자변형생물체의 개발 역사가 짧아 장기간 섭취 시 인체에 나쁜 영향을 미칠 가능성

환경

생물의 다양성 및 환경 보전

찬성	반대
작물 재배로 인한 산림 손실이 해마다 증가, 유전자변형작물 재배로 동일한 토지에서 이모작이 가능해져 산림을 포함한 생물다양성 보전	유전자가 비슷한 다른 생물에게 유전자변형생물체가 옮겨가는 유전자 전이로 인한 피해 발생 및 토종 품종의 손실
농약 및 살충제 사용 감소로 생물 보전	내성이 생겨 더 많은 잡초와 해충이 등장할 수 있으며, 더욱 강력한 화학물질 사용가능성 증가
환경 정화 능력이 높은 유전자변형미생물 및 식물로 환경오염 물질 분해, 제거, 흡수	자연 본래의 성질을 인위적으로 변화시켜 생물의 질서를 파괴하고 생태계를 교란

에너지 산업

에너지 자원화

찬성	반대
생물자원을 메탄올 에탄올, 메탄가스로 변환하여 에너지를 이용하는 바이오연료를 활용, 석유에너지 대체	바이오연료를 위한 엄청난 양의 유전자변형작물 재배 및 소비로 국제 곡물가격 상승 및 식량 위기 초래

의료

난치병 치료, 인간 장기 대체

찬성	반대
유전자재조합생물을 이용한 B형간염 백신 등 고부가가치 의약품제조 및 상용화, 인간의 난치병 치료에 응용하는 유전자 치료 연구, 의약품 생산, 의료용 원료 물질 생산 및 바이오 장기생산 연구 추진중	의료분야에 대한 적용의 경우 인체에 직접적으로 영향을 미치기 때문에 문제점이 드러난 이후에는 회복에 많은 시간과 노력이 필요, 위험가능성에 대한 우려가 큼

〈그림 2-2〉 유전자변형생물체에 대한 긍정적/부정적 견해

4. 미량화

현대 환경문제의 또 다른 특징은 미량화에 있다. 오염물질의 양을 재는 단위로 가장 많이 쓰이는 단위가 ppm(parts per million)이다. ppm은 말 그대로 100만분의 1(10^{-6})을 나타내는 단위로 분율이기 때문에 분모와 분자가 동일 단위여야 한다. 즉 분모, 분자 둘 다 무게단위든지 부피단위든지 같은 단위를 사용하면 된다. 물론 비중이 1인 경우에는 무게와 부피를 혼용할 수 있다. 즉, 1 mg/L는 비중이 1인 물의 경우는 1 ppm과 동일하다. 그렇지 않다면 1 mg/kg이나 1 mL/m^3과 같이 동일한 단위로 표시하여야 한다. 이 보다 더 작은 단위로는 ppb(parts per billion)를 들 수 있는데 이는 10억분의 1(10^{-9})로 nano와 동일 단위이다. 이보다 1,000배 작은 단위가 pico인데 이는 1조분의 1(10^{-12})을 뜻한다. 흔히 환경호르몬이라고 부르는 내분비계 교란물질의 경우 측정단위는 pico이다.

1 pico가 얼마나 작은 양인지를 알기 위해서 거리를 이용하여 살펴보면 서울에서 미국 로스앤젤레스까지의 거리가 약 9,530 km이므로 이를 10,000 km라 하면 10^4 km이고 이는 10^7 m이고 10^{10} mm이므로 1 pico란 서울에서 LA까지 거리 중 0.01 mm에 해당되는 거리이다. 이를 다른 식으로 환산하면 국제규격 수영장(50 m × 10 m × 2.5 m)에서 1 pico란 1/1,000 mL에 해당되는 크기이다. 통상 20방울이 1 mL이므로 국제규격 수영장에 물 한 방울을 떨어뜨린다면 이는 50 pico를 주입한 것이다. 내분비계 교란물질들은 이러한 pico단위에서 문제를 일으키기 때문에 굉장히 적은 양에서 문제를 일으킨다.

이러한 내분비계 교란물질 중 잘 알려진 것으로는 선박의 방오도료로 사용하는 유기주석계 화합물(TBT, tri butyl tin)이 있는데 이는 암컷 고동에 수컷 생식기가 생기는 impo-sex현상을 일으키는 원인물질로 알려져 있다. 그 외에도 다이옥신, PCB, 노닐페놀, 비스페놀A 등이 대표적인 내분비계 교란물질이다.

다이옥신은 벤젠 고리에 염소를 포함하고 있는 화합물로서 75종류의 이성체(congener)를 가진 다이옥신류(PCDD, polychlorinated dibenzo-*p*-dioxin)와 135종류의 이성체를 가진 퓨란류(PCDF, polychlorinated dibenzofuran)로 나눌 수 있다. 화학구조는 매우 안정하여 상온에서 색깔이 없는 결정으로 존재하며 극성이 없어 물에 잘 녹지 않는다. 대신 지방에 잘 녹기 때문에 몸속에 들어가면 오줌으로 배설되지 않고 지방조직에 축적된다. 다이옥신 중에서도 가장 유독한 물질은 2,3,7,8－사염화다이옥신(TCDD, 2,3,7,8－tetrachlorodibenzo－*p*－dioxin)이다. 다이옥신의 생성과 환경 배출은 염소를 함유하고 있는 유기화합물이 탈 때 다이옥신이 생성될 수 있으며, 쓰레기를 불 태울 때 주로 발생한다. 이 때문에 대부분의 국가에서는 소각시설에서 배출되는 다이옥신 양을 줄이기 위해 여러 가지 노력을 기울이고 있다. 인체 흡수와 독성을 보면 97 %가 넘는 대부분의 다이옥신은 음식에 포함되어 흡수하게 되며 약 3 % 이하만 호흡기를 통해 흡수된다. 가장 일반적인 흡수 경로는 쇠고기, 돼지고기나 닭고기, 우유 등에 들어 있는 지방에서 흡수되는 것이다. 호흡기를 통해 흡수되는 경우에는 담배연기가 가장 일반적이다. 다이옥신은 주로 몸속의 에스트로겐 관련 내분비계에 작용하여 독성을 나타내기 때문에 내분비계 교란물질로 분류된다. 다이옥신의 독성연구는 주로 TCDD 중심으로 진행되어 있으며, TCDD의 축적 결과 피부질환, 면역력 감소, 기형아 출산, 성기 이상, 암 유발 등이 나타난다는 연구가 진행되었다. 다이옥신 관련 사건으로는 1949년 미국에서 염소살균제 공장 폭발 사고가 일어나고, 그 당시 일하던 근로자들에게 피부질환이 나타나면서 다이옥신의 유독성이 알려지기 시작했다. 1963년에는 제초제 공장의 폭발 사고로 4명이 죽고 50명이 넘는 사람에게 건강상 문제가 일어났다. 이 공장에서도 생산하고 있던 고엽제(agent orange)는 1965년부터 진행된 베트남전에 사용되었다. 1999년에는 벨기에에서 동물 사료에 다이옥신이 검출되면서 700만 마리의 닭과 6만 마리의 돼지를 도살했다. 2000년 한국에서도 산모 59명의 젖을 검사한 결과 높은 수준의 다이옥신이 검출되었다. 2004년에는 우크라이나의 정치인인 유쉬첸코(Viktor Yushchenko)를 TCDD로 독살하려는 음모가 발각되기도 하였다.

PCB는 poly chlorinated biphenyl(폴리염화바이페닐)의 약자로 염소와 바이페닐을 반응시켜 만드는 매우 안정한 유기화합물로 물에는 녹지 않지만 기름이나 유기용매에는 녹는다. 절연성이나 열의 보존성이 높아 변압기, 자동차 자동변속기의 전기절연체 및 각종 테이프, 도료, 인쇄잉크 등에도 쓰인다. 1930, 1940년대를 거치며 공업용으로 널리 사용되었으나 1970년대 중반 이후 이들 화학약품이 생명체에 해롭다는 사실이 밝혀지면서 생산과 이용이 제한되었다. 1968년 일본 가네미지역에서 1만4천여 명의 성장지연 또는 신경장애환자를 발생시켰고, 선진국에선 70년대에 제조와 사용이 금지됐으며, 83년 이후 국내 수입도 금지돼 있다. PCB는 어류와 무척추동물에게 특히 유독하며 PCB에 노출된 사람은 간기능장애 · 피부염 · 현기증 등이 유발된다. 다이옥신과 마찬가지로 체내에서 강력한 발암작용과 기형아 출산을 유발하는 것으로 알려졌으며 자연환경과 인체에 축적된다. 특히 체내에 흡수되지 않고 접촉만 해도 안질, 손 · 발톱 변색 등을 유발한다. 1997년에는 세계자연보호기금(WWF)에 의해 농약류 43종, 페놀 등 유해화학물질 42종과 함께 환경호르몬(내분비계 교란물질)로 지정됐다.

노닐페놀은 페놀(벤젠고리에 수산기가 붙은 화합물)에 탄소수가 9개인 분자사슬이 붙은 화합물이다. 비이온 계면활성제의 일종인 폴리에틸렌글리콜노닐페닐에스테르의 원료이다. 노닐페놀은 환경호르몬의 하나로 주목받고 있으며 최근에 폴리염화비닐제품의 영업용 식품랩으로 포장한 식품을 전자레인지로 가열할 경우 식품 내에 노닐페놀이 검출된다는 점에서 인체에 미칠 악영향이 염려되고 있다.

비스페놀A(Bisphenol A : BPA)는 1891년 러시아 화학자 디아닌(A. P. Dianin)에 의해 처

음 합성되었다. 1930년대에는 합성 에스트로겐으로 사용하는데 대한 연구가 진행되었으나 실제로 사용되지는 않았다. 현재에는 폴리카보네이트나 에폭시수지 같은 플라스틱 제조의 원료로 사용한다. 폴리카보네이트는 투명하게 만들 수 있기 때문에 CD의 재료나 음식 용기로 사용되며 젖병에도 이용된다. 에폭시수지는 치과에서 사용하는 레진이나 음료수 캔을 코팅하는 데 이용된다. 비스페놀A의 위험성으로는 강력한 세제를 사용하거나 산성 또는 고온의 액체 속에 비스페놀A로 만들어진 플라스틱을 넣으면 적은 양이 녹아 나올 수 있다. 이렇게 해서 나온 비스페놀A는 에스트로겐과 비슷한 작용을 한다. 1930년대에 난소가 없는 쥐에 비스페놀A를 주사한 실험을 통해 비스페놀A가 합성 에스트로겐으로 작용할 수 있다는 사실이 처음 밝혀졌다. 이후 세포를 이용한 실험을 통해 매우 낮은 농도에서 내분비계 교란물질로 작용할 수 있다는 것이 알려졌다. 때문에 인간에게도 정자 수의 감소나 여성화 같은 건강 문제가 나타날 수 있다. 플라스틱을 만드는 업자들은 오랜 시간 동안 비스페놀A의 안전성에 대해서 주장해 왔다. 그러나 최근의 연구에 따르면 플라스틱 제조업자들은 11개의 안전한 연구결과를 내놓았으나 104개에 걸친 독립적인 연구에서는 90 % 이상 위험성이 나타났다고 한다. 또한 아주 적은 양에서도 비스페놀A가 신경 발달에 문제를 일으킨다는 연구 결과도 발표되었다. 때문에 아직까지 비스페놀A를 사용하는 것에 대해서 논란이 끊이지 않고 있다.

제2절 환경오염으로 인한 피해

1. 종다양성의 감소

환경오염으로 인한 피해는 여러 가지 형태로 나타나나 가장 전형적인 결과는 종다양성의 감소이다. 예를 들어 화력발전소나 원자력발전소에서 발생되는 온배수의 경우 주변 수역의 온도를 올리면 발생되는 가장 현저한 변화중의 하나가 종다양성의 감소이다. 종다양성의 감소는 때로는 우점종의 개체수 증가를 가져오기도 하는데 이는 때로 환경오염 문제에 대한 오해를 가져오기도 한다. 천수만이나 금강하류역 등과 같이 간척사업을 실시하여 인공호를 만들거나 하구둑을 건설한 경우 사업 이전에 비하여 날아오는 철새의 수가 더 늘어나게 된다. 그러나 이런 경우 사업 이전에 비하여 종다양성은 훨씬 줄게 되는 것을 알 수 있다. 즉, 주로 물위에 떠다니는 오리류의 개체수가 급격히 늘어나는데 비하여 다른 종류는 줄거나 아예 없어지기도 하여 전체 개체수는 늘어나나 종의 다양성은 줄어든다. 이러한 현상은 결국 우점종에 문제가 생기거나 우점종에 치명적인 질병이 일어나게 되면 전체 생태계가 위험하게 된다.

종다양성 감소가 전체 생태계에 미치는 영향에 대한 가장 극적인 예는 강하구 등에 있어서 따개비와 불가사리의 예에서 알 수 있다. 조개류에 있어서 가장 강력한 포식자는 불가사리인데 불가사리가 너무 많으면 조개류가 살지 못하지만 어느 정도의 불가사리가 있으면 다양한 종류의 따개비들이 공존하게 된다. 그런데 이러한 생태계에 불가사리를 완전히 제거해 버리면 따개비들끼리 먹이 경쟁을 치열하게 하게 되어 결국은 가장 먹이섭취능력이 가장 뛰어난 종만이 살아남게 되고 살아남은 종의 개체수는 폭발적으로 증가하게 된다. 그러다 먹이의 감소나 우점종에 특이한 바이러스의 발생 등으로 우점종이 치명적인 피해를 입게 되면 따개비 개체가 절멸하는 경우를 맞게 된다. 이런 경우에서 알 수 있다시피 특정 종의 개체수 증가를 동반한 종다양성의 감소는 해당 생태계의 위험성을 알려주는 신호이기도 하다.

발톱이 2개로 갈라져있는 동물에 주로 생기는 발굽이 썩는 구제역의 경우 오늘날과 같이 의학이 발전한 시대에도 돼지 등에 발병하면 전염속도가 워낙 빠르기 때문에 일단 발병하면 살 처분이라 하여 치료보다는 묻어버리는 방법을 사용한다. 이러한 구제역은 야생에서 살아가는 순록떼들에게도 발병하나 순록떼는 구제역에도 불구하고 절멸하지 않고 계속 살아남을 수 있는 원인은 순록 자체 보다는 순록을 노리는 포식자들의 존재 때문이다. 즉, 구제역을 전염시키기 이전에 포식자들에 의해서 죽기 때문에 순록떼들은 건강한 집단으로 남아 있을 수 있게 된다.

영국이 낳은 위대한 역사학자인 아놀드토인비는 그의 저서 "역사의 연구"에서 역사의 발전은 "도전과 응전"이라고 이야기 하였다. 개인이든, 집단이든, 국가든 외부로부터의 도전이 너무 크면 살아남을 수 없지만 외부로부터의 도전이 전혀 없어도 그 집단, 국가는 멸망한다는 것이다.

이는 지금까지 본 생태학적 원리와 전혀 다르지 않다. 외부로부터 적절한 도전이 있고 그 도전을 극복하기 위한 응전이 역사의 발전인 것과 같이 생태계 역시 외부로부터의 포식압력이 적절히 있을 때 종다양성이나 생태계 건강도는 더 높아지게 된다.

제3절 생태학적 생활

1. ESSD

1972년 '로마클럽'의 제1차 보고서인 《성장의 한계》에서 환경과 개발에 관한 강한 우려를 표명하면서, '지속가능한 발전(sustainable development)'이란 용어를 사용한다. 그 후 1980년 국제자연보호연합(IUCN)·국제연합환경계획(UNEP)·세계자연보호기금(WWF)에 의해 《세계환경보전전략》이 공동으로 작성되었는데, 여기서 생태계, 생명계의 유지, 생물종의 다양성 보전, 자원의 지속적 이용의 확보가 거론되었다. 또한, '지속가능한 사회(sustainable society)', '지속가능한 생활(sustainable living)' 등 유사한 단어들이 등장하였다.

이 개념이 공식화된 것은 '환경과 개발에 관한 세계위원회(WCED)'가 1987년에 발표한 《우리의 미래(Our Common Future)》라는 보고서에 의해서다. 이 보고서는 '미래세대가 그들의 필요를 충족시킬 수 있는 가능성을 손상시키지 않는 범위에서 현재 세대의 필요를 충족시키는 개발'이라고 정의함으로써 '환경적으로 건전하고 지속가능한 개발(environmentally sound and sustainable development; ESSD)'의 개념을 확립한다. 또한, 좁게는 경제의 지속가능성이지만, 국제연합환경개발회의(UNCED)가 밝힌 개념은 경제뿐만 아니라 자연자원을 포함한 생태계 전체가 지속 가능할 것을 요구하였다.

또한, 이를 위한 세계적 전략으로서, 성장의 회복과 질적 변화, 노동·식량·에너지 등의 충실, 인구의 지속가능한 수준의 유지, 자원의 기반과 기술의 진전 등을 들고 있다. 1992년 6월에 브라질 리우데자네이루에서 열린 국제연합환경개발회의에서 채택된 '의제21'에서는 지속가능한 개발의 실천의 구체적 성격을 담고 있다.

이러한 개념은 개발과 환경보전을 병행함으로서 공존의 삶을 살 수 있는 인류의 생활방식이다. 개발과 보전 사이에 이러한 협약이 없다면 그래서 공유 재에 대하여 경쟁적으로 사용만을 하게 된다면 아래에 소개하는 공유지의 비극과 같은 일이 일어날 수 있다.

공유지의 비극

공유지의 비극(The tragedy of the commons)이란 미국 UCSB 생물학과 교수인 가렛하딘에 의해 만들어진 개념으로 1968년 12월 13일자 사이언스지에 실렸던 논문의 제목이기도 하다. 경제학을 포함한 많은 분야의 논문과 저서에서 즐겨 인용할 만큼 중요한 개념으로 자리 잡았다. 공유지(common pool resource)의 비극은 '지하자원, 초원, 공기, 호수에 있는 생선과 같이 공동체의 모두가 사용해야 할 자원은 사적이익을 주장하는 시장의 기능에 맡겨 두면 이를 당세대에서 남용하여 자원이 고갈될 위험이 있다'는 내용을 담고 있다. 따라서 이는 시장실패의 요인이 되며 이러한 자원에 대해서는 국가의 관여가 필요하다. 아니면 이해당사자가 모여 일정한 합의를 통해 이용권을 제한하는 제도를 형성해야 한다는 내용이다.

2. 낮은 에너지 생활

우리가 지금보다 좀 더 낮은 에너지 생활을 한다면 생태학적 효율성을 높일 수 있고 따라서 좀 더 생태적인 즉, 친환경적인 삶을 살 수 있게 된다. 낮은 에너지의 생활은 지금보다 좀 더 욕심을 줄인 검소한 생활을 하는 것을 의미한다.

예를 들어 쓰레기 발생량에 대하여 보면 우리가 쓰레기 발생량을 줄일 수 있는 방법 중의 하나로 생각했던 것이 내구연한의 연장이었다. 즉, 5년 사용할 수 있는 물건을 좀 더 튼튼하게 만들어 10년 사용할 수 있게 만든다면 당연히 그 물건의 쓰레기 발생량을 반 정도로 줄일 수 있다는 생각이었다. 그러나 이러한 이론은 현실에서는 맞지 않는다. 예를 들어 우리 집에서 사용하는 냉장고나 TV를 보자. 실제 우리 생활에 많이 사용되는 가전제품의 경우 더 이상 기능을 못해서 버리는 것 보다 기능이나 디자인이 맘에 들지 않거나 구식이어서 바꾸는 경우가 더 많다. 이러한 현상의 가장 극명한 예가 거의 모든 사람들이 하나씩 들고 있는 휴대용 전화기이다. 더 이상 통화가 되지 않아 전화기를 바꾸는 사람이 과연 몇이나 될까? 다른 가전제품의 경우도 정도의 차이는 있지만 바꾸는 이유는 대부분 더 이상 작동하지 않기 때문은 아니다. 우리가 좀 더 불편한 생활에 익숙해진다면 폐기물 발생량을 훨씬 더 줄일 수 있게 된다.

식량부족 문제도 사실 인구수의 문제라기보다는 무엇을 어떻게 먹느냐의 문제이다. 인구수가 전혀 늘지 않더라도 육식을 하지 않던 사람이 육식을 하게 된다면 식량문제는 약 10배 정도 더 심각해지게 된다. 그림 2-3에서 보다시피 사람이 채식을 했을 때와 육식을 했을 때 생태효율을 비교하면 똑같은 1,350 kg의 콩을 동일시간에 식물 그대로를 먹는다면 22명의 사람이 먹을 수 있으나 이를 소에게 먹여 쇠고기로 먹는다면 한 사람만이 먹을 수 있게 된다.

그러나 이러한 일들은 실천하면 선이요 실천하지 않으면 악처럼 그렇게 단순한 문제는 아니다. 예를 들어 모유수유의 경우를 보면 모유를 수유하는 것이 당연히 저에너지 생활이고 친환경적 생활이다. 그러나 아기에게 산모가 모유를 수유한다면 아무런 경제적 활동이 일어나지 않는다. 그러나 분유를 먹인다면 젖소를 키우는 목장과 젖소가 먹는 사료를 만드는 사료제조업, 모아온 원유를 분유로 만드는 분유제조업, 이러한 것들을 이송하는 운송업, 분유 유통 판매업 등에서 고용과 소득의 창출을 가져와 결국은 GNP의 증가를 가져오나 모유수유는 GNP의 증가에 전혀 기여하지 못한다. Green GNP등과 같은 제도적 보완이나 사회적 합의가 없는 상태에서 과연 모유수유가 정책적 선호도를 가질 수 있는지에 대해서는 의문이 든다.

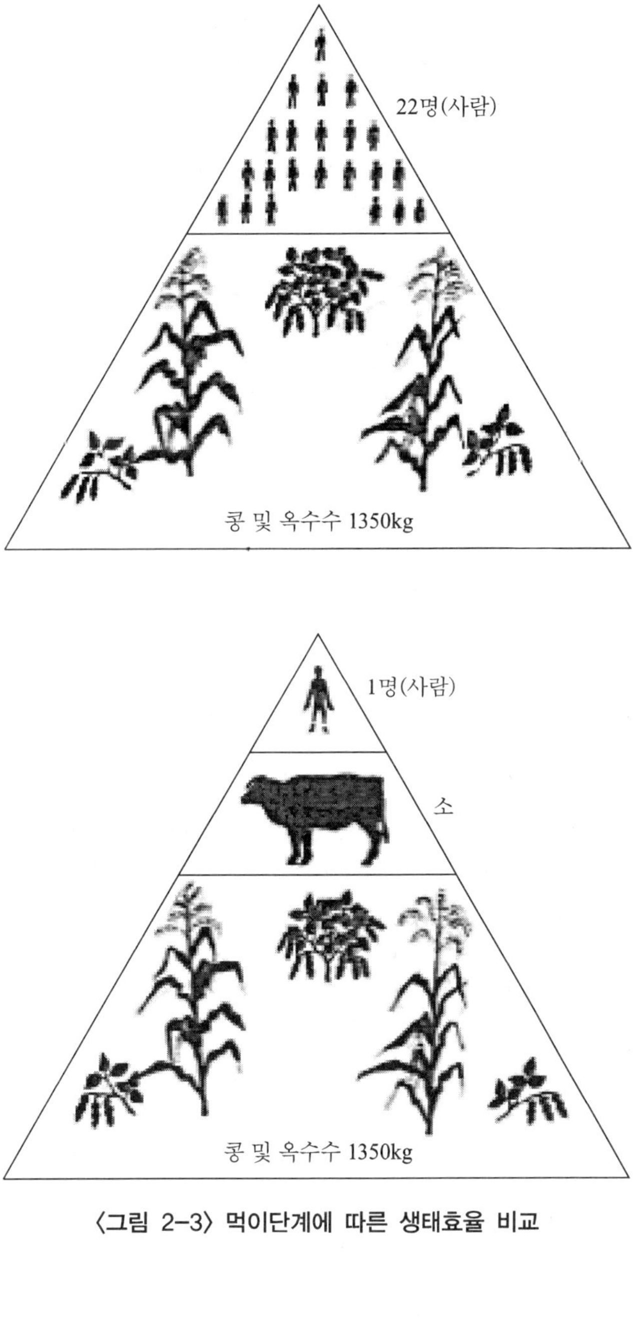

〈그림 2-3〉 먹이단계에 따른 생태효율 비교

3. Minority에 대한 배려를 통한 다양성 확보

앞에서도 언급하였다시피 생태계 악화를 알 수 있는 가장 뚜렷한 지표는 종다양성의 감소이다. 생태계의 건강성을 알 수 있는 가장 분명한 지표가 종다양성의 확보이므로 종다양성 확보를 위하여 많은 노력을 경주하고 있다. 이러한 종다양성을 확보하기 위해서는 당연히 소수로 존재하는 종을 보존하는데 노력을 기울어야 한다. 멸종되어가는 종에 대하여 천연기념물로 지정하여 종의 확보에 노력하는 것도 이러한 이유에서이다.

종다양성이 건강한 생태계의 지표인 것처럼 건강한 사회도 다양성이 중요한 지표이다. 다양한 개성과 다양한 소질, 관심을 가진 사람들이 다 살 수 있는 사회가 건강한 사회이며 이러한 사회를 만들기 위해서는 소수자들에 대한 사회적 배려가 필요하다. 마치 소수종에 대하여 천연기념물로 지정하여 보호하는 것과 같이 사회적 소수자나 약자에 대하여 관대하여야만 우리가 사는 사회도 건강해질 수 있다.

참고문헌

박철희, 조기안, 정병곤, 최세웅, 한상국, 환경생태학, 동화기술, 2013

오계헌, 송홍규, 최성찬, 환경생태학, 동화기술, 1999

정문식, 박석환, 환경생태학, 신광문화사, 2003

M.C. Dash, Fundamentals of Ecology, McGraw-Hill Book Company, 1996

Berry, R.J., Ecology and Environment, Templeton Foundation Press, 2011

제3장

물-차세대 블루골드

제1절 물의 분포

제2절 산업으로서의 물

제1절

물의 분포

1. 지구상에 존재하는 물의 양

액체 또는 얼음의 형태로 존재하는 지구상 물의 총량은 약 14억 km^3이다. 14억 km^3의 물은, 지구를 동그란 공으로 가정할 때 지구 표면을 약 2.7 km 깊이로 덮을 수 있는 양이다. 지구에 있는 14억 km^3의 물 가운데 97.5 %가 바닷물이다. 나머지 2.5 %, 약 35백만 km^3가 사람이 마시고 사용할 수 있는 민물, 즉 담수인데, 이것만 해도 지구표면을 약 70 m 깊이로 덮을 수 있는 많은 양이지만 담수의 69.55 %는 사람이 쉽게 접근할 수 없는 빙설(빙하, 만년설, 영구 동토 등)로, 30.06 %는 지하수로 존재한다. 우리들이 손쉽게 이용할 수 있는 호수나 하천의 물은 전체 담수 가운데 0.39 %에 불과하고, 이것으로 지구 표면을 덮는다면 182 cm 깊이에 해당한다.

즉, 호수나 하천의 물과 지하수까지를 모두 합한다 해도 지구에 존재하는 14억 km^3의 1 %가 안 되는 양이다. 지구 전체의 물을 5리터로 가정한다면 이용 가능한 담수 즉 민물의 양은 찻숟가락 하나가 될까 말까 할 정도에 불과한 것이다.

한편, 지구상의 물은 태양에너지를 기반으로 순환하는데 기체 상태로 평균 8일 정도 대기 중에 머물던 물은 땅으로 떨어지는데, 그 중 약 65 %는 바다까지 흘러가 보지도 못하고 태양열에 의한 증발 그리고 식물이 수분을 내보내는 증산작용을 통해 다시 대기로 올라가고, 약 11 % 정도는 땅속으로 스며들어 지하수가 되며, 나머지 24 %만이 강이나 하천을 통해 바다로 여행을 할 수 있게 된다.

2. 우리나라 강우의 특성

우리나라는 한대와 열대의 중간 지점에 위치해 있고, 국토의 65 %가 산악지형이기 때문에 강수가 매우 변화무쌍하다. 우리나라 과거 100년간 연강수량 추이를 보면 1939년에 754 mm가 내리고 2003년도에는 1,792 mm가 내리는 등 최저치와 최고치간 강수량이 2.4 배나 차이가 나는데다, 최근 들어 세계적인 이상기후 현상으로 대홍수와 극심한 가뭄이 빈발하고 있다. 여름철인 6~9월에는 연중 강수량의 약 70 %가 집중적으로 내리기 때문에 연중 강수량의 약 31 % 정도가 바다로 바로 흘러가 버린다. 지역별로도 제주를 포함한 남해안 및 내륙지역, 영동, 경기지역이 다우지역이고 영남북부지역은 고질적인 가뭄지역으로 차이가 심하다.

우리나라의 평균 강수량은 1,245 mm로 세계평균 880 mm의 1.4배이지만, 높은 인구밀도로 인해 1인당 강수량은 연간 2,591 mm로 세계평균인 19,635 mm의 1/8에 불과하다.

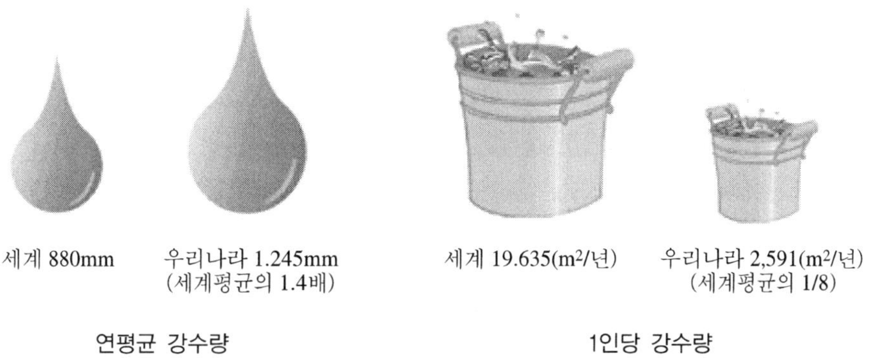

〈그림 3-1〉 우리나라의 연평균 강수량과 1인당 강수량

[표 3-1] 세계 각국의 강수량

구분	한국	일본	미국	영국	중국	캐나다	세계평균
연평균 강수량(mm/년)	1,245	1,718	736	1,220	627	537	880
1인당 강수량(m^2/년)	2,591	5,107	1,245	25,022	4,693	174,016	19,635

3. 우리나라의 지하수

땅속에 흐르는 물인 지하수는 비가 지표면에 스며들어 자연적으로 정화된 깨끗한 물로, 지구에 있는 지하수는 11×10^6 m^3이며 우리가 사용할 수 있는 담수의 30 %를 차지하고 있는 중요한 자원이다. 우리나라의 지하수 총 함량은 약 163억 m^3/년이고, 이중에서 지속적으로 지하대수층에서 뽑을 수 있는 지하수 개발 가능량은 108억 m^3/년으로 추정된다. 2006년 기준 지하수 이용량은 전국 130여만 공에서 37.5억 m^3으로 수자원 총량의 3 %에 해당하고 용수 총 이용량의 약 11 %를 차지하고 있다. 지하수 개발 가능량에 대비할 경우 이용량은 34 % 정도로 앞으로 지하수 개발의 여지는 충분하다. 우리나라의 지하수는 동고서저의 지형특성이 반영되어, 동부 고지대에서는 지하수 함량이 우세하며, 서부 저지대에서는 지하수 배출이 우세하게 나타나는 특성을 보인다. 지하수는 오염에 취약하고 한번 오염되면 원상복구가 어렵고, 과다사용 시 수원고갈, 지반침하, 수질오염 등의 문제가 야기될 수 있다.

4. 우리나라 물의 양

〈그림 3-2〉 우리나라 수자원 이용현황

우리나라 연간 총수자원 1,240억 m^3 가운데 42 %에 해당하는 517억 m^3는 증발산을 통해서 하늘로 올라가고 나머지 58 %인 723억 m^3는 하천으로 흘러간다. 그 중에서 다시 약 31 %인 386억 m^3는 우리가 이용하지 못하고 바다로 바로 흘러 가버리고 나머지 27 %인 337억 m^3를 이용한다. 총이용량 337억 m^3 가운데 10 %인 123억 m^3는 하천으로부터 이용하고 14 %인 177억 m^3는 댐을 통해 이용하며, 나머지 3 %인 37억 m^3를 지하수를 통해 이용한다.

전체 유효 총이용량 가운데 가장 많이 이용되는 분야는 농업용수로 47 %인 160억 m^3가 들어가고, 그 다음으로 생활용수로 23 %인 76억 m^3가 들어가며, 그 뒤로 하천유지용수가 22 %인 75억 m^3이고, 그 나머지 8 %인 26억 m^3를 공업용수로 이용된다.

하천으로 유출되는 물의 양을 인구수로 나누면 1인당 재생 가능 수자원 양인데 우리나라는 2005년 기준 1인당 재생가능 수자원 양이 1,488 m^3로 세계 130위이고 국제인구활동연구소(PAI) 기준인 1,700 m^3에 미달하여 물 부족 국가군에 포함된다. 최근에는 1인당 수자원 양뿐 아니라 수자원 접근률, 사회경제요소, 물 이용량, 환경을 고려하여 측정하는 물빈곤지수(WPI, water poverty index)를 활용하곤 한다. WPI 기준으로 볼 때 우리나라는 1인당 수자원 양이 부족한데도 수자원 접근율, 사회경제요소가 높아 전체 147개국 중 43위 수준이다.

제2절

산업으로서의 물

1. 세계 물환경 변화

전술한바와 같이 지구 전체로 볼 때 인간이 사용할 수 있는 민물의 양은 극히 제한되어 있고 이 민물은 빗물에 의해서만 다시 보충된다. 지구적 규모로 물 고갈이 문제가 되는 이유는 다양한데 가장 큰 이유는 세계적인 인구폭발이다. 앞으로 10년 뒤 인도 인구는 2억5천만이 더 늘어나고 2025년까지 중국은 미국 전체 인구수보다 많은 수의 인구증가를 보여 세계 인구는 26억 정도가 더 늘어날 것으로 예상되고 있다. 인구의 증가뿐만 아니라 인구의 도시에로의 집중 또한 물의 수요량을 크게 늘리는 역할을 한다. 1인당 물 소비량의 증가도 물 부족의 한 원인이다. 가정에서 직접 사용하는 양도 늘고 있는 추세지만 농업용수와 공업용수의 사용량도 빠른 속도로 증가하고 있다.

인구증가 및 1인당 물 소비량의 증가와 더불어 지표수의 세계적 오염현상 역시 지구상에 남은 깨끗한 민물을 고갈시키는 주요 원인이다.

세계인구의 18 %(약 10억 명)가 안전한 음용수에 접근하지 못하고 있으며, 40 %가 적절한 하수처리를 못하고 있다. 특히 아시아의 경우 하수의 35 %만이 처리되고 있으며 공급되는 음용수의 21 %가 국가기준에도 미달되고 있는 실정이다. 인류의 수명이 획기적으로 늘어나게 된 가장 큰 이유 중의 하나가 위생적으로 처리된 물을 마시게 되면서부터라는 사실을 생각할 때 이러한 사실들은 다분히 충격적이다. 이러한 질적 측면뿐만 아니라 양적 측면에서도 문제가 남아 있는데 현재와 같은 상태가 지속되면 2025년에는 인류의 2/3가 물 부족을 경험할 것이고 1/3은 절대적인 물기근 속에서 생활할 것으로 예상된다. 따라서 물은 더 이상 공공재가 아니며 경합성, 배제성이 적용되는 경제재로서 시장에서 거래되고 종래의 국가에 의해 운영되던 물 관련 시설은 국가와 계약을 통해 민간에 의한 운영관리가 확대되는 형태로 변화되고 있다.

2. 세계 물산업 동향

물산업이란 각종 용수(생활, 농업, 공업 등)의 생산과 공급, 하・폐수의 이송과 처리 및 이와 연관된 산업을 총칭한다. 인구증가, 기후 변화에 따른 물 부족 심화, 수질오염 등으로 21세기를 선도할 Blue Gold산업으로 부상하고 있다. 현재 전 세계 물자원 가운데 5 % 정도가 산업화되어 있으며 상수, 하수, 폐수, 먹는물, 정수기 등을 포함하는 광의의 물 산업 규모는 830조 원(국내시장규모 11조 원)에 달한다. 성장규모는 연평균 6.5 %씩 성장하고 있어 2025년에는 8,650억 $(약 1,000조 원) 시장을 형성할 전망이다. 분야별로는 상하수 분야 시장규모가 가장 크며(74 %), 규모는 작지만 재이용수 분야가 향후 급속한 성장이 예상(21배)된다.

[표 3-2] 세계 물 시장 성장 전망 (단위: 백억$)

항목	소재・부품공급, 설계・건설・컨설팅	운영・관리 서비스	합계
상수	6.6 → 19.0	10.6 → 19.8	17.2 → 28.8
하수	7.5 → 21.1	7.8 → 14.4	15.3 → 35.5
공업용수	2.2 → 5.3	0.2 → 0.4	2.4 → 5.7
재이용수	0.1 → 2.1	–	0.1 → 2.1
해수담수화	0.5 → 1.0	0.7 → 3.4	1.2 → 4.4
합계	16.9 → 48.5	19.3 → 38.0	36.2 → 86.5

주 1) '07년 시장규모 → '25년 시장규모, 자료 : GWI(2008), 한국무역협회(2010)

상하수도 분야는 선진국의 관망노후화 교체와 개도국의 상하수도 인프라 구축을 위한 대규모 투자가 예상된다. 물 재이용 분야는 도시화의 진전, 인구 밀집형 메가시티의 부상으로 물 재이용시장이 빠르게 성장할 것으로 전망되고 있다. 병입 먹는샘물분야 시장규모는 약 900억 $, 매년 10 %씩 성장이 전망된다. 해수담수화 시장은 중동 등의 수요증가로 향후 5년간 약 310억 $ 정도가 투자될 예정이며 사우디아라비아와 UAE가 최대 시장이다.

지역별로는 동아시아, 중동, 아프리카 시장이 연간 10 % 이상 성장하여 세계 최대 시장이 될 것으로 전망된다. 또한 중국이 세계 물시장의 주요국가로 부상하고 있으며, 세계 주요 물기업들은 중국에 진출하여 활발한 사업을 전개하고 있다.

기술동향을 살펴보면 막여과를 이용한 고도 수처리 및 지능형 물생산・공급 시스템으로 기술패러다임이 변화중이다. 막여과 시스템 시장은 '07년 61억 $ 수준에서 '16년에 303억 $ 규모로 연평균 19.6 %로 선장이 전망된다(GWI, 2008). 또한 IT기술을 접목하여 상하수도 공급망 및 관망유지 등을 효율적으로 관리하는 기술이 각광을 받을 전망이다.

산업구조 측면에서는 상하수도 통합화·광역화가 추진되고 있으며 토탈 솔루션 서비스 제공 기업이 세계 물시장을 주도할 전망이다. 선두 물기업을 보유한 선진국의 경우를 보면 지자체 중심의 영세성과 비효율성 해소를 위해 광역화·통합화가 추진되고 있다. 또한 Veolia, Suez 같은 기업은 자국의 수도공급 위탁 운영경험을 바탕으로 세계적 기업으로 성장하여 설계, 건설·운영관리 및 파이낸싱 등 모든 분야에서 기술적 우위를 확보해가고 있다.

정부지원도 중요한 인자인데 프랑스, 싱가포르, 일본 등 각국 정부는 물산업의 성장잠재력을 인식, 국가전략 수립 등 전폭적 정책지원을 하고 있다.

[표 3-3] 주요 선진국의 상하수도 통합운영 사례

구분	근거법령	시기/기간	사업자수
이탈리아	The Galli Law	1994년~계속	8,000여 개 → 90개
영국	Water Act (광역화 정책)	1973년	1,580여 개 → 10개
일본	수도법 (광역화 계획 수립)	1975년	1,800여 개 → 지속 감소중
	시정촌 합병법 (행정단위개편)	1953년~계속	

[표 3-4] 각국의 물산업 지원 정책

프랑스	• 자국 물산업 육성보다는 자국기업의 해외진출 지원에 중점 * 해외진출 지원 전략 수립, 해외홍보 지원, 국제표준화 유도 등
싱가포르	• 자국 프로젝트에 자국기업을 참여시킴으로써 단기간에 물산업 육성 * 하이플럭스가 자체 개발한 막여과 방식을 정부주도의 NEWater project에 참여시켜 글로벌 전문기업으로 육성
일본	• 2009년부터 물산업의 육성과 해외진출을 위한 국가전략 수립 중
중국	• 자국 물산업 보호를 위하여 상하수도 사업에 대한 외국인 투자자본 참여 제한 (50 % 이하)

3. 국내 물산업 동향

물산업 국내 기술수준을 보면 상·하수도, 해수담수화, 먹는샘물 등은 선진국과 경쟁 가능한 수준이나, 신소재 막분야, 첨단 상수도 기술(스마트 상수도, 지능형 상수관망, 정수처리

지능형 플랜트) 분야는 선진국 대비 기술수준이 미흡하다. 해수 담수화기술 중 증류식방식은 국내기업이 세계시장의 약 40 %를 점유하여 1위를 차지하고 있으나 향후 해수담수화 시장의 60 % 정도를 차지할 역삼투압 방식에 대한 기술개발이 필요하다.

산업여건을 보면 설계, 건설, 플랜트 시공경험 등 역량은 확보되었으나 운영관리 경험, 자금 확보 능력 등 토탈 솔루션 역량은 부족한 상태이다. 운영관리 부분은 세계적 물 전문기업이 부재하고 규모의 영세성 및 전문성 부족으로 인하여 국제 경쟁력이 미흡한 상태이다. 상수도 부분은 공공재 성격으로 인해 지자체와 공기업 위주의 운영관리로 민간기업의 참여기회가 차단되어 있는 실정이며 하수도의 경우는 민간위탁이 활성화(75 %)되어 있으나, 단기계약 및 소규모 영세업체 위탁 위주로 경쟁력과 전문성 있는 기업이 부족한 상태이다. 아래 표에서 보다시피 실제 세계 인구의 9 %가 민간기업에 의해서 상하수도 서비스를 제공받고 있으며 특히 EU에서 민간 기업이 주도적으로 상하수도 사업에 참여하고 있으며 세계적 물 관련 기업의 대부분이 EU에 있는 실정이다.

[표 3-6] 각국별 민간기업에 의한 상하수도 서비스율

	한국	프랑스	영국	미국	일본
상수도	0 %	79 %	100 %	15 %	0 %
하수도	29 %	53 %	100 %	28 %	62 %

국내 물 재이용산업은 아직 규모가 작고('09년 기준 8.9억톤, 수자원 이용량의 2.6 %) 청소용수, 하천유지용수 등 그 용도가 제한적이며 수익을 목적으로 하는 재이용 민간공급업체나 전문 설계・시공업체가 국내에 전무한 실정이다.

세계 먹는샘물 시장은 에비앙, 비텔, 볼빅에 의해 과점되어 있으며 시장규모는 세계시장은 연간 6조5천억 원 규모로 매년 10 % 이상 성장하고 있으며 국내 먹는샘물 시장은 연평균 16 %씩 성장하고 있다. 그러나 '09년 먹는샘물 수출・입 자료를 기준으로 할 때 병입수의 수출량은 수입량을 앞서고 있으나, 저가수출로 인하여 수출금액이 수입금액보다 더 적다.

[표 3-7] '09년 먹는샘물 수출・입 비교

구분	수출	수입	수출・입 비교
수출・입량(톤)	12,314	8,515	수출이 수입에 비해 1.5배 높음
금액(천 달러)	4,822	6,629	수입이 수출에 비해 1.4배 높음

자료: 먹는샘물 산업 해외진출 활성화 방안(샘물협회, '10.2)

전체적으로 우리나라 물산업은 아직 대규모 사업추진을 위한 기업의 자금조달 능력 및 파이낸싱 기법이 부족하고 공공자금 지원이 미흡하다. 또한 내수시장 규모가 작고 상하수도 인프라 구축이 거의 완료되어 국내시장만으로는 물산업 성장이 한계에 도달하였으므로 국내 물산업의 지속적인 성장을 위해서는 해외시장 진출이 필요하다. 그러나 '08년 기준 국내 물산업의 해외진출 규모는 약 15억 $(약 1.8조 원) 정도로 세계 물시장의 0.3 % 수준이다.

우리나라가 물산업 강국으로 도약하기 위해서는 에코스마트 상수도나 첨단여과막 등에 대한 원천기술 개발을 통하여 경쟁력을 강화하여야 하며 상수도와 하수도를 유역별로 통합하여 운영하는 토탈 솔루션 역량확보를 통한 세계적 수준의 전문 물기업 양성이 필요하며 먹는샘물의 고급화, 다원화, 물 재이용 등 연관 산업을 육성하여야 하며 물관련 기업의 해외진출 활성화가 이루어져야 한다.

참고문헌

'물의 위기', 마크 드 빌리어스, 2002
'물과 미래', 한국수자원공사, 2008
박철희, 조기안, 정병곤, 최세웅, 한상국, 환경생태학, 동화기술, 2013
오계헌, 송홍규, 최성찬, 환경생태학, 동화기술, 1999
정문식, 박석환, 환경생태학, 신광문화사, 2003
M.C. Dash, Fundamentals of Ecology, McGraw-Hill Book Company, 1996
Berry, R.J., Ecology and Environment, Templeton Foundation Press, 2011

제4장

생태계 물질순환

제1절 물의 순환
제2절 탄소의 순환
제3절 산소의 순환
제4절 질소의 순환
제5절 인의 순환
제6절 황의 순환

제1절

물의 순환

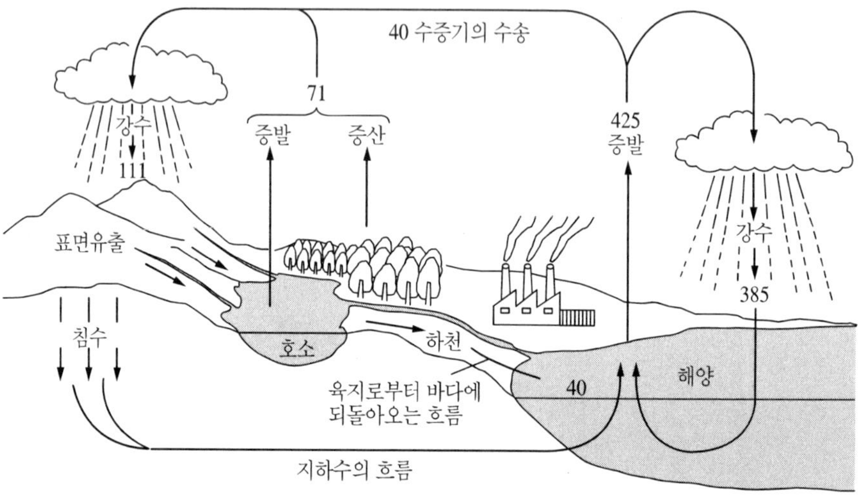

〈그림 4-1〉 생물권의 물순환(103 km^3/년) (자료: La Riviere, 1989)

물의 순환은 시작과 끝이 없다. 물의 순환을 일으키는 태양은 바닷물을 데운다. 그 가운데 일부는 대기에 수증기 상태로 증발한다. 얼음과 눈은 수증기로 바로 승화할 수 있다. 상승하는 대류는 증발산하는 물(식물로부터 발산한 물이나 흙으로부터 증발한 물)과 더불어 수증기를 대기에 제공한다. 수증기는 대기로 올라가며 여기서 온도가 차가워지면 구름에 응축된다. 대류는 지구 주위의 구름을 움직이며 구름의 입자는 충돌하고 상승하다가 강수 현상이 일어난다. 일부 강수는 눈으로 떨어지며 수천년에 걸쳐 언 물을 담을 수 있는 만년설이나 빙하로 쌓이기도 한다. 따뜻한 날씨의 설괴빙원은 봄이 찾아오면 녹고 눈이 녹으면 물이 되어 땅 위를 흐른다. 대부분의 강수는 바다나 땅으로 다시 떨어지며 중력으로 인해 강수는 땅 위를 흐른다. 여기서 흐르는 물의 일부는 골짜기의 강으로 들어가 바다로 흐른다. 이러한 물들과 지하수는 모여서 호수의 민물이 된다. 그렇다고 모든 빗물이 강으로 흐르는 것은 아니다. 이 중 대다수는 침투 과정을 걸쳐 땅으로 스며든다. 어떠한 물들은 땅 깊이 스며들어 대수층을 새로 보충한다. 일부 침투수는 지표와 가까워서 지하수가 흘러나오면 지표수와 바다로 다시 스며들고 일부 지하수는 땅의 틈새에 들어가 샘물로 합쳐진다. 물은 시간이 지나면서 계속 흐르며 일부는 바다로 다시 흘러 들어간다. 이렇게 물의 순환은 계속 새로운 과정을 거듭한다.

제2절 탄소의 순환

탄소는 지상의 무생물 부분에는 대단히 작은 양으로 존재하지만 유기물 구성의 가장 중요한 요소이며 생체의 약 18 %를 차지한다. 유기물이란 무기물에 반하는 말로서 화학적으로는 탄소와 수소가 공존하는 화합물로서 탄수화물, 지방, 핵산, 단백질 등을 이루는 생명체의 주요 구성요소이다. 유기물 이외에서 탄소는 가스 상태인 이산화탄소와 탄화석(석회석, 산호초)으로 발견된다.

탄소와 관련된 가장 중요한 지구화학적 반응은 광합성 반응이다. 육지에서 광합성은 녹색식물인 독립영양생물이 이산화탄소를 받아들여 그것을 탄수화물, 단백질, 지방, 기타 유기물로 환원시킨다. 육지의 생산자는 대기로부터 이산화탄소를 얻고 수중 생산자는 물에 녹아있는 중탄산염(HCO_3^-)을 이용한다. 이러한 반응을 일으키는 에너지가 햇빛일 때 이를 광합성이라 한다. 대기중에 탄소의 형태로 존재하는 이산화탄소는 대기 전체의 0.03 %에 불과하나 생산자의 유기체 구성에는 매우 중요한 요소이다.

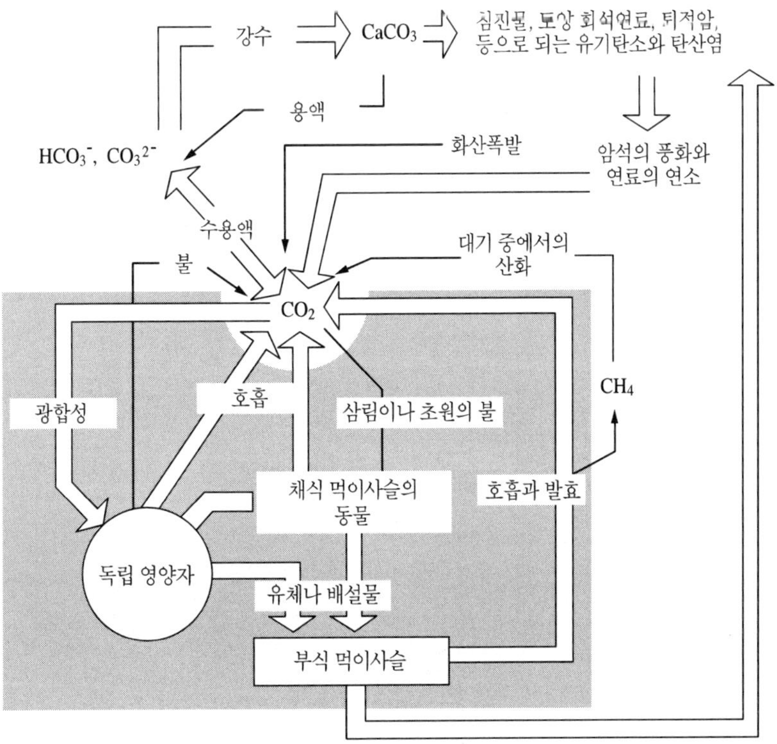

〈그림 4-2〉 탄소의 순환

일단 생산자의 체세포 구성물질로 전환된 탄소는 먹이피라미드를 따라 소비자로 옮겨가게 되며 각 단계에서(영양수준에서) 호흡의 결과로 대기 또는 물로 되돌아간다. 초식동물, 육식동물 모두 호흡을 하며 그렇게 함으로써 이산화탄소를 방출한다.

소비자로 옮겨가지 못하는 유기물 즉, 사체나 분뇨는 분해자에 의해 분해되며 이들의 대사작용을 통해 이산화탄소가 방출되고 이 탄소는 다시 생산자에게 흡수되어 순환하게 된다. 이러한 유기물의 분해는 산소가 존재하는 상태하에서 분해되는 호기성 분해와 산소가 없는 상태하에서 분해되는 혐기성 분해로 나누어 생각할 수 있는데 호기성 분해의 최종산물은 이산화탄소(CO_2)와 물(H_2O)이며 혐기성분해의 최종산물은 메탄가스(CH_4)와 이산화탄소이다. 이러한 분해를 통하여 이산화탄소나 중탄산염으로 다시 되돌아간다.

이러한 탄소순환에 불균형이 일어난 것은 산업혁명 이후 과도한 화석연료의 사용으로 이산화탄소 방출량이 과다해지는 결과를 초래한 것이다. 이는 그동안 수백만년 동안 땅에 묻혀 있는 탄소를 대단히 짧은 시간내에 끄집어 내어놓은 것과 같은 결과를 초래한 것이며 이렇게 증가된 이산화탄소는 햇빛을 통과시키나 열선에 대해서는 차단막 역할을 하여 지구로부터 우주공간으로 되돌아가는 복사열을 막게 되는데 이로써 지구는 점점 따뜻해진다. 이러한 온실효과(green house effect)는 극지방의 빙산을 녹게 하고 해수면을 상승시켜 낮은 고도의 섬 및 해안지방을 물에 잠기게 한다.

제3절 산소의 순환

산소가 가장 많은 저장소는 지각과 맨틀의 규산염과 산화 광물이며(99.5 %) 극히 일부만이 자유 산소로서 생물권과 대기로 방출된다. 대기권 산소의 주 원천은 광합성이며 이산화탄소와 물로부터 당분과 산소를 만든다.

$$6CO_2 + 6H_2O + \text{에너지} \rightarrow C_6H_{12}O_6 + 6O_2$$

대기 산소는 광해리에서도 나온다. 여기서 고에너지 자외선은 대기의 물과 아산화질소를 분자 원자로 분리시킨다.

$$2H_2O + 에너지 \rightarrow 4H + O_2$$

$$2N_2O + 에너지 \rightarrow 4N + O_2$$

대기에서 산소를 잃는 주된 요인은 강수와 부패이며 여기서 소비자와 박테리아는 산소를 소비하고 이산화탄소를 내보낸다.

암권 광물이 산소로 산화되어 있으므로 노출되어 있는 암석이 풍화를 일으키면 산소를 소비할 수도 있다. 풍화 작용의 한 예로 산화 철(녹)의 형성이 있다.

$$4FeO + O_2 \rightarrow 2Fe_2O_3$$

산소는 생물권과 암석권 사이에서 순환하기도 한다. 생물권의 해양생물은 탄산칼슘물질($CaCO_3$)을 만들어낸다. 생물이 죽으면 껍질은 깊은 해저 위에 분해되어 오랜 시간 묻히면 암석권에서 석회암을 만들어낸다.

산소분자는 대기의 약 21 %를 차지하며 이는 육상생물의 호흡에 사용되며 물에 용존산소 형태로 녹아서 수중생물에게도 이용된다. 에너지를 얻기 위한 호흡과정에 있어서 산소는 전자의 최종수용체로 작용하여 물을 생성한나. 식물의 광합성 과정 중 다시 이러한 물속의 산소원자로부터 전자를 빼앗기 위해 빛에너지가 사용되며 이렇게 발생된 전자는 이산화탄소 중의 탄소를 탄수화물로 환원시키고 그 부산물로 물속의 산소원자가 전자를 빼앗겨 산소분자로 대기중으로 유리되어 산소의 순환이 종결되며, 다시 같은 과정의 새로운 산소순환이 시작된다.

인간의 활동이 대기중의 산소량에는 큰 영향을 미치지는 못하며 대기중의 산소농도의 균질성은 훼손되어지지 않는다. 즉, 지구표면위에서 산소는 적어도 수평적으로는 매우 균질하며 또 대단히 잘 확산된다. 대규모 산불이 일어나는 근처에도 산소의 결핍을 느끼지 않는다. 그러나 수직적으로는 산소농도는 높이나 깊이에 비례하여 급격하게 감소한다. 같은 사람들이 거주하고 있는 지역이라도 해발고도의 차이에 의하여 우리가 인지할 정도의 산소농도 변화가 일어난다. 예를 들어 서울에서 잘 뛰던 축구선수도 멕시코시티 정도에만 가도 산소결핍으로 같은 정도로 뛰지 못한다.

이러한 산소농도의 국지적 변화는 수중에서 더 극적으로 나타난다. 수중에 용존되어 있는 산소는 산소를 소비하는 유기물이 있는 경우 그 양에 비례하여 소비되어 동일 수괴내에서도 국지적으로 용존산소가 고갈되는 지역이 나타나는 등 수직적, 수평적 분포가 균질하지 않은 경우가 나타날 수 있다.

제4절

질소의 순환

모든 생물은 단백질이나 다른 여러 가지의 필수 유기분자를 구성하는데 있어서 질소원자를 필요로 한다. 대기 중 가장 큰 분율로 존재하는 것이 질소로 대기의 약 78 %가 질소로 구성되어 있다. 이러한 거대한 질소 pool이 존재함에도 질소는 생물체의 성장에 제한요인으로 작용할 만큼 생물이 이용할 수 있는 질소의 양은 적다. 그 이유는 대부분의 생물체가 기체 상태의 질소(N_2)를 사용할 수 없기 때문이다. 식물이 질소를 이용하기 위해서는 질소는 반드시 고정된 형태로 되어야만 하는데 이 질소고정 반응은 생태계 내에서 드물게 일어나는 반응이기도 하다. 즉, 질소는 대기라는 이용 불가능한 pool에는 굉장히 많이 존재하나 이용가능 pool로 들어오기 위해서는 질소고정이라는 특별한 공정을 거쳐야 하는데 이 과정은 자연계 내에서 아주 특별하게 일어나게 되어 있어 이용가능 pool로의 전환이 힘들게 만들어져 있다.

질소고정에 의하여 생물체내로 들어온 질소는 유기성 질소의 형태로 먹이사슬(food chain)을 따라 순환하며 죽은 사체나 분뇨의 형태로 나온 질소는 무기태로 변환되어 질산화, 탈질 과정을 거쳐 질산성 질소로 변한 후 탈질과정을 거쳐 다시 대기질소로 변환된다. 질산화과정과 탈질과정이 가지는 상반된 특성으로 대기질소로의 환원 또한 매우 힘들어 질소순환은 저장pool과 이용pool 간의 교환이 매우 힘든 특성을 가지고 있다.

1. 질소고정(Nitrogen Fixation)

질소분자(N_2)는 상온에서 다른 원소와 쉽게 결합하지 않는 기체로서, 질소원자가 다른 원자와 결합할 수 있도록 질소분자를 쪼개는 데에는 많은 에너지가 요구된다. 생물권에서 이와 같은 질소를 고정시키는 방법은 3가지가 있다.

첫째는 번개에 의한 질소의 고정이다. 번개의 거대한 에너지는 질소분자를 붕괴시켜 대기 중의 산소와 결합할 수 있게 한다. 이렇게 해서 형성된 질소산화물은 비에 녹아들어 질산으로 전환되어 지표면에 도달한 후 식물에 이용된다. 이렇게 번개에 의하여 고정되는 질소의 양은 전체 질소고정량의 5~8 %로 추정된다.

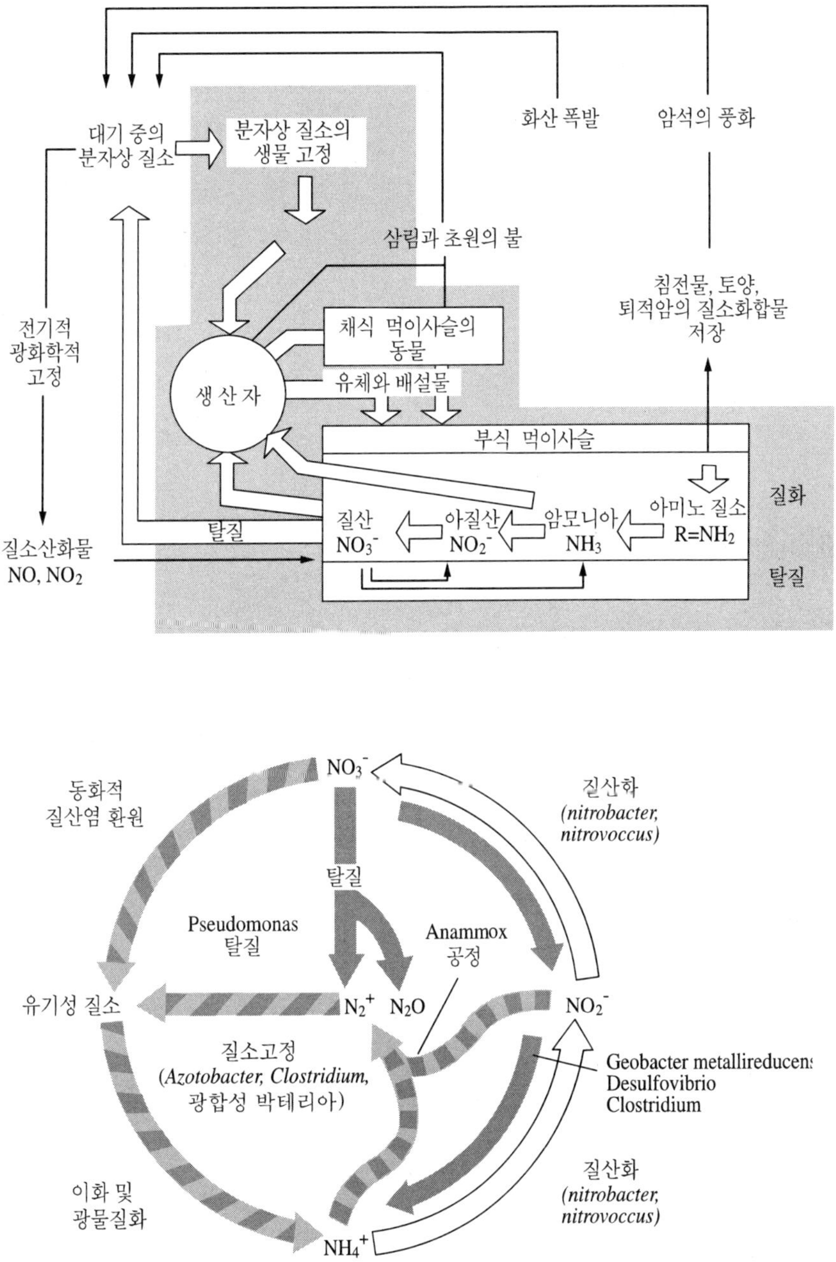

대기 중의
분자상 질소
분자상 질소의
생물 고정
화산 폭발
암석의 풍화
삼림과 초원의 불
침전물, 토양,
퇴적암의 질소화합물
저장
전기적
광화학적
고정
채식 먹이사슬의
동물
생 산 자
유체와 배설물
부식 먹이사슬
질화
아미노 질소
R=NH2
암모니아
NH3
아질산
NO2-
질산
NO3-
탈질
질소산화물
NO, NO2
탈질
NO3-
동화적
질산염 환원
질산화
(nitrobacter,
nitrovoccus)
탈질
Pseudomonas
탈질
Anammox
공정
유기성 질소
N2+
N2O
NO2-
질소고정
(Azotobacter, Clostridium,
광합성 박테리아)
Geobacter metallireducens
Desulfovibrio
Clostridium
질산화
(nitrobacter,
nitrovoccus)
이화 및
광물질화
NH4+

〈그림 4-3〉 질소의 순환

둘째는 미생물에 의한 질소의 고정이다. 콩과식물의 뿌리에 공생하는 뿌리혹박테리아는 대기 중의 질소를 고정하는 능력을 가지고 있다. 물에 성장하는 남조류 중 일부는 질소고정능력을 가지고 있다. 이들 질소고정세균들은 자신의 ATP와 nitrogenase를 이용하여 공기 중의 질소를 암모니아 형태로 고정시키는데 이는 다시 이들 세균이나 식물에 필요한 단백질이나 질소를 필요로 하는 다른 유기화합물로 합성된다.

셋째는 인간에 의한 산업적 질소고정이다. 주로 비료로 사용하기 위하여 요소나 질산암모늄 형태로 만들어진다. 이러한 화학비료에서 기인되는 질소의 양은 생물권에서의 모든 질소 고정량의 1/3에 해당되는 것으로 추정되고 있다. 이와 같이 생성된 과도한 양의 질소성분이 농업지역에서 인근 수생태계로 유입되면 부영양화 현상을 초래하게 된다.

2. 부패(Decay)

식물에 의해 만들어진 단백질도 탄수화물과 마찬가지로 먹이망 속으로 들어가 각 영양단계를 거치게 되는데 각 영양단계에서 주로 배설물의 형태로 환경으로 되돌아간다. 유기질소화합물은 부패에 관여되는 미생물의 활동을 통해서 배설물과 사체속의 유기질소화합물이 암모니아로 분해된다.

3. 질산화(Nitrification)

암모니아(NH_3-N)는 산소가 존재하는 호기성 상태하에서 두 단계 과정을 거쳐 질산성질소로 산화되는데 이 과정을 통틀어서 질산화라고 한다. 첫 번째 단계는 Nitrosomonas에 의하여 암모니아가 아질산(NO_2-N)으로 변하는 단계이고 두 번째 단계는 Nitrobacter에 의해서 아질산이 질산(NO_3-N)으로 변하는 단계이다. 이 두 가지 질산화균은 이 과정에서 발생되는 에너지를 가지고 생활하며 탄소원으로는 CO_2를 이용하기 때문에 화학적 자가영양세균(chemoautotrophic bacteria)이다. 통상 질산화 박테리아는 상당히 느리게 성장하는 박테리아로 종속영양세균과 같이 있을 경우 그 성장에 제한을 받기도 한다. 통상 유기물과 암모니아성 질소가 혼재된 시료에 호기성 상태를 유지시키면 유기물의 분해가 끝난 후에 질산화가 일어난다.

4. 탈질(Denitrification)

탈질은 질산성질소가 혐기성 상태하에서 종속영양성 박테리아에 의하여 질소분자(N_2)로 환원되는 과정이다. 이들 박테리아는 에너지를 얻기 위한 호흡과정에 필요한 최종 전자수용체로서 산소 대신에 질산태를 사용하는 세균들이다.

제5절

인의 순환

생명체와 그를 둘러싼 환경 사이에 일어나는 물질과 에너지의 순환인 생지화학적 순환의 한 종류로, 인원자가 암석권, 수권, 생물권을 오가는 경로를 말한다. 인은 물질순환의 경로에 따라 서로 다른 분자 형태로 저장, 방출되면서 끊임없이 순환된다. 인은 주로 고체의 형태를 띠고 있기 때문에, 탄소나 질소의 물질순환과 달리 대기를 통하지 않고 순환하는 특징이 있다.

1. 암석권과 인의 순환

인은 인광석과 같은 암석으로부터 풍화되어 토양으로 배출된다. 이때 생기는 인은 대부분 이온의 형태를 띠고 있으며, 그 중 가장 흔한 것이 ortho-phosphate(정인산염)의 PO_4^{3-}이다. 이러한 인산염은 토양에 존재하는 점토나 유기물질 입자에 달라붙어 흙 속에 남는다. 토양에 있는 인은 빗물에 씻겨 강이나 바다로 들어가거나, 식물에 의해 흡수되면서 순환한다.

2. 수권과 인의 순환

인은 인산염의 형태로 물에 녹기 때문에 강, 호수, 바다와 같은 수권에는 상당량의 인이 존재한다. 수권 안에 있는 인은 물에 녹은 상태로 있거나 퇴적물에 포함되어 있다. 대부분 토양이나 생물로부터 유래한다.

토양 속의 인은 빗물에 녹아 시냇물이나 강으로 흘러들어 가서 결국 바다로 유입되며, 각종 생명체의 배설물이나 시체로부터 인이 배출되기도 한다. 이렇게 바다에 모인 인은 퇴적물을 형성하여 대륙붕에 쌓이게 되고, 오랜 시간이 흘러 지면이 융기하게 되면 육지로 변하면서 인이 암석권으로 옮겨간다. 또한 물속의 조류(algae)나 플랑크톤은 물에 녹은 인을 흡수함으로써 생물권으로 옮기는 작업을 수행한다.

인이 물에 녹아 있는 것은 전체 순환 과정의 일부에 해당되지만, 너무 많은 양이 녹아 있으면 부영양화를 일으키기도 한다. 부영양화는 플랑크톤의 생장을 촉진하여 녹조현상을 일으키며, 결과적으로 다양한 물 속 생물들에게 필요한 산소량을 감소시킴으로써 수중 생태계를 위협하는 요인이 된다.

3. 생물권과 인

인은 생물체를 구성하는 요소 중의 하나로, 세포 내의 저장에너지인 ATP(adenosine triphosphate)를 비롯하여 DNA, RNA와 같은 유전물질의 구성성분 중 하나이다. 또한 세포막을 이루는 인지질의 구성물질로 사용되기 때문에 생물의 생존에 있어서 중요한 역할을 담당하고 있다.

생명체는 자신을 둘러싼 환경으로부터 인을 비롯한 다양한 물질을 흡수하고 배출한다. 물에 녹아 있는 인은 조류나 플랑크톤에 의해 흡수되며, 토양에서는 주로 식물에 의해 흡수된다. 이렇게 흡수된 인은 어류와 초식동물과 같은 소비자에게 전달되며, 또다시 이 동물을 잡아먹는 다른 동물에게 빠른 속도로 옮겨진다.

몸속의 구성성분으로 자리 잡은 인은 생물의 배설물, 죽은 사체 등을 통해 물이나 토양으로 되돌아간다. 이렇게 배출된 인은 인산염의 형태로 수권과 암석권을 순환하면서 또 다시 생명체에 의해서 이용될 수 있다. 결국 생물과 환경을 포함한 생태계 측면에서 볼 때, 인은 끊임없이 순환하게 된다.

4. 인의 순환과 인간의 영향

인의 순환은 크게 내부순환과 외부순환으로 구분할 수 있다. 내부순환에서는 인을 함유한 유기물질이 미생물에 의해 분해되어 토양이나 담수생태계로 유출되면 토양식물이나 담수식물에 흡수되어 유기물로 통합된 다음 먹이망을 통해 동물로 전달되며 다시 이들의 사체나 배설물을 미생물이 분해하여 그 속의 인이 토양이나 담수생태계로 전달된다. 외부순환에서 대양에 도착한 인이 육지로 되돌아가는 방법은 2가지 밖에 없다. 첫째는 바다새에 의한 방법으로 바다 속의 먹이망을 통해 물고기로 이동된 인을 바다새가 섭취하고 그 배설물을 통해 육상생태계로 되돌려 놓는 경우이다. 페루의 연안을 따라 발달한 구아노 퇴적물이 좋은 예이다. 물론 인간에 의한 어업활동 역시 바다에서 만들어진 인이 육지로 옮겨오는 중요한 기작이기도 하다. 둘째는 바다 밑바닥에 퇴적된 인을 함유한 층이 수백만 년에 걸친 매우 느린 지질학적 융기에 의해 육지로 전환되는 과정이다.

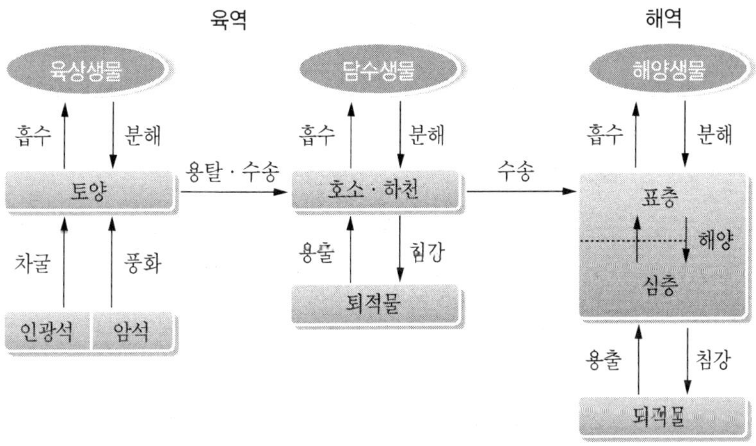

〈그림 4-4〉 인의 순환

최근 들어 이러한 인의 순환에 인간의 활동 즉, 산업 활동이 영향을 미치는데 특히 합성세제에 정인산의 형태로 들어가는 builder이다. 그 외에도 대규모 축산단지 등에서 배출되는 폐수, 양식장 등에 과잉으로 투입된 인공사료, 농경지에 과다하게 사용된 인산비료 등도 주 발생원이다.

인 역시 질소와 더불어 부영양화의 주요 원인물질이다. 질소의 경우 조류중의 일부 종은 대기 중의 질소를 고정하는 능력을 가진 종도 있기 때문에 외부 유입원이 없더라도 생겨날 수 있지만 인의 경우는 외부 유입이 없이 생겨날 수 없기 때문에 부영양화 제어를 위한 효율적 방법 중 하나가 인의 유입을 최소화시켜 인을 제한인자로 만들어 부영양화를 제어하는 방법이다. 이를 위하여 호소수와 같은 공공수역에 대하여 엄격한 수질기준을 만들어 관리하고 있으며 공공수역으로 배출되는 배출수에 대해서도 엄격한 수질기준을 설정하여 관리하고 있다.

제6절

황의 순환

황은 대기 중에서 H_2S 및 SO_2 등과 같은 가스의 형태로 존재하며 토양과 생물체 체내에서는 황산염, 황화물 및 유기유황 등과 같은 가스의 형태로 존재하기도 하고 황산염, 황화물 및 유기유황 등과 같은 고형의 형태로도 존재한다. 황은 많은 양이 암석과 광물들 속에 들어 있지만 생물들에게는 흔하지 않은 제한요소이다.

대기 중에서 가스상 유황의 형태로 존재하는 시간은 매우 짧으며 주로 유황이 다량으로 존재하는 곳은 토양이다. 식물은 토양 중의 유황을 유황원소의 형태로 유황박테리아의 활동에 의하여 섭취한다. 대기 중의 유황 산화물은 화석연료의 사용과 화산작용에 기인한다. 혐기성 미생물에 의한 유기물 분해에서도 썩은 달걀냄새가 나는 황화수소가 발생한다. 이산화황과 황화수소는 우천 시 산성비로 황산염이나 황산의 형태로 토양으로 돌아온다. 산성비는 나무에 직접적인 피해를 입히고 담수생물에게는 산성화를 통한 직접적인 피해와 유역 토양으로부터 알루미늄과 같은 독성물질을 세탈시켜 물속의 농도를 증가시키는 간접적인 피해를 준다.

생물체 내의 유황은 시스테인(cysteine), 시스틴(cystine), 메티오닌(methionine), 펩타이드 글루타티온(peptide glutathione) 등과 같은 특정 아미노산 합성과 티아민(thiamine), 비오틴(biotine), 티옥산(thioctic acid) 등과 같은 효소 보조인자(enzyme cofactor) 그리고 특정 비타민 합성에 필수 물질이다. 동식물체들이 죽은 후 썩는 과정에서 유황은 토양으로 다시 돌아온다.

토양, 대기 및 물의 경로로 순환을 하나 퇴적물을 통한 순환도 있다. 식물체 단백질 내에 -SH의 형태로 존재하는 유황은 먹이사슬을 통하여 타가영양체로 옮겨가며 종국에는 죽은 조직이나 배설물의 형태로 다시 토양으로 돌아온다. 분해자 체계 내에서 *Aapergillus* 및 *Neuropora* 등과 같은 균류(fungi)는 호기성 상태에서 그리고 *Eschericha* 및 *Proteus* 등과 같은 박테리아는 혐기성 상태에서 유황을 포함하고 있는 단백질을 분해한다. 혐기성 상태 및 퇴적물 내의 H_2S는 *Desulphonovibrio desulfuricans* 등과 같은 황산염 환원박테리아에 의하여 생성된다. 이들 박테리아들은 에너지를 얻기 위하여 황산염 분자 중의 산소를 이용함으로써 깊은 퇴적물 내의 황산염이 환원이 되면서 H_2S가 생성된다.

다음 그림은 황의 순환을 나타내는 모식도이다.

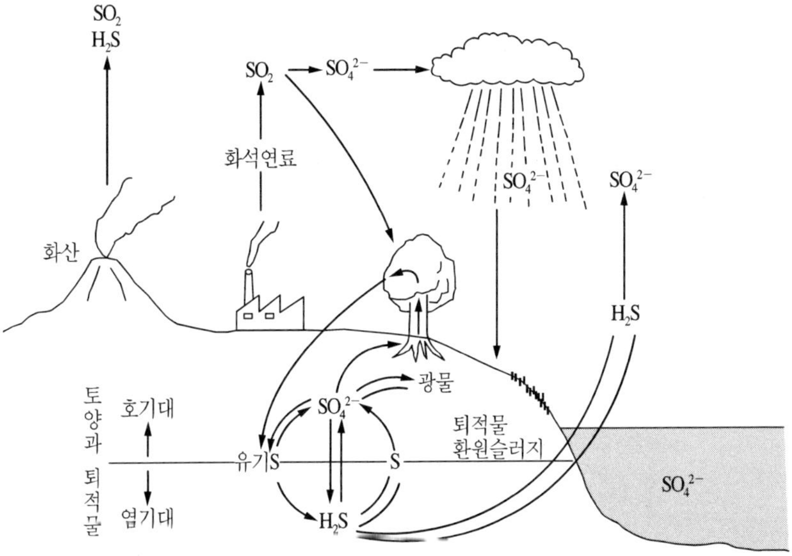

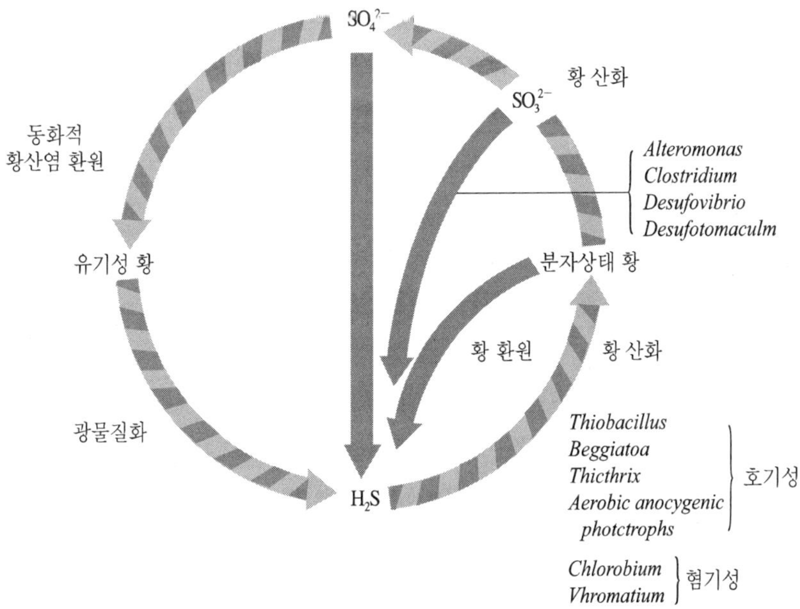

〈그림 4-5〉 황의 순환

참고문헌

박철희, 조기안, 정병곤, 최세웅, 한상국, 환경생태학, 동화기술, 2013
오계헌, 송홍규, 최성찬, 환경생태학, 동화기술, 1999
정문식, 박석환, 환경생태학, 신광문화사, 2003
M.C. Dash, Fundamentals of Ecology, McGraw-Hill Book Company, 1996
Berry, R.J., Ecology and Environment, Templeton Foundation Press, 2011

제5장

인구와 자원

제1절 인구증가

제2절 농업생산과 인구 부양능력

제3절 자원의 종류

제4절 자원의 한계

제5절 자원의 한계내에서의 생존방안

제1절 인구증가

인류의 인구증가는 약 3번 정도의 인구 급증기를 갖는다. 첫 번째 인구급증은 약 100만년 전에 아프리카 중부지역에 약 12만 명이 살고 있던 인류는 1만 년 전 500만 명으로 증가한다. 이는 인간이 다른 동물과는 달리 효율적인 도구를 만들어 사용하였기 때문이다.

두 번째 인구급증은 그동안 사냥 및 수렵생활로 생활을 영위하던 인류가 농업과 동물사육을 하면서 일정지역에 정착하면서 정주생활을 하게 되고 이로 인하여 특정지역에 인구밀도가 증가하면서부터이다. 농업과 축산으로 인한 식량 공급량 증가는 유아 사망률 감소 및 출산율 증가를 가져왔다. 이로 인하여 인구는 농경의 시작(1만 년 전)에서 서기 원년사이에 500만에서 1억 3,300만으로 증가하며 이러한 인구증가 추세는 더욱 상승하여 1,650년에는 5억 명에 이른다.

세 번째 인구급증은 17세기 중엽 유럽에서 시작된다. 이러한 인구급증의 원인에는 신대륙의 발견과 이로 인한 인구이동, 공중위생시설의 획기적 개선 및 백신개발, 식량저장 및 수송기술의 발전으로 식량 공급률 증가 등이 주원인이다. 세 번째 인구급증은 현재까지 계속되고 있고 산업, 농업, 공중보건 등에서 일어난 여러 가지의 혁신으로 더욱 증폭되고 있다.

세 번째 인구급증 후 계속 증가하던 인구증가속도는 1970년대를 기점으로 느려지기 시작한다. 1650년에 5억이던 인구는 1850년에 10억으로, 1930년에 20억으로, 1975년에 40억으로, 1999년에 60억으로 된다. 즉, 인구배가시간은 5억에서 10억이 되는데 200년이 걸렸는데, 10억에서 20억이 되는데 80년이 걸렸으며, 20억이 40억이 되는데 45년이 걸렸다. 같은 배가시간을 유지한다면 2020년에는 80억이 되어야 하나 현재의 인구수를 감안할 때 80억이 되는 시점은 이보다 좀 더 시간이 지난 2028~2030년에야 될 것 같다. 즉, 인구증가속도는 1970년대를 기점으로 느려지기 시작하였다는 것을 알 수 있다. 이러한 변화는 사회적 역할에 대한 여성들의 태도변화, 가족규모의 변화, 산아 제한방법의 발달, 낙태의 자유 등이라고 할 수 있다.

그러나 이러한 인구증가속도의 둔화가 인구문제를 완전하게 해결할 수는 없다. 증가속도는 둔화했지만 전체 인구는 계속 증가하고 있으며 특히 인구증가 둔화가 주로 선진국에서 일어나고 개도국 및 후진국의 인구증가율은 여전히 높은 상태를 유지하고 있는 것이 문제이다.

인구는 흔히 모든 환경문제의 근원이라 불린다. 인간은 하루에 약 2,000~3,000 kcal의 식량을 필요로 하고 최소한의 생활공간을 필요로 하며 배설물 및 쓰레기를 발생시켜 환경에 영향을 준다. 또한 소득이 증가함에 따라 환경에 미치는 영향은 더 심각해진다.

제2절

농업생산과 인구 부양능력

농업생산과 인구 부양능력에는 밀접한 상관관계가 있는데 농업생산에 영향을 미치는 인자는 첫째 사용가능한 경지면적이다. 지구 전체를 놓고 볼 때 농업에 적합한 경지면적은 매우 제한되어 있으므로 이를 확장시키기 위하여 많은 노력을 기울여 왔다. 둘째는 농업용수의 확보이다. 물의 이용 가능성과 토지 이용성은 밀접한 관련을 가지고 있다. 그밖에 기후, 신품종의 발견과 개발 등도 주요한 인자이다. 식량작물의 생산성을 높이기 위하여 비료 및 농약을 사용한다. 그러나 이러한 비료 및 농약의 과다 사용은 생태계에 심각한 악영향을 미친다. 또한 세계 작물생산의 약 30 %가 사람이 아닌 소비자 또는 분해생물에 의해 섭취되고 있다.

제3절

자원의 종류

자원은 세 가지로 분류할 수 있는데 재생가능 자원, 회수할 수 있는 재생불능 자원 및 회수 할 수 없는 재생불능 자원 등으로 구분된다. 물질보전의 법칙에 따라 어떠한 자원도 무에서부터 창출될 수 없으므로 모든 물질은 어디선가 와서 어디론가 가야 한다. 따라서 어느 물질이 무한하게 유지될 수 있는 한 가지 방법은 그의 재회수와 재이용뿐이다.

1. 재생가능 자원

재생가능 자원은 상대적으로 신속하게 자연 순환을 통하여 보충되는 것들이다. 예를 들면 공기 중의 산소는 광합성작용을 통하여 보충되고, 용수는 물의 순환(hydrologic cycle, water cycle)을 통하여 보충되며, 식품, 섬유, 목제 등 모든 생물학적 산물은 성장과 번식이라는 자연 순환을 통하여 보충된다.

2. 회수할 수 있는 재생불능 자원

회수할 수 있는 재생불능 자원은 지각에 있는 모든 비에너지 광물자원을 말한다. 구리, 알미늄, 수은 및 기타 광물, 인광석, 카리 등 비료자원과 석면, 진흙, 돌비늘 등 자연 그대로 사용될 수 있는 자원 등이 그 예가 된다. 지각에는 광물이 고르게 분포된 것이 아니라 수백만 년 동안 일어난 지구화학적 순환으로 인하여 특정지역에 특정광물이 상대적으로 많이 매장되어 있다. 이러한 물질은 한 번 채굴되면 보충되지 아니하거나 또는 인간의 존재기간에 비하여 보충되기에는 상당히 오랜 기간이 필요한 것이다. 그러나 이론적으로는 이러한 물질을 사용한 후에 다시 수집하고 재이용하는 것은 가능하다.

3. 회수할 수 없는 재생불능 자원

회수할 수 없는 재생불능 자원은 우리가 사용하는 에너지의 90 %를 공급하는 화석연료인 석탄, 석유, 천연가스와 핵 발전에 이용되는 우라늄 등이 있다. 화석연료는 수백만 년간 생물지구화학적 순환에 의해 축적된 유기물질로부터 조성되었다. 소비나 분해되지 아니한 유기물은 축적되어지고 서서히 지각 내부의 침적층 밑에 묻혀 졌다. 그리하여 수백만 년 동안 압력과 열에 의하여 고립된 유기물질은 오늘날의 화석연료로 변환되었다. 화석연료가 타면서 방출되는 에너지는 지구로부터 외계로 저급의 열이 되어 방출된다. 따라서 화석연료 또는 우라늄이 에너지로 사용되면 이들은 영원히 사라져 버리는 것이다.

상기의 세 가지 종류의 자원들은 서로 독립적인 관계가 아니다. 예를 들면, 재생가능 자원인 농작물 생산은 재생불가능 자원인 인산이나 기타 비료성분에 크게 의존된다. 또한 그것은 작물을 생산하고 운반하는데 이용되는 농기구의 생산원료인 철, 구리, 기타 광물들에 의존되어진다. 더구나 에너지는 농기계를 생산하고 이용하기 위해서 또는 비료나 농약을 만들거나 식품을 가공하기 위하여 꼭 필요하다. 그리고 먹이사슬을 완성시키기 위하여 모든 농부들과 광산인부, 장비 생산자 그리고 농업생산에 종사하는 자, 기타 모든 사람들은 그들의 생명을 유지하기 위하여 식품과 물을 필요로 한다.

따라서 자원들은 자원망으로써 서로 밀접하게 의존하고 있다. 이러한 점에서 보면 어느 한 부분의 부족은 전체 자원 시스템에 잠재적으로 영향을 줄 수가 있다. 그러므로 현재와 미래의 자원 이용가능성을 연구하고 부족 될 수 있는 자원의 경우 그 대안을 찾는 것이 매우 중요하다. 본 장에서는 여러 가지 자원들의 이용가능성과 공급에 영향을 주는 몇 가지 중요 인자를 살펴보고 그 결과를 통하여 미래에 우리가 취해야할 행동 혹은 조정 역할을 찾아보기로 하자.

제4절

자원의 한계

1. 재생가능 자원의 한계

이론적으로는 재생가능한 자원은 영원히 지속될 수 있으므로 무진장하게 있는 자원으로 간주되고 있다. 그러나 오늘날 우리는 재생불능 자원을 잃는 것보다 재생가능 자원을 잃어버리고 있는 매우 위험스런 상태하에 있다. 이는 모든 재생가능 자원은 그들을 재생시키는 자연체계의 능력에 의하여 크게 제약을 받기 때문이다. 예를 들면, 지하수는 물이 땅속으로 계속 스며들어가는 정도만큼 재생될 수 있다. 많은 지역에서는 지하수가 재생되는 속도보다 더 빠르게 퍼내짐으로써 점점 고갈되어 가고 있다. 더욱 중요한 것은 재생체계 그 자체가 파괴되고 있는 것이다.

좋은 토양은 다만 그것이 침식으로부터 보호되는 경우와 적당량의 유기물질이 공급되는 경우에만 재생되어진다. 척박하고 침식되는 토양은 그 자체가 재생될 수 없고 오히려 서서히 나빠지게 된다. 생물종은 번식 개체가 유지되는 한 재생자원으로 유지될 수 있으나 많은 생물종은 멸종되어져서 우리는 영원히 그 자원을 잃어버렸거나 또는 많은 다른 생물종이 멸종의 위기에 처해있다. 그리고 재생가능 자원은 직접 사용에 의해서가 아니라 다른 방법에 의하여 쓸모없게 되거나 파괴되어 버린다. 공기나 물 자원은 오염에 의하여 질이 악화되거나 완전히 쓸모없는 것이 되기도 한다. 야생종은 서식처와 번식장소의 파괴, 변경 혹은 오염으로 인하여 감소될 수도 있다. 어류와 기타 수생생물들은 저습지대의 산란장소가 준설되거나 매립됨으로써 혹은 강이나 연안지역이 오염됨으로써 감소될 수 있다.

요약하여 보면 재생가능 자원은 우리가 그 자체로 재생될 수 있는 능력 범위 내에서 사용하고 오염이나 파괴로부터 재생체계가 방해받지 않는 범위에서만 재생될 수 있다는 것이다.

2. 재생불능 자원의 한계

재생불능 자원은 지각에 매장되어 있는 상업적으로 가치가 있는 물질들로 구성된다. 이들은 광석, 즉 철, 구리, 알미늄 등 금속으로 제련된 수 있는 물질과 자연 그대로 사용할 수 있는 석면, 운모, 진흙 그리고 화석연료 등으로 나눌 수 있다. 위와 같은 물질들이 지각에서 생성되는 지질학적 과정은 극히 느리다.

비관론자들은 지구는 유한한 구(球)이며 인류는 유한한 곳에서 그 매장량의 고갈 없이 계속적으로 광물들을 채굴할 수는 없을 것이라는 명백할 사실을 지적하고 있다. 그러나 낙관론자들은 비관론자들의 논리를 인정하지만, 지구는 매우 거대한 구이고 거의 광물질로 구성되었음을 지적하고 따라서 인류는 그들의 발밑 땅덩어리에서까지 채광하여야 하는 고갈 상태까지 가지는 아니할 것이며, 만일 고갈된다 하여도 폐기물질들은 어디론가 버려질 것이고 이것이 다시 새로운 공급원이 될 것이라고 주장하고 있다. 그러므로 낙관론자들에게는 실제적인 측면에서 자원이 다 소모되어 고갈될 위험 가능성이 없다는 것이다. 이들 양자의 견해는 어느 정도는 옳고 또 어느 정도는 틀리다고 할 수 있다.

제5절

자원의 한계 내에서의 생존방안

자원의 한계를 인식하고 과다성장을 억제하며 그 한계 내에서 우리 자신이 살아갈 수 있도록 적응시키는 것이 인류문명이 지속적으로 전진할 수 있는 유일한 방법이다.

최근 적정기술(appropriate technology)이라는 단어가 이러한 사상을 표현하기 위하여 사용되고 있다. 적정기술은 자원을 최소한 사용하고 최소의 환경 악영향 아래 기본적인 인간욕구를 충족시키기 위한 기구와 체제를 개발하는 것이다.

1. 경제적 수단을 통한 자원이 절약

만일 주어진 목표를 달성하기 위한 대안이 몇 가지 있다면 일반적으로 최소비용의 것을 선택하는 것이 자연적인 경제원리이다. 그래서 간접적인 경제적 수단, 즉 세금, 보조금, 통제 등을 통한 인위적인 가격 조정을 통하여 여러 대안들의 상대적 비용을 변경시키면 일반 국민들이 그에 따르게 될 것이다.

우리는 고의로 또는 부지불식간에 과다성장을 선호하는 많은 경제정책을 추진하여 왔고 지금도 계속하고 있다. 우리는 그러한 정책을 자원보전을 선호하는 정책으로 변경시켜야 할 것이다.

자원의 절약이 반드시 자원의 소비를 줄이자는 것은 아니다. 인류의 문명을 계속 발전시키기 위해서는 현재와 같은 자원소비가 계속될 전망이며, 발전을 멈추지 않는 한 에너지 자원의 소비는 결코 줄어들지 않을 것이다. 따라서 자원의 개발이나 소비과정에서 불필요하게 발생하는 낭비를 최소화하여 자원을 효율적으로 이용하고 (※열병합 발전 : 화력발전 후 폐열을 지역의 난방용 증기로 공급) 사용된 자원을 재활용(recycling) 하도록 경제적 수단을 강구해야 할 것이다('자원의 절약과 재활용 촉진에 관한 법률', 1992).

2. 자원부족의 해결을 위한 직접적 방법들

과다성장을 억제하기 위하여 간접적인 경제적 수단을 응용하는 것 외에 여러 가지 직접적 방법들이 극심한 자원 부족을 해결하기 위해 취해질 수 있다.

1) 미이용 자원의 활용

(1) 저품위 자원의 개발

에너지자원이 개발 가능한지의 여부는 경제성에 의해 결정되는데 똑같은 자원이라도 경제적, 기술적, 사회적, 정치적 환경 등의 요인에 의해 개발되기도 하고 그대로 방치되기도 한다. 이와 같이 미개발되어 방치된 자원이나 미이용 자원은 그 개발을 막는 요인을 제거할 경우 개발 대상이 될 수 있다. 이러한 요인들은 대부분 에너지 자원의 채취, 처리 및 기타 과학기술의 진보에 의해 제거될 수 있다. 이는 지금까지 문명의 발달과정에서 나타난 인류의 자원개발과 활용의 예에서 쉽게 알 수 있다.

(2) 해저자원의 개발

대륙붕에서 석탄, 석유, 천연가스 등의 미개발자원이 상당히 많은데, 석유의 경우 현재 산유량의 약 20 %가 해저유전에서 생산되고 있다. 그리고 바닷물 속에는 많은 금속염이 녹아 있으며 바다 밑의 지표 및 지하에도 많은 지하자원이 있으므로, 바다로부터 여러 가지 광물자원을 채취할 수 있다. 이러한 해저자원의 채취가 지상 채굴보다 대부분 비경제적이지만, 에너지 자원의 채취는 상당히 경제성이 있다.

(3) 핵에너지 자원

경수로(light water reactor)는 우라늄 235가 핵분열하여 튀어나오는 고속중성자의 속도를 감속시키기 위한, 즉 연쇄반응의 속도를 제어하기 위한 감속제 및 이때 발생되는 고온의 열을 냉각시키기 위한 냉각제로서, 21 H_2O 혹은 31 H_2O와 같은 중수(重水, 중수로)가 아닌, 11 H_2O 즉 보통의 물인 경수(輕水, 경수로)를 사용하는 원자로로서, 냉각제 사용방법의 차이에 따라 2가지 형이 있다. 하나는 비등수형으로 노심에서 비등하고 있는 수증기를 그대로 발전용 터빈으로 보내는 방식이고, 다른 하나는 가압수형으로 노심의 물에 175기압의 고압을 가해 비등을 방지한 고온수를 증기발생기로 보낸 다음, 그곳에서 2차 냉각수를 비등시켜서 증기를 만들어 터빈을 돌리는 방식이다. 세계 원자로의 80 %가 경수로이며 이중 70 %가 가압수형이다.

현재의 원자로는 발전용 연료로 ^{235}U를 사용하고 있는데 실제 자연에서 발견되는 우라늄 광은 대부분인 ^{238}U로 99.3 %를 차지하며 ^{235}U는 0.7 % 정도만이 존재한다. 따라서 한정된 우라늄의 매장량을 고려할 때 지금과 같은 속도로 원자력 발전소의 건설이 계속된다면 멀지 않아 우라늄의 고갈을 맞게 될 것이다.

고속증식로는 이와 같은 문제의 해결을 위해 ^{238}U을 연료로 사용하며, 쓸모가 없어 버려지던 ^{238}U을 이용할 경우 현재의 보존량으로도 6천년 이상 사용이 가능할 것으로 예측되고 있다.

고속 증식로에서는 연료로 $^{238}_{92}U$와 $^{239}_{94}Pu$의 혼합물을 사용하는데 먼저 Pu가 핵분열을 일으켜 중성자를 생성하면 중성자 1개는 다른 Pu와 충돌하여 연쇄반응을 일으키고, 또 다른 중성자는 $^{238}_{92}U$에 흡수되어 $^{239}_{94}Pu$을 생성함으로써 연료가 되는 Pu의 생성과 핵분열을 동시에 일어나도록 한다.

한편 핵에너지는 환경오염과 관련해서 아직도 많은 문제점을 내포하고 있어서(사고 등에 의한 방사능 오염문제, 방사성 폐기물 처리문제, 온배수(溫排水)에 의한 수중 생태계 파괴의 문제 등등), 대체자원으로서의 적합성에는 의문점이 많이 존재한다.

2) 대체에너지의 개발

자원의 유한성을 고려할 때 에너지 자원을 확보하는 가장 적극적인 방법으로는 대체에너지의 개발이 필연적이다. 대체에너지로는 태양에너지, 지열, 풍력, 조력 등과 같은 자연에너지와 핵융합에너지가 있는데, 경제적 기술적으로 실용화되기까지는 많은 어려움이 따르지만 무한정한 에너지원으로서 뿐만 아니라 무공해 에너지원으로서 장래성이 매우 밝다.

(1) 태양에너지

태양은 수소의 핵융합반응에 의해 열과 빛에너지를 발산하는데, 지구가 태양으로부터 받아들이는 방사에너지를 석유로 환산하면 매년 약 140조 ton, 또는 8.7 × 1,020 kcal에 이르는데, 이는 인류가 소비하는 총 에너지의 2만 배에 해당한다.

태양에너지는 두 가지 장점이 있다. 첫째는 그 에너지가 최소한 수십억 년 이상 계속해서 공급될 수 있다는 점이고, 둘째는 화석연료나 원자력에 비해 환경오염의 염려가 전혀 없다는 점이다. 그러나 태양에너지는 에너지의 밀도가 낮고 낮과 밤, 기후 및 계절의 변화에 크게 영향을 받는 단점이 있으므로, 효과적으로 에너지를 모으고 저장하는 장치가 필요하다. 태양열 집적장치를 이용하여 난방이나 냉각장치의 동력원으로 사용하거나 태양열전지를 이용하여 태양에너지를 전기에너지로 변환시켜 각종 목적에 사용할 수 있는데, 아직까지 광범위하게 실용화되지는 못하고 있다.

(2) 지열

지구표면에서 지구 중심부로 가까이 갈 때, 매 30 m마다 온도가 약 1℃ 상승하며, 지구의 중심부는 약 5,000℃ 정도라고 추측된다. 지구 내부의 높은 온도는 ^{40}K, ^{235}U, ^{238}U, ^{232}Th 등의 방사성원소가 붕괴되면서 방출되는 에너지가 그 원인이다.

지표상에서 지구 내부로부터 방출되는 열량을 측정해 보면 국지적으로 또는 띠 모양으로 주변의 열량 보다 높은 곳이 있다. 이러한 열점(hot spot)이 있는 곳에는 화산이 발달하므로, 지표로부터 열점이 존재하는 곳으로 굴착해서 지질구조 내에 저장된 지하열수의 고압수증기와 고열을 이용하여 전기에너지로 전환시킬 수가 있다. 실제로 오래전에 이태리에 세워진 지열발전소는 아직도 약 400 megawatt 용량의 발전을 하고 있다. 이러한 지열을 이용할 때 몇 가지 고려해야 할 점이 있는데,

첫째, 열수와 증기가 분출될 때 황화합물 등의 유해가스로 인한 대기오염과 열폐수에 의한 수질오염이 염려된다.

둘째, 열수의 과다한 채취로 지반이 약화되고,

셋째, 열수 속의 광물질과 부식성 물질에 의해 발전소의 터빈이 쉽게 부식될 수 있고,

넷째, 주로 활화산 주변에 발전소가 위치할 경우, 예상하지 못한 화산활동으로 인한 피해의 위험성이 있다.

(3) 풍력

풍력은 오래 전부터 널리 이용되었는데, 풍차가 그 좋은 예로서 바람의 운동에너지를 프로펠러를 통한 기계적 에너지로 변환시킨 다음 전기에너지로 바꿀 수 있다. 풍력은 두 차례에 걸친 석유파동으로 관심을 끌기 시작하였다. 풍력발전소 1기가 발전할 수 있는 전력은 최대 3,200 kW 정도이다.

풍력을 이용하기 위해서는 가용 풍력에 대한 충분한 검토, 발전소와 수용자(가정 및 공장) 사이의 경제적인 송전 방안, 풍향과 풍속의 자료 수집 등이 고려되어야 한다. 풍력의 단점은 미리 예측하기 어렵고 어떤 때는 며칠씩 이용할 수 없다는 것이다. 따라서 태양에너지의 경

우와 마찬가지로 바람이 불 때 생성된 에너지를 효율적으로 저장했다가 필요할 때 쓸 수 있도록 하는 방법이 연구되고 있다. 우리나라에서는 종래에는 벽지와 도서지방에서 소규모의 풍력발전소를 이용하여 전기를 자체 공급하고 있는 정도였으나 최근들어 대단히 활발하게 적용성이 검토되고 있으며 해상풍력과 같이 대용량화 되어가는 추세이다.

(4) 조력(潮力)

밀물과 썰물의 차이가 큰 해안에 댐을 건설하여 터빈을 돌리거나 일정한 방향으로 흘러가는 파도를 이용하여 전기를 얻을 수 있는데, 이에 대해서는 상당한 연구가 이루어졌을 뿐만 아니라, 일부는 실용화 단계에 접어들었다. 현재 프랑스, 북미, 러시아 등지에서는 실제로 조력을 이용하는 발전소가 성공적으로 가동되고 있으며, 우리나라도 서해안은 간만의 차이가 심하므로 조력발전에 적당한 조건을 갖추고 있다. 실제 가로림만 등에는 조력발전이 계획되어 있다. 조력발전에서는 발전설비가 해수에 의해 부식되는 것을 방지하는데 주의를 기울여야 한다.

(5) 쓰레기를 이용한 에너지

최근 쓰레기 문제가 심각한 환경파괴와 환경오염 문제로 대두되고 있다. 쓰레기를 매립하면 토양과 지하수를 오염시키고 해충이 번성하며, 소각은 대기오염을 일으키므로 환경을 파괴할 뿐만 아니라 인간의 건강까지도 위협한다.

도시하수의 퇴적물, 제지공장과 유지공장의 폐기물, 가축의 분뇨 등은 탄소를 함유하고 있는 유기물이 대부분이다. 이러한 폐기물을 화학적, 생물학적으로 처리하면 메탄가스와 같은 연료를 얻을 수 있다. 이와 같이 쓰레기에 포함된 자원을 재활용하고 에너지화 하면(RDF; Refuse Derived Fuel, MTS; Methanogenic Treatment System, LFG; Land Fill Gas) 폐기물의 발생량을 줄이고 에너지자원의 소비를 줄일 수 있으므로, 환경문제와 에너지문제를 동시에 해결할 수 있다. 그러기 위해서는 각 가정과 산업체에서 쓰레기의 분리수거에 협조해야 하고, 분류된 쓰레기를 적절하게 처리하는 기술이 개발되어야 한다.

(6) 핵융합에너지

질량수가 작은 원자들이 결합하게 되면, 예를 들어 중수소원자 두 개가 결합하여 헬륨을 만들 때 다량의 에너지가 방출되는데, 이것이 핵융합에너지(nuclear fusion energy)의 근원이다. 공포의 핵무기로 인정되는 수소폭탄은 바로 이러한 수소원자의 핵융합반응에서 나오는 다량의 에너지를 순간적으로 방출시키는 것이다. 태양의 내부에는 많은 수소가 농축되어 있어서, 높은 온도에서 네 개의 수소원자가 융합하여 한 개의 헬륨원자를 만드는 핵융합반응이 일어나므로 막대한 에너지가 발생한다.

천연의 물속에 함유된 수소의 약 0.016 %는 중수소이므로 핵융합반응에 필요한 무한정한 에너지 자원이 될 수 있다. 핵융합에너지의 장점은 첫째, 원료로 사용되는 수소나 중수소가 물속에 다량 존재하여 원료 걱정이 없다는 점이고, 둘째, 에너지의 생성과정에서 폐기물이 발생하지 않아서 환경오염에 대한 염려가 전혀 없다는 것이다.

그러나 핵융합에너지를 실용적으로 이용하기 위해서는 해결해야 할 문제들이 많다. 중성자와 양성자, 양성자와 양성자 등을 융합반응이 일어날 수 있도록 가깝게 접근시키려면 원자핵끼리의 정전기적 반발력을 이겨내야 하는데, 이를 위해서는 섭씨 천만도 이상의 고온이 필요하기 때문에 핵융합을 열핵반응이라고도 한다. 따라서 이렇게 높은 온도를 얻어야 하고, 또 그런 높은 온도에서 견딜 수 있는 소재를 개발해야 하는 문제들이 우선 해결되어야 한다. 그러나 현재의 과학기술 수준으로는 이러한 문제들이 완전히 해결되지 않아서 핵융합에너지의 실용적인 이용은 아직도 실현되고 있지 않다.

3) 자원의 불필요한 사용금지

좋은 예는 용기에 대한 부과금제도로써 이는 음료가 재생불능 용기에 포장되어 유통되는 것을 억제하기 위한 것이다. 주석캔은 재이용할 수 없으므로 이러한 부과금은 그러한 종류의 용기의 사용을 감소시켜서 그것을 제조하는데 필요한 에너지와 금속을 절약하는 효과를 가져 올 것이다.

4) 재활용(recycling) 체제의 정립

근래 재활용에 대한 연구와 개발이 촉진되어지고 있는데, 가장 필요한 것은 폐기물을 노천투기나 매립하여 처분하기 보다는 재활용시설을 설치하도록 지방 정부에 여론을 환기시키는 것과 그러한 시설 건설에 필요한 자금 확보수단으로 공채발행 또는 다른 방법들을 주민들이 기꺼이 찬성하는 것이다. 그러한 것은 단기적으로는 매우 비용이 많이 들어가는 것이지만 장기적인 면에서는 보다 경제적인 것이다. 또한 시민들은 재활용된 제품을 기꺼이 받아들이고 사용하여야 한다. 재활용은 그 생산제품에 대한 판로가 없으면 의미가 없어지기 때문이다.

5) 제품 내구연한의 연장

어떤 제품이 오래오래 사용될수록 그 제품의 생산은 덜 필요할 것이다. 이는 자원뿐 아니라 에너지의 명백한 절약이며 환경오염 감소방법이다. 그런데 이러한 주장은 누가 같은 제품을 오래 쓰려 하겠느냐 라는 비판을 자주 받게 된다. 이 비판에 대한 대답으로서 시장에서 가장 최신의 물건을 가지려는 우리의 욕망이 진실한 우리의 욕구를 얼마나 충족시켰는가 그리고 최신의 것을 원하도록 우리를 세뇌시키는 광고(마케팅 기법 중 계획적 진부화, 計劃的陳腐化, planned obsolescence; 자동차 등의 face lifting 등)에 많은 돈을 소비하면서 우리의 욕구를 얼마나 충족시켰느냐고 질문할 필요가 있다. 오랫동안 같은 기계나 제품을 사용하는 것이 반드시 기술개발을 방해하는 것은 아니다.

생산제품이 어느 부품단위로 설계되고 제조되는 경우에는, 효능이 증진된 부분을 전제품의 교체 없이도 갈아 끼울 수 있다. 예를 들면, 대부분의 카메라는 렌즈를 갈아 끼울 수 있도록 되어 있다. 따라서 새롭게 개량된 렌즈는 전체 카메라를 교체하지 않고도 사용될 수 있다. 자동차류도 그 설계, 유통, 수리 등 체제가 잘 되어 있으면 기술 증진된 엔진, 전동장치 혹은 다른 부품들을 나머지 전체를 바꾸지 아니하고 바꾸어 달 수 있을 것이다.

그러나 우리 경제는 현재 그와 거의 반대 모델을 이루고 있다. 새로운 기술 개발로 특별히 설계된 신제품을 얻고자 하는 경우에는 전체를 새로 바꾸어야 하도록 하고 있다.

또한 유통체계도 개량된 부품을 쉽게 구입하기가 어렵게 하고 있다. 따라서 소비자들은 전체를 새로 갈도록 강요당하고 있으며, 제품의 수리에 대해서도 같은 이야기가 될 수 있다. 고장난 부분이 전체 가치의 1 %보다 적은 경우라 하더라도 “유니트” 설계와 유통구조는 수리를 의도적으로 불가능하도록 하고 있다. 그리하여 우리의 현재 생산유통구조는 불필요한 자원사용과 그로부터 오는 오염과 폐기물을 추가로 발생시키고 있다.

결론적으로 우리의 경제구조는 생산과 폐기를 강조하고 있어 엄청난 자원사용을 초래한다. 자원의 한계와 폐기물처리, 오염문제 등의 측면에서 볼 때, 고장부품의 수리를 권장하는 것이 필요하다. 위에서 명시한 것 외에도 너나 할 것 없이 우리의 소비습관을 고침으로써 그러한 변화를 유도할 수 있을 것이다.

3. 인구증가속도의 억제

자원의 한계 내에서 인류의 생존에 영향을 미치는 최종적인 인자는 인구이다. 각각의 사람들이 평균적으로 점점 더 적은 양을 갖지 않고는 점점 더 많은 사람들에게 유한의 자원을 공급할 수 있는 방법이 없다. 따라서 위에서 살펴본 자원의 절약을 위한 경제적 수단 및 자원부족의 해결을 위한 직접적 방법들 외에 인구증가속도를 억제하려는 노력이 요구된다.

결론적으로 재생가능 자원과 재생불능 자원은 모두 명확히 한계가 있고 그것은 멀지 않은 장래에 자원 사용을 분명히 제한할 것이다. 그렇다고 그러한 제한이 반드시 인류문명의 종말을 초래하지는 않을 것이다. 우리가 도전할 의지가 없다면 우리의 삶을 한계자원에 적응되도록 하고 그럼으로써 우리와 후세들은 과학기술의 계속적인 혁신과 함께 밝은 미래를 보장받을 수 있는 여러 방법들을 모색할 수 있을 것이다.

참고문헌

박철희, 조기안, 정병곤, 최세웅, 한상국, 환경생태학, 동화기술, 2013
오계헌, 송홍규, 최성찬, 환경생태학, 동화기술, 1999
정문식, 박석환, 환경생태학, 신광문화사, 2003
M.C. Dash, Fundamentals of Ecology, McGraw-Hill Book Company, 1996
Berry, R.J., Ecology and Environment, Templeton Foundation Press, 2011

제6장

기후 변화와 지구온난화

제1절 지구대기와 기후 변화
제2절 지구온난화

제1절

지구대기와 기후 변화

1. 지구대기

지구상에서 발생하는 대기대순환(global atmospheric circulation)과 바람, 폭풍, 구름 등의 기상현상과 이들에 따른 단기간의 일기변화, 그리고 기상변화의 장기간 변화 추세에 따라 결정되는 기후는 지구대기가 받아들이는 태양에너지와 지구로부터 나가는 지구복사에너지의 순복사량(net radiation)의 결과로 나타난다고 할 수 있다. 기본적으로 태양으로부터 복사에너지가 지구의 물리적 형태와 자전, 공전 등으로 인하여 지구표면에 도달하게 될 때 지역에 따라 불균형하게 전달된다. 태양복사량의 지역에 따른 차이는 열전달(heat transfer)과정으로 인한 지구대기의 흐름에 영향을 주어 지구규모의 대기대순환을 유도하며 복사에너지를 전달하는 역할을 한다. 지구규모의 에너지 흐름과 평형을 이해하기 위해 태양으로부터의 복사에너지 전달과정과 함께 복사에너지를 전달하는 지구를 에워싸고 있는 지구대기의 특성을 살펴볼 필요가 있다.

1) 대기의 구조와 특성

대기권의 구조는 기온의 연직 변화에 따라 구분되며 그림 6－1에 나타난 바와 같이 지표 인근 하층에서부터 대기층의 물리적 및 화학적 성질을 고려하여 대류권(troposphere), 성층권(stratosphere), 중간권(mesosphere), 열권(thermosphere) 등으로 분류한다. 대기층은 지표면으로부터 고층대기로 올라갈수록 온도나 밀도의 변화가 나타나며, 공기의 화학조성도 점진적으로 변화하는 양상을 나타낸다. 따라서 높은 고도에서는 공기의 밀도가 낮아 가스성분들의 농도 또한 낮게 나타난다. 높이 변화에 따라 공기의 질이 변화한다는 점을 감안하여, 지구표면의 모든 생물류가 호흡하는 공기인 “대류권 내의 수 km 높이 이내에 포함된 공기”를 환경대기(ambient air)라고 정의한다.

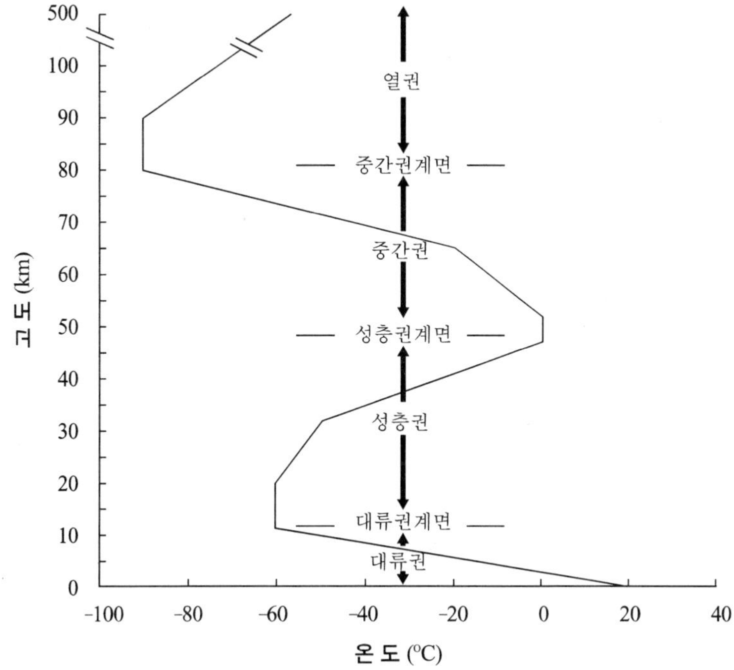

〈그림 6-1〉 고도에 따른 대기권의 분류

[표 6-1] 건조공기의 주요성분과 농도

회합물(영문명)	부피/부피 기준 무단위농노 (ppm)	질량농도 (μg/m^3)
N_2 (nitrogen)	780,900 (78.1 %)	8.95×10^8
O_2 (oxygen)	209,400 (20.9 %)	2.74×10^8
Ar (argon)	9,300 (0.9 %)	1.52×10^7
CO_2 (carbon dioxide)	315	5.67×10^5
Ne (neon)	18	1.49×10^4
He (helium)	5.2	8.5×10^2
CH_4 (methane)	1.5	9×10^2
Kr (krypton)	1.0	3.43×10^3
N_2O (nitrous oxide)	0.5	9.0×10^2
H_2 (hydrogen)	0.5	4.13×10
Xe (xenon)	0.08	4.29×10^2
O_3 (ozone)	0.01～0.2	

환경대기는 여러 가지 화학적 성분들로 구성되어 있으며 표 6－1에 대표적인 화학 성상을 제시하였다. 이들 성분들은 그 절대적·상대적 함량의 차이에 따라 주성분(major component), 미량성분(minor component), 극미량성분(trace component) 등으로 분류하기도 한다.

비록 지역에 따라 조금씩의 차이를 보이기는 하지만, 공기의 주성분은 질소(약 78 %)와 산소(21 %)가 대부분으로 약 99 %를 차지하고 있다. 나머지 약 1 %를 구성하는 성분들은 절대적으로 작은 함량임에도 불구하고 대단히 다양한 종류의 원소 또는 화합물들로 구성되어 있다. 이들 중 양적으로 가장 큰 부분을 차지하는 미량성분으로는 이산화탄소, 수증기, 아르곤, 메탄 등을 꼽을 수 있으며, 수증기의 함량변화는 지역에 따라 수 %에 달할 정도로 변화가 심하게 나타난다. 따라서 공기의 조성을 정의할 때는 대체로 건조공기를 기준으로 한다. 수분의 절대적인 농도 자체는 주성분들에 비해 대단히 미미하지만, 이들 또한 온실효과(greenhouse effect)를 일으키는 주요 인자로 작용하기 때문에, 지구의 기후 변화에 대단히 중요한 역할을 한다.

한편 대기권 내부의 온도와 밀도는 앞서 언급했듯이 고도에 따라 변한다. 일반적으로 상층으로 갈수록 기층의 밀도가 작아지고 가장 상층부인 이온층(ionosphere)의 기체분자들은 하층인 대류권(troposphere)의 밀도에 비해서 아주 작게 나타난다. 결과적으로 고도에 따라 기압이 급격히 감소하게 된다(그림 6−2).

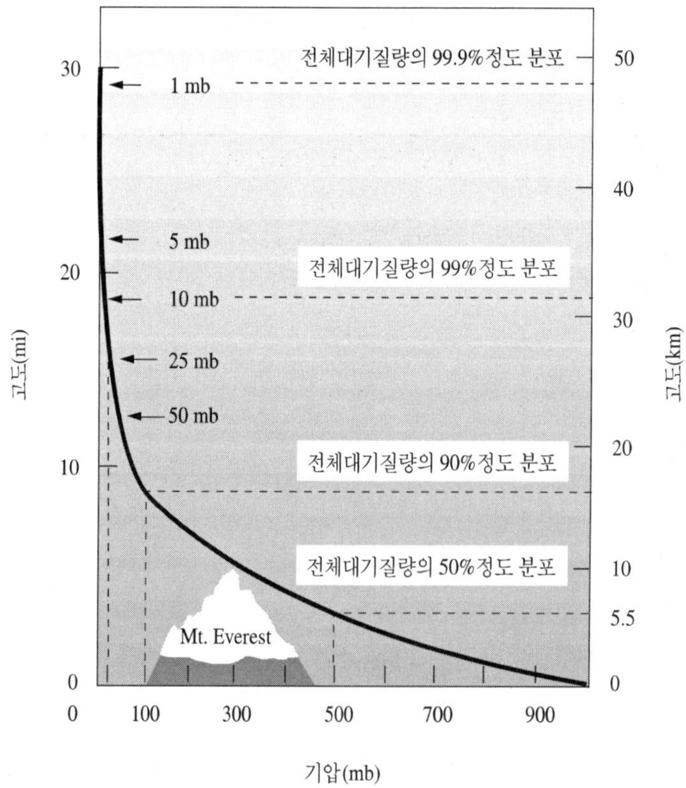

〈그림 6−2〉 높이에 따른 대기압의 급격한 감소를 볼 수 있으며, 5.5 km 고도까지 전체 대기의 50 %가 존재하고 있음을 나타낸다.

대기권의 각 층에 대한 특성을 간략히 요약하면, 가장 하층인 대류권은 지표로부터 평균적으로 약 12 km까지이며 대류권의 높이(대류권계면, tropopause)는 계절과 위도에 따라 차이가 있다. 대류권의 높이는 여름철에 높고 겨울철에 낮으며, 고위도보다 저위도 지역에서 높게 나타난다. 대류권은 대부분의 생물들이 살아가는 직접적인 생활공간이며, 대기 중의 많은 수분과 오염원들이 이 권역 내에 존재한다. 우리들이 일상적으로 겪는 구름, 비 등과 같은 기상현상들은 대류권 내부에서만 일어난다. 대류권의 기온은 높이에 따라 약 0.65℃/100 m의 율로 감소하는데 이를 기온감률(temperature lapse rate)이라 한다. 이러한 기온변화 특성으로 하여 대류권내에서는 대류(convection)현상이 활발히 일어나며, 비교적 균질한(homogeneous) 기층을 이룬다. 대류권 하부 약 1~2 km의 층은 대기경계층(atmospheric boundary layer) 또는 행성경계층(planetary boundary layer)이라 한다.

이 층에서는 지구복사와 지표마찰 등과 같이 지표면으로부터의 직접적인 영향으로 인해 기상요소들이 시간적·공간적으로 변화하며 대류권내 오염물질의 분포에 매우 중요한 역할을 한다. 대기경계층내에서 지표로부터의 가열로 대류로 인한 혼합이 왕성하게 일어나는 층을 혼합층(mixed layer)이라고 하며, 이때 혼합층의 높이는 하루 중 태양복사로 인한 지표가열이 가장 많은 오후 2~3시경에 1.3 km 정도까지 발달하여 최대혼합고(maximum mixing depth)에 이른다. 늦은 오후가 되면서 복사열의 약화로 지표부근에서부터 복사냉각이 일어나 야간에는 지표부근의 기온이 상대적으로 더 낮아지는 지표역전현상이 나타나게 된다. 이러한 과정을 거쳐 주로 야간에 형성되는 역전층을 야간경계층(nocturnal boundary layer)이라 하며, 야간경계층 내에서는 지표 복사냉각에 따른 대류현상이 억제되어 매우 안정한 층(stable layer)이 형성된다. 야간에는 일반적으로 주간에서보다 풍속이 약한 것으로 알려져 있으나 야간의 안정한 경계층에서는 높이에 따라 풍속이 증가하면서 거의 야간경계층 상층부 고도(50~150 m) 정도에서는 그 상층에서 보다 더 강한 풍속이 자주 관측되며, 이러한 바람을 야간제트(nocturnal jet) 또는 저층제트(low level jet)라고 한다.

성층권은 대류권계면 바로 위부터 약 50 km 사이의 권역을 일컫는다. 성층권은 오염물질의 장거리 수송 등과 같은 지구규모의 오염물 이동에 아주 중요한 역할을 한다. 이 권역에서는 높이에 따라 기온이 상승하므로 기층 내에서 하층부의 밀도가 상대적으로 커서 안정한 상태를 유지하여 일단 화산활동, 원자폭탄 실험 등으로 인해 발생한 오염물이나 입자들이 성층권내로 유입되면 오랫동안 층 내에 머물게 되어 오염이 지속되기 때문이다. 또 장기간 체류하는 동안, 일차 배출된 오염물이 상층에서의 장거리 이동은 물론 물리·화학적인 변화에 따른 이차오염물질로 변환되어 예기치 않은 오염현상을 야기할 수도 있다. 성층권에는 오존층이 존재하고 있으며, 오존은 파장이 210~290 nm인 자외선 영역의 태양 빛을 흡수하며 흡수된 태양에너지는 성층권내의 온도를 상승시키는 역할을 한다. 또한 사람들의 건강과 동식물의 성장에 해로운 자외선을 흡수함으로 해서 대기 하층부에서 생활하는 동식물의 자연환경을 보호한다. 그러나 현재 성층권 오존은 극지방 상공을 중심으로 점차적으로 감소하고 있으며, 그 범위가 계속 확산되고 있음이 관측되고 있다. 이러한 현상은 주로 인위적으로 발생되는 불소산화물과 질소산화물 등이 성층권 내부로 유입하는 현상과 극지방 상공에 극운(polar cloud)이 발생하는 현상 등과 같은 기상학적 특성과의 복합적인 요인으로 추정되고 있다. 대표적 오존 파괴 물질로 CFCs(chloro-fluoro-carbons)와 초음속 비행기 또는 비료 사용 등으로부터 대기로 배출되어 성층권으로 유입되는 질소산화물(oxides of nitrogen)이 있다.

중간권은 대략 50~85 km까지의 영역을 일컬으며, 기온은 다시 높이에 따라 감소하고 상하로 혼합이 일어난다. 이러한 기온변화는 고도에 따라 오존량이 감소하며, 결과적으로 태양으로부터 흡수하는 에너지도 양적으로 감소하기 때문에 열의 재방출이 감소하기 때문이다. 약 85 km 이후부터는 기온이 다시 상승하기 시작하는데 이 영역에 존재하는 다량의 원자들, 산소, 질소가 200 nm 보다 짧은 파장영역의 태양에너지를 흡수하기 때문이다. 이 영역을 열권이라 한다.

2) 태양과 대기의 열평형

지구는 태양계(그림 6－3)의 한 행성으로 다른 행성들과 마찬가지로 태양으로부터 방출되는 복사에너지에 의해 열평형을 유지한다. 지구는 이 태양으로부터 약 1억 5,000만 km 떨어져 있고 태양으로부터 유입되는 에너지를 복사에너지(radiant energy 또는 radiation)라 하며, 전자기 복사(electromagnetic radiation)의 형태로 전달된다. 그림 6－4는 태양과 지구표면으로부터의 전자기 복사 스펙트럼(spectrum)을 나타낸 것으로 각각 태양과 지구 복사에너지 스펙트럼을 모두 도시한 것이다. 태양과 지구 복사 스펙트럼의 커다란 차이는 태양복사에너지는 단파장 영역(0.2~5 μm)에서 주로 나타나며, 지구복사에너지는 장파장 영역(5~30 μm)에 걸쳐 주로 나타나는 것이다. 이러한 파장 영역은 흑체복사법칙에 따른 것으로 태양과 지구의 표면온도 차이에서 기인하는 것으로 다음의 흑체복사(black body radiation)에서 다루도록 한다.

태양에너지는 우주를 거쳐 지구에 다다르면 상대적으로 얇은 대기층을 통해 전달되지만 주로 지구표면에서 흡수되어 여러 과정들을 거쳐 대기로 재분배된다. 지구의 중력은 대기를 구성하고 있는 기체들이 얇은 층을 이루며 지구를 에워싸도록 한다. 그러한 대기는 태양복사로 인한 지표면 가열과 지구의 자전운동으로 인하여 내부적으로 압력변화를 겪게 된다. 결과적으로 매우 다양하고 복잡한 대기운동(기류의 변화)이 발생한다. 지구규모에서의 이러한 대기흐름의 형태는 비교적 규칙적이며 그림 6－5와 같이 대기대순환 형태로 나타난다.

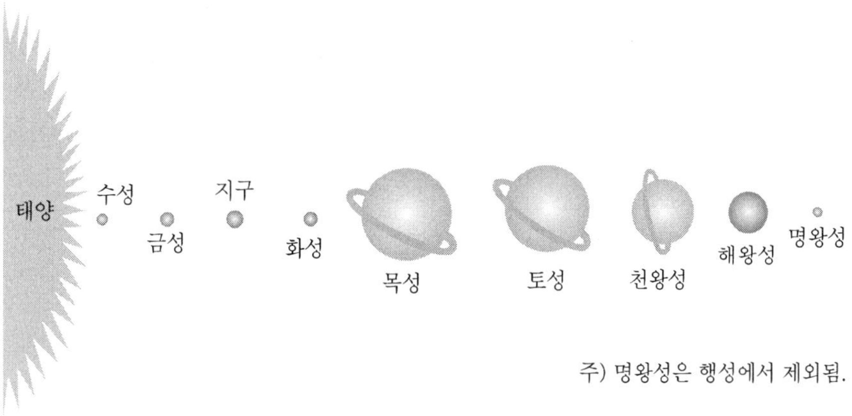

〈그림 6-3〉 태양계(Solar system)

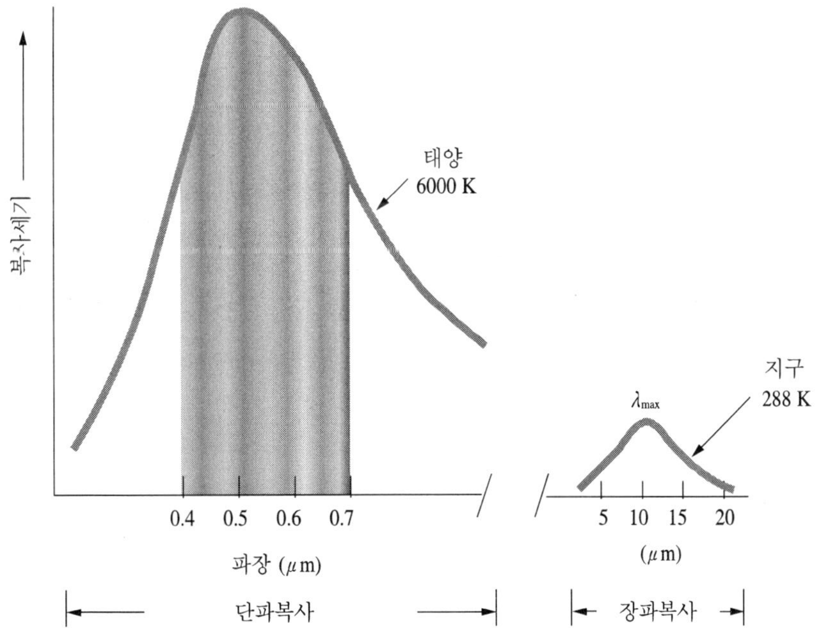

〈그림 6-4〉 태양과 지구의 흑체복사로 인한 복사에너지 스펙트럼

이상에서 설명된 태양에너지의 세기, 태양으로부터 지구까지의 거리, 지구의 질량과 크기, 지구를 에워싸고 있는 대기의 존재와 그 조성 등의 인자들이 복합적으로 작용하여 지구상의 모든 생물들이 살아갈 수 있는 지구환경(global environment)을 만드는 것이다.

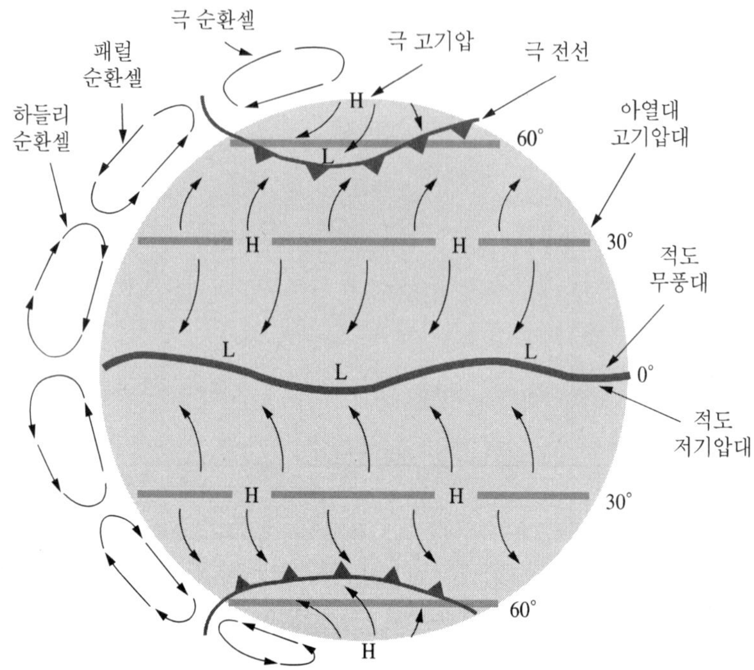

〈그림 6-5〉 대기대순환(Global atmospheric circulation)

지구대기는 대략 78 %의 질소와 21 %의 산소, 0.9 %의 아르곤(Ar), 0.03 %의 이산화탄소(CO_2)와 같은 주성분과 함께 상대적으로 안정한 He, CH_4, Kr, N_2O, H_2, Xe 등의 미량기체(trace gas)들로 구성되어 있다. 지구 반경인 6,370 km에 비하면 대기층은 매우 얇은 편이다. 전체 대기의 약 90 %가 지면으로부터 12 km 이내에 있고, 99 %가 30 km 이내에 존재하고 있다. 그러나 이렇게 얇은 층으로 이루어졌음에도 불구하고, 지구대기의 질량은 약 5×10^{18} kg으로서 대기가 갖고 있는 열을 비축할 수 있는 능력(비열, heat capacity)과 그 잠재적인 에너지는 대단히 크다.

2. 기후 변화

1) 기후시스템

기후시스템을 움직이는 에너지의 대부분(99.98 %)은 태양에서 공급되며, 기후시스템 속에서 여러 형태의 에너지로 변하고 최종적으로 지구장파복사 형태로 우주로 방출된다. 지구내부에서 지표로 공급되는 에너지량은 태양복사에 비해 대단히 적다. 대기 상부에서 대기층을 통해 내려오는 태양복사에너지는 구름, 오존, 수증기 등에 의해 흡수되나 대부분 지표까지 내려와 흡수된다.

지표면에 흡수되는 태양복사는 지표의 성질(알베도)에 따라 흡수되는 율이 달라진다. 지표 역시 자신의 온도에 비례하는 적외복사(지구복사)를 대기로 방출하게 되는데, 지표에서 방출된 적외복사의 일부는 대기의 온실기체에 의해 흡수되어 다시 지표로 되돌아오지만(온실효과) 대부분은 외계로 방출된다. 지표에 흡수된 복사에너지는 열(현열과 잠열)로 전환되어 대기의 난류과정을 통해 대기로 전달된다. 대기권에서 일어나는 공기, 물 그리고 에너지의 이동은 계절, 대륙분포, 대기의 구성에 따라 변한다. 지구가 둥글기 때문에 지표면이 받는 태양복사에너지는 위도에 따라 큰 차이가 있다. 일반적으로 저위도 지표면에서는 흡수되는 태양에너지에 비해 방출되는 지구복사가 적어 지면이 가열되고 고위도에서는 반대로 많아 지면이 냉각된다. 이러한 고위도와 저위도의 기온차는 중위도 상층에 강한 편서풍(제트기류)을 만든다. 만약 남북 방향으로 열의 수송이 없고 국지적인 복사과정에 의해 에너지 평형상태가 이루어지면, 극지방은 현재보다 훨씬 춥고 적도부근은 지금보다 훨씬 더울 것이다. 현재와 같은 기온분포를 유지하고 있는 것은 대기와 해양의 의해 열이 수송되기 때문이다.

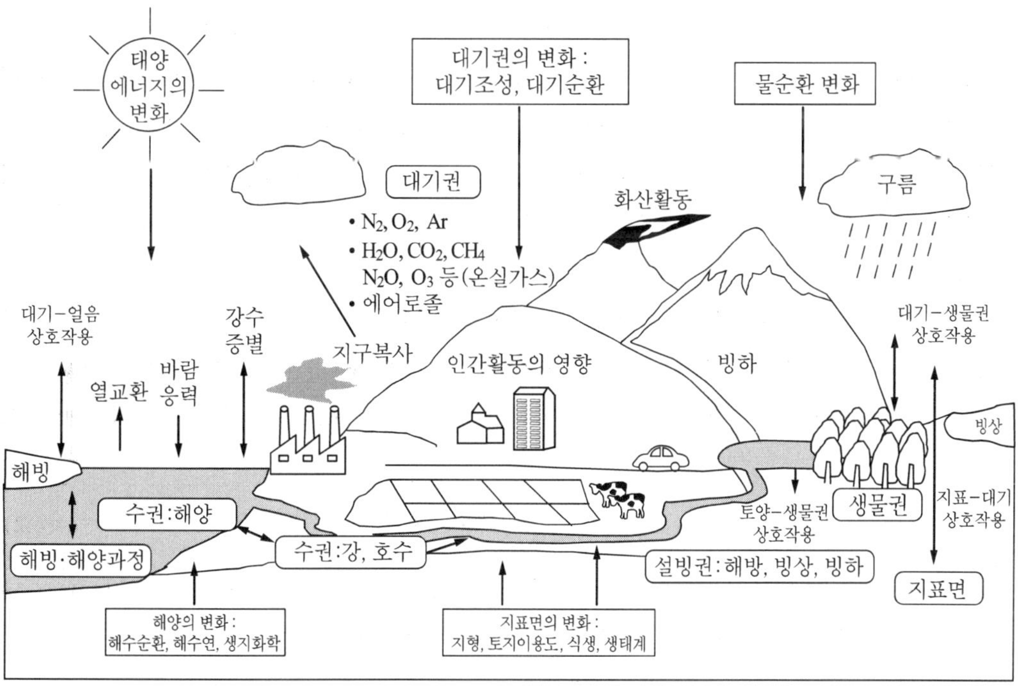

〈그림 6-6〉 기후시스템 모식도 (자료: 기후 변화정보센터, http://www.climate.go.kr/home/02_information/ 01_2.html)

이와 같은 기후시스템을 이해하기 위해서는 그림 6-6의 기후시스템 모식도에서처럼 지구환경에 포함되는 지권(지표토양), 수권(물), 암권, 빙권과 생태환경에서의 에너지를 포함한 탄소 순환과정에 대한 이해가 요구되며, 지구복사와 태양복사 평형에 따른 대기 효과 또한 매우 중요한 역할을 한다. 다음의 흑체복사를 통한 지구대기 효과를 알아보도록 한다.

2) 흑체복사

흑체(blackbody)는 물리학에서 사용되는 용어로서 모든 파장에서 에너지를 완전히 흡수하고 방출하는 가상의 물체를 일컫는다. 흑체는 비록 자연 상태에서 실제로 존재하지 않는 가상의 물체이지만, 실상의 물질들과 비교되어 유용하게 사용될 수 있다. 흑체를 가정한 한 물체의 표면에서 단위면적당 방출되는 복사에너지는 플랑크 법칙(Planck's law)에 따라 그 물체의 온도에 의해 결정된다. 흑체 표면온도 T(켈빈온도)에서 방출되는 단일파장의 복사량(radiant flux)은 다음의 Planck식으로 표현할 수 있다.

$$E_\lambda = C_1/\lambda^5 \left[\exp(C_2/\lambda T) - 1\right]^{-1} \tag{6.1}$$

여기서, C_1는 3.74×10^{-16} W · m^{-2}이고 C_2는 1.44×10^{-2} m · K이다. 이때 흑체복사는 등방위성(isotropic)으로 모든 방향으로 일정하게 복사된다. 그림 6-7은 표면온도가 다른 여러 흑체에서 파장별 복사에너지 E_λ를 나타내는 Planck곡선(Planck's curve)이다. 일반적으로 단파장영역에서는 그 세기가 빠르게 최대값까지 상승하고 이후 장파장영역으로 갈수록 서서히 세기가 감소한다. 또한 흑체표면의 온도가 높을수록 총 복사에너지의 양도 증가함을 보여준다.

식(6.1)과 같이 표현된 Planck법칙을 사용하면 표면온도 T(K)를 갖는 한 흑체로부터 방출되는 최대 복사에너지가 나타내는 파장을 구할 수 있다. 이때의 파장을 최대복사파장(λ_{max})이라 한다. 최대복사파장은 Wien의 변위법칙(Wien's displacement law)인 다음 식에 의해서 구할 수 있다.

$$\lambda_{max} T = 0.2897[\text{cm} \cdot \text{K}] \tag{6.2}$$

또한, Wien의 변위법칙을 이용하면 이미 알고 있는 한 흑체의 복사 스펙트럼(emission spectrum)으로부터 구한 최대복사파장(λ_{max})으로 그 흑체의 표면온도를 추정할 수 있다. 그림 6-7의 Planck곡선에 의하면 흑체표면온도가 낮을수록, 최대 복사에너지를 내는 파장(λ_{max})이 장파장 영역으로 이동하는 것을 보여준다. 태양을 흑체로 가정할 경우, 태양복사 스펙트럼으로부터 최대 복사에너지가 나타날 때의 파장은 0.475 μm이므로 식(6.2)를 이용하면, 태양의 표면온도는 약 6,100 K인 것을 알 수 있다. 같은 방법으로 지구복사로부터 추정된 지구의 표면온도는 288 K로 나타난다. 흑체복사와 관련된 복사법칙들로부터 나타나는 중요한 결과는 태양복사는 가시광선(visible light)영역에 거의 집중되어 있다. 그런데 지구와 같은 행성과 그들을 에워싼 대기로부터의 복사는 적외선(장파장)영역에 집중되어 나타난다는 사실이다(그림 6－4 참조). 파장영역에 따른 복사 스펙트럼의 현저한 차이로 인해서 태양복사와 지구복사(또는 행성복사)의 복사전달(radiative transfer)문제는 구분해서 취급되고 있다.

흑체의 단위면적으로부터 각 파장영역별로 방출되는 복사의 총량(radiant flux)은 그 물체의 표면온도에 따라 결정된다. 그리고 Planck법칙을 나타내는 식(6.1)로부터 모든 파장에 대한 복사량은 Stefan-Boltzmann의 법칙에 의해서 다음 식으로 표현할 수 있다.

$$E = \sigma T^4 \tag{6.3}$$

여기서 σ는 Stefan-Boltzmann상수이며 $5.67 \times 10^{-8}\ \mathrm{W \cdot m^{-2} \cdot K^{-4}}$이고, T는 흑체의 표면온도(K)를 나타낸다.

흑체의 특성에 대한 일반적인 물체의 성질을 비교하기 위해 흡수능(absorptivity)과 방출능(emissivity)의 개념이 이용되기도 한다. 흡수능은 한 물체에 도달하는 총에너지량에 대한 그 물체에 의해 흡수된 양의 비로 정의되며, 진동수(frequency)와 온도에 의해 결정된다. 따라서 흑체의 정의에 따라 그 흡수능은 1이다. 방출능은 같은 온도의 흑체에 의해 방출된 에너지에 대한 한 물체에 의해 방출된 에너지의 비로 정의되며, 그 물체의 특성과 진동수에 의해 결정된다. 한편, 어떤 물체에 대해서든지 주어진 파장과 온도에서 그 물체의 흡수능은 방출능과 같다. 이를 Kirchhoff의 법칙이라고 한다. 한 물체에서도 흡수능과 방출능은 파장의 차이에 따라 매우 민감하게 변하는 것을 주목할 필요가 있다.

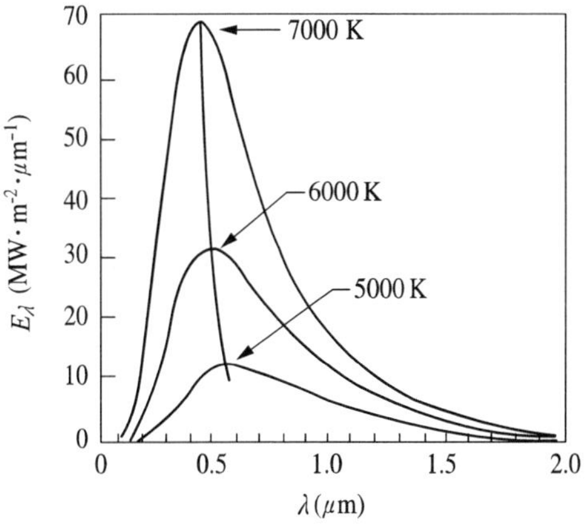

〈그림 6-7〉 주어진 표면온도에서의 흑체복사량

3) 지구대기의 효과

수평으로 고르게 분포되어 있는 두께가 dz인 한 기층을 비스듬히 통과하는 빛의 복사량은 (그림 6−8) 그 기체층의 단위면적에 포함된 기체의 분자수에 따라 감소한다. 따라서 이들의 관계는 다음과 같은 식으로 나타낼 수 있다.

$$-dE_\lambda = -k_\lambda \rho ds \cdot E_\lambda = -k_\lambda \rho \sec\theta \cdot dz \cdot E_\lambda \tag{6.4}$$

여기서 E_λ는 기층에서 감소된 단일파장 λ에서의 복사량, k_λ는 흡수계수, ρ는 기체의 밀도, θ는 천정각(zenith angle)이다. 이때 흡수 감소된 단색광의 복사량은 기본적인 정의에 의해 다음과 같이 흡수능으로 표현되기도 한다.

$$da_\lambda = -dE_\lambda / E_\lambda \tag{6.5}$$

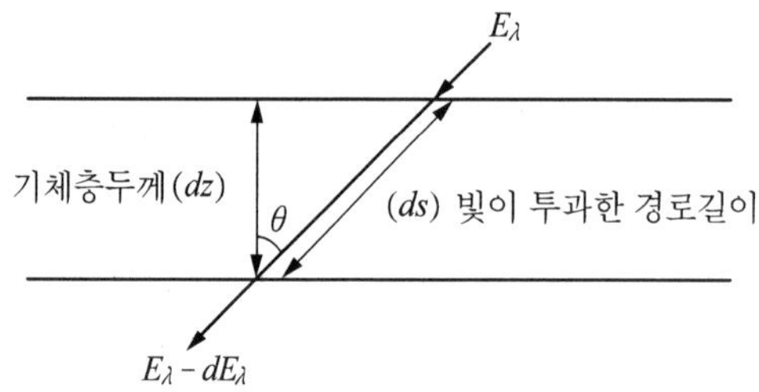

〈그림 6−8〉 일정 두께를 갖는 기체층을 비스듬히 통과하는 복사량의 변화

따라서 식(6.4)와 식(6.5)를 함께 사용하면, 흡수능 da_λ를 식(6.6)으로 표현할 수 있다.

$$da_\lambda = -dE_\lambda / E_\lambda = -k_\lambda \rho \sec\theta \cdot dz \tag{6.6}$$

이제 식(6.6)을 어느 높이 z부터 대기의 상부까지(여기서는 무한 높이를 적용하여 ∞로 표시함) 적분하면 그 결과는 식(6.7)과 같고 이를 Beer의 법칙이라고 한다.

$$E_\lambda = E_{\lambda\infty} \exp\left(-\sec\theta \int_0^\infty k_\lambda \rho dz\right) \tag{6.7}$$

식(6.7)에서 지수함수 부분$\left(-\sec\theta \int_0^\infty k_\lambda \rho dz\right)$을 σ_λ로 표기하며, 이를 광학적 두께(optical depth, optical thickness)라고 한다. σ_λ는 복사선이 그 기층을 통과하면서 감소되는 양을 나타내는 척도로 사용된다. 한편 어느 높이 z에서의 기층의 투과능(transmissivity) τ_λ는 다음 식과 같이 주어진다.

$$\tau_\lambda = E_\lambda / E_{\lambda\infty} = e^{-\sigma_\lambda} \tag{6.8}$$

그리고 산란이 없음을 가정했을 때, 흡수능(absorptivity) a_λ는 다음 식과 같다.

$$a_\lambda = 1 - \tau_\lambda = 1 - e^{-\sigma_\lambda} \tag{6.9}$$

태양복사가 대기층을 투과함에 따른 복사에너지의 감소는 주로 흡수와 산란에 의한 것이다. 지표면에서 관측된 태양복사에너지는 지구대기 상층부의 값보다 작게 나타난다. 이때 흡수 정도는 대기 중의 기체성분 물질과 구름, 에어로졸 등의 양에 의하여 변화한다.

그림 6−9는 대기층 상부와 지구표면에서 받는 태양복사에너지의 차이를 나타낸 것이다. 빗금으로 나타낸 부분이 기체 분자량에 의한 흡수로 인해 감소한 복사량이다. 또한 그림 6−9에서 보는 바와 같이 흡수영역은 파장에 따라 특별한 성분에 선택적으로 집중되어 나타나고 있다. 특히 적외선영역에서 나타나는 강한 흡수영역은 주로 대기 중의 수증기의 영향을 반영한 것이다.

대기층을 통하여 지구표면에 도달하는 태양복사의 반 이상이 가시광선(0.4~0.7 μm)영역의 파장대에 걸쳐서 집중되는 것으로 관측되고 있다. 그림 6−9는 태양복사와 지구복사 파장영역의 흡수 스펙트럼을 함께 나타낸 것이다. 파장이 0.3 μm 이하의 자외선은 지구 대기층에 도달하기 전에 상층에서 산소분자와 오존에 의해 거의 완전히 흡수된다. 따라서 대류권내의 기층으로는 이보다 긴 파장의 태양광선이 유입되어 대기 내 광화학 과정(photochemical processes)에 관여하게 된다. 지구복사의 흡수에는 대류권 내의 이산화탄소와 수증기가 커다란 기여를 하고 있음을 알 수 있다.

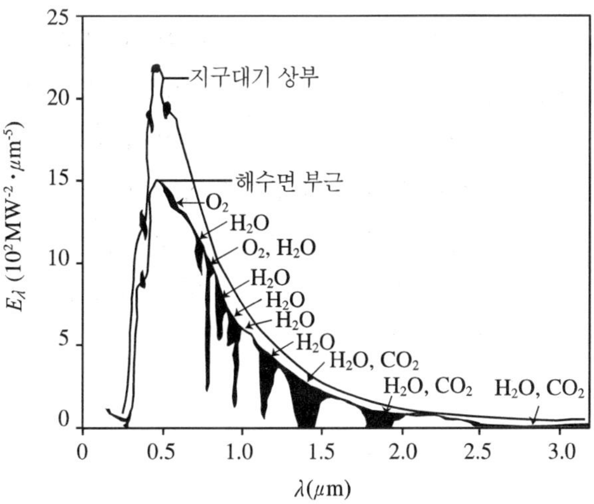

〈그림 6−9〉 지구대기의 상부와 하부의 태양복사 스펙트럼과 지구대기 성분물질에 따른 파장별 흡수영역

그 밖에 지구복사에 기여하는 대기 성분물질로는 메탄, 오존, 질소산화물 등을 예로 들 수 있다. 대기 중으로 흡수된 지구복사에너지는 다시 대기로부터 지표로의 재복사(back radiation)에 의해 지표면의 온도를 높인다. 복사평형(radiation balance)에 의한 지표면의 복사평형 온도는 255 K이지만 실제 지표면의 평균온도가 이보다 높은 288 K를 유지하는 것은 이러한 이유 때문이다. 우리는 이 효과를 온실효과(greenhouse gases) 또는 대기효과(atmospheric effect)라고 한다.

산성비와 대류권 오존 오염의 광역화와 함께 지구온난화(global warming) 현상이 매우 우려되고 있으며, 결과적으로 앞에서 언급한 온실기체(greenhouse gases)들에 대한 배출을 저감하고 억제하려는 노력이 각국에서 행해지고 있다. 이를 효과적으로 실행하기 위해 제안된 이산화탄소 감축안에 2004년 10월 러시아가 인준함으로서 교토의정서가 정식으로 발효될 수 있게 되었다.

4) 지표면에서의 복사평형

대기 중 기온변화는 주로 지표면으로부터의 열 공급에 의하여 이루어진다. 일반적으로 지표면에서의 태양복사(R_s)와 장파복사(R_E) 사이의 복사평형(radiation balance)에 의하여 순복사량(R; net radiation flux)이 결정된다. 따라서 지표면에서의 복사평형식은 다음 식으로 표시할 수 있다.

$$R = R_s(1-a) + R_E \tag{6.10}$$

여기서 a는 태양복사에 대한 지표 반사율을 나타내는 알베도(albedo)를 의미하는데, 지표의 특성과 상태에 따라 변화한다. 지구의 평균알베도는 약 0.3에 해당한다. R_E는 지구장파복사로서 지구로부터 나가는 복사량을 의미하며, 태양복사와의 대조적 관계를 감안하여 음(−)의 값으로 표시한다. 그러므로 순복사량 R이 음의 값을 갖게 되면, 지표로의 유입보다 유출이 많아져서 나타나는 복사냉각(radiation cooling)을 의미한다. 하루 동안 순복사 변화를 보면, 낮에는 태양복사의 지표축적이 지구복사로 인한 방출보다 많아서 순복사량이 양의 값을 유지하여 지표면이 가열된다. 그러나 밤 동안에는 태양복사가 0이 되고, 지표면으로부터 나가는 지구복사로 인하여 순복사량이 음의 값을 나타낸다. 그러므로 지표면은 밤 동안 서서히 냉각되는데, 이를 복사냉각이라고 한다.

제2절
지구온난화

1. 지구의 열수지와 온실가스

1) 지구 열수지

제 1절에서 살펴 본 바와 같이 우주공간·대기권 및 지표의 세 영역 사이에는 일정한 에너지 흐름이 있다. 이들 사이에서의 에너지의 흐름을 살펴보면 태양에서 우주 공간과 지구대기층을 통하여 지표로 들어와서 다시 지구복사의 형태로 대기를 통하여 우주로 나가는 에너지 수지(budget)는 평형이론에 따라 지구로 들어오는 에너지와 지구에서 다시 우주로 방출되는 에너지는 같아야 한다. 덕분에 지구의 대기나 지표는 거의 일정한 온도를 유지할 수 있는 것이다. 이 때 이미 대기효과에서 설명하였듯이 환경대기(자연 상태의 대기) 중에는 지구 표면의 복사에너지를 선호하는 파장영역(주로 장파영역)에서 흡수하는 온실가스(CO_2, CH_4, N_2O, H_2O, CFCs, HFCs, SF_6, O_3 등)가 포함되어 있어, 지구의 평균기온을 일정 수준으로 유지시켜줌으로써 인간과 동·식물에게 생존에 적절한 환경을 제공한다. 이러한 자연 상태 대기로 인한 온실효과(greenhouse effect) 때문에 전 지구 표면의 평균온도가 약 15℃ 정도로 유지된다고 볼 수 있어 이를 대기효과(atmospheric effect)라고도 한다. 만약, 자연대기 중에 온실가스가 없다면 지구 표면에서 반사된 열들이 모두 외계로 방출되어 지구의 평균기온은 −18℃까지 내려가게 된다(그림 6−10). 이것은 적정한 양의 온실가스가 생물들의 생존에 필요한 기후환경 조성에 매우 중요하게 작용하고 있음을 의미한다.

그러나 지구 대기 중에 온실가스가 필요 이상으로 증가하게 되면 지구 표면에서 방출된 장파복사에너지가 이들 온실가스에 의해 과다하게 흡수되어 지구의 열수지에 변화가 일어난다. 즉, '자연적 온실효과'에 의한 적절한 온도보다 지구의 기온이 상승하게 되며, 이로 인해 지구가 지나치게 더워지는 현상이 나타난다. 지구의 평균기온이 높아지는 이러한 현상을 '지구온난화(global warming)'라 하고, 결국 대기 중 온실가스 배출량이 증가하게 되면 지구온난화는 가속화될 수 있다. 좁은 의미에서의 지구온난화란 산업혁명 이후 인간의 활동에 의하여 대기 중으로 배출되는 온실가스들이 적절한 양 이상으로 존재하여 발생하는 지나친 온실효과를 말한다.

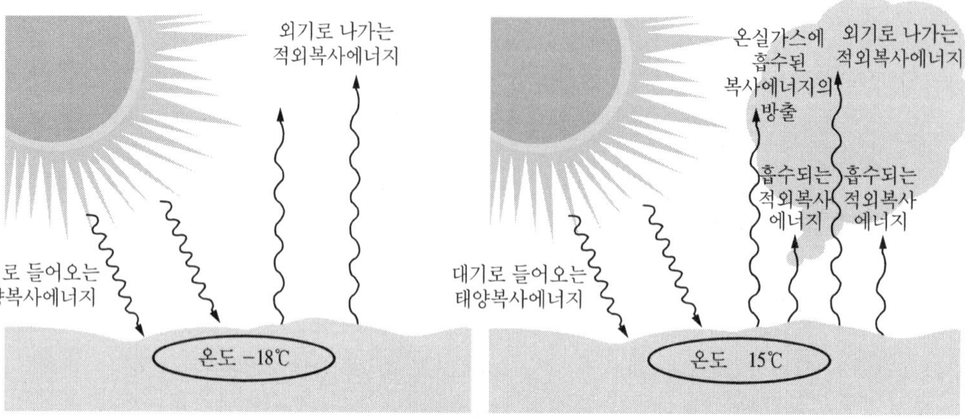

〈그림 6-10〉 지구복사평형에서의 대기의 역할에 따른 온실효과(대기효과)

2) 온실가스와 온실효과

대기 중 온실효과를 일으키는 기체를 온실가스(greenhouse gas)라고 하며, 주요 온실가스로는 수증기(H_2O), 이산화탄소(CO_2), 메탄(CH_4), 아산화질소(N_2O), 염화불화탄소(CFCs), 수소불화탄소(HFCs), 과불화탄소(PFCs), 육불화황(SF_6) 및 대류권의 오존(O_3) 등이 있다. 기후변화협약관련 제3차 당사국총회(conference of the parties, COP)에서 채택된 교토의정서에서는 CO_2, CH_4, N_2O, HFCs, PFCs 및 SF_6을 6대 온실가스로 규정하였다. 수증기도 대기 중에 존재하면서 온실효과에 크게 기여하지만, 자연계의 순환시스템에 의하여 대기 중의 농도가 결정되기 때문에 관리대상 온실가스에서는 제외하고 있다. 대류권에 존재하는 O_3는 6대 온실가스에는 포함되지 않지만, 산업 활동과 자동차 등의 인위적인 활동에서 나오는 질소산화물과 탄화수소가 대기 중의 광화학반응에 의하여 생성되어 광화학스모그의 원인물질이 될 뿐만 아니라 장파복사에너지를 흡수하는 온실가스로 작용한다. 그러나 대기 중에 체류하는 시간은 단지 수 시간에서 수일에 불과하다. 이외에도 간접적으로 온실가스 배출에 관여하는 NO, NO_2를 포함하는 질소산화물과 미세입자들의 생성에 중요한 역할을 하는 SO_2를 포함한 황산화물들도 주요 대기오염물질이면서 기후 변화에 관여하는 물질들로 관리대상 물질에 포함되어 있다.

대기 중에 장시간 체류하는 온실가스는 CO_2, CH_4, N_2O, 할로겐화탄소화합물, SF_6 등으로 대기 중의 농도, 체류시간, 지구온난화지수, 복사강제력(radiative forcing) 및 주요배출원에 대한 세부적인 내용은 표 6-2에서 보는 바와 같다. 온실가스가 지구온난화에 기여하는 정도는 IPCC(기후 변화에 관한 정부간 협의회; inter-governmental panel on climate change)가 제시한 지구온난화지수(global warming potential, GWP)를 통해 알 수 있다. GWP는 100년 기준으로 CO_2 1 kg의 복사강제력에 의한 온실효과를 1로 보았을 때 각 온실가스 1 kg에 의한 온실효과의 비(ratio)로 정의된다. IPCC(2007)에 따르면 CH_4, N_2O, CFC-11, SF_6의 경우 GWP은 각각 25, 298, 4,750, 22,800이 된다. 즉, 동일한 양으로 대기 중에 존재할 경우, CH_4는 온실효과를 일으키는 잠재능력이 CO_2 보다 25배 높고, SF_6는 무려 22,800배나 높다고 할 수 있다. 이와 같이 온실효과를 일으키는 잠재력이 다른 것은 각각의 화합물이 가지고 있는 특성으로 열흡수 능력에 차이가 있기 때문이다. 또한, 복사강제력은 어떤 한 온실가스 성분이 지구-대기 시스템에 들어오는 에너지와 나가는 에너지의 균형을 변화시키는 영향의 정도를 의미하는 것으로(그림 6-11), 이 값이 높을수록 지구 표면을 따뜻하게 한다. 온실가스의 배출원을 살펴보면, CO_2는 석탄·석유 및 천연가스 등 화석연료의 연소 및 추출, 처리, 수송과정에서 주로 발생되지만, 산림의 벌채 및 가공공정에서 산림에 흡수 저장된 것이 대기 중으로 방출되기도 한다. 인위적인 CO_2 배출량의 대부분은 화석연료의 사용에 기인하고, 나머지는 산림훼손 등 토지이용의 변화가 차지하는 것으로 알려져 있다. CH_4는 주로 농업, 축산, 생물체(biomass)의 분해, 폐기물 매립 및 처리, 석탄채굴 및 석유 시추, 가스파이프의 누출 등에서 배출된다. N_2O는 농업의 비료사용 및 산업활동에서 기인한다. CFCs는 산업화 이전 대기 중의 배경농도가 거의 0이었으나 이후 주로 인간활동으로 인해 증가하였다. HFCs와 PFCs는 CFCs의 대체물질로 개발되어 냉매, 소화기 및 폭발방지물, 분무액, 솔벤트용제, 발포제 등에 사용되고 있다. 또한, SF_6는 가스차단기, 소화기 및 폭발방지물 등에 사용되고 있으며, 그 사용량이 세계적으로 증가하고 있다. 특히 이들 가스성분의 지구온난화지수가 다른 온실가스에 비하여 매우 크기 때문에 기후 변화 측면에서 궁극적인 감축이 필요한 물질로 여겨지고 있다.

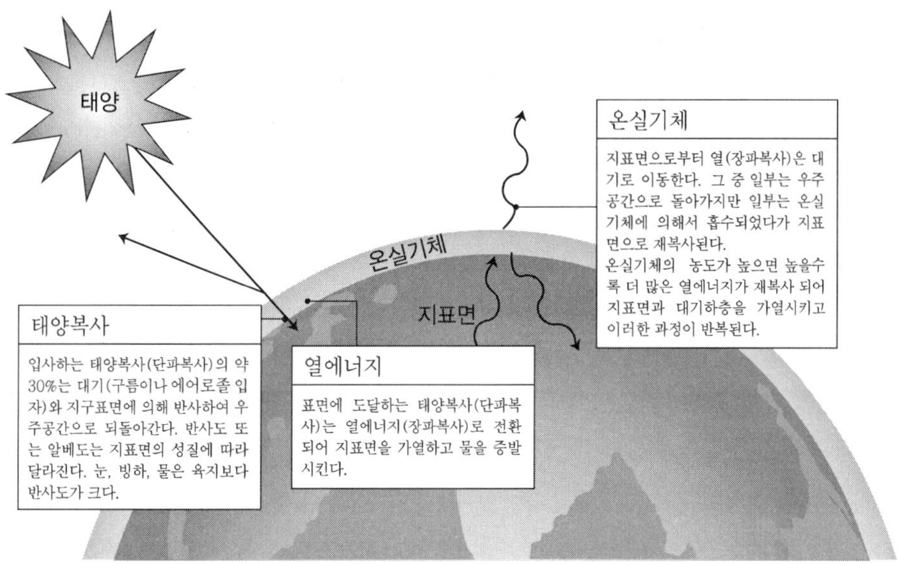

〈그림 6-11〉 지구와 태양사이의 에너지(열) 평형에 따른 온실효과

[표 6-2] 대기 중 장기간 체류하는 온실가스의 대기 중 농도와 특징

온실가스	1750 년 이전 농도	2005년 농도	체류시간 (년)	지구온난화 지수(GWP)[1]	복사강제력 (W/m^2)[2]	주요 배출원
CO_2	280 ppm	1,379 ppm	50～200	1	1.66	에너지사용 산업공정
CH_4	730 ppb	1,774 ppb	12	25	0.48	폐기물 농업/축산
N_2O	270 ppb	1,319 ppb	114	298	0.16	
CFCs	0 ppb	CFC-11 251 ppt	45	4,750	0.063	산업공정 비료사용
		CFC-12 538 ppt	100	10,900	0.17	
		CFC-113 79 ppt	85	6,130	0.024	
CCl_4		93 ppt	26	1,400	0.012	
CH_3CCl_3		19 ppt	5	146	0.0011	
HFCs		HCFC-22 169 ppt	12	1,810	0.033	
		HFC-23 18 ppt	270	14,800	0.0033	
PFCs		C_2F_6 2.9 ppt	10,000	12,200	0.0008	
SF_6		5.6 ppt	3,200	22,800	0.0029	

주 1) 일정기간(100년) 동안 1 kg 온실가스의 적외선 흡수능력으로 CO_2 1 kg 의 상대비율로 산출되며, IPCC 에서 매 회기마다 갱신함.

2) 2005년 자료, 복사강제력(radiative forcing)은 잠재적 기후 변화요인으로서 그 인자의 중요도를 의미하며 1 m^2당 와트(W/m^2)로 표현함.

자료: IPCC, Climate Change 2007: The Physical Science Basis

그림 6－12는 80만년 이전부터 현재까지의 대기 중의 CO_2 농도와 기온 변화를 시계열로 함께 나타낸 것이다. CO_2 농도는 남극의 Vostok과 EPICA 빙하의 기포 시료를 분석한 결과로부터 산정한 것으로 80만년 전까지 오랜 세월 동안 대기권의 가스성분을 그대로 간직하고 있는 남극의 얼음시료를 깊이에 따라 채취하여 구한 것이다. 그림에서 측정된 CO_2 농도와 기온변화는 거의 비슷한 증감을 보이고 있는데 이것은 대기 중의 CO_2 농도가 기온변화의 밀접한 관련성이 있음을 반영한다. 따라서 대기 중의 CO_2 농도변화는 향후 지구의 기온변화를 설명하는데 매우 중요한 지표가 될 수 있음을 의미한다.

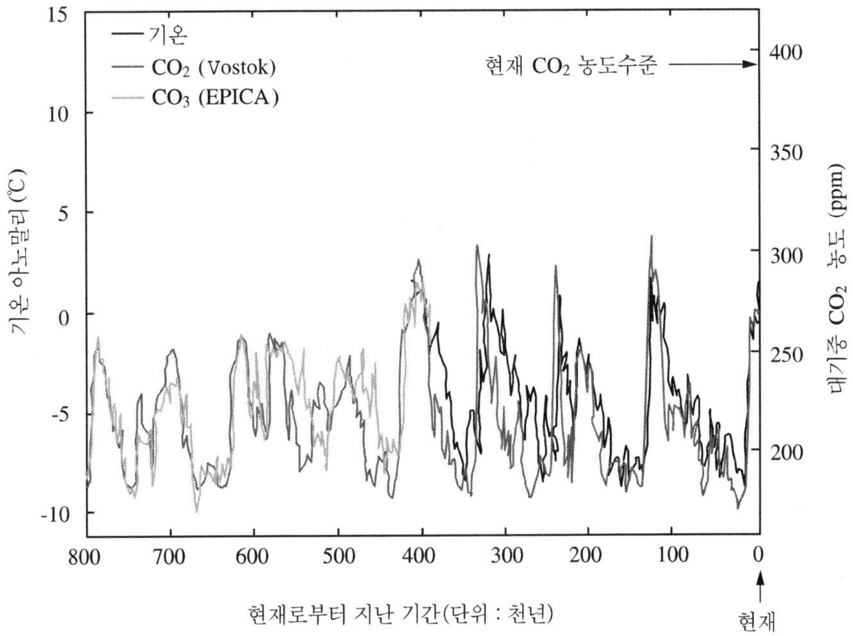

〈그림 6-12〉 **남극 빙하(Vostok & EPICA)의 얼음 기포에서 측정한 대기 중 CO_2 농도와 기온의 추이변화** (자료: Mioshevich, 2012; Wikipedia, 2012)

2. 지구온난화의 원인

1) CO_2 농도의 증가

그림 6-13은 1970년대 이후부터 최근까지의 CO_2 농도 변화 추이를 보이고 있다. 20세기 후반에 들어 전 지구적인 CO_2의 농도 경향을 보면 매우 빠르게 증가하고 있음을 확인할 수 있다. 그림 6-13은 배경대기 관측점에 위치한 하와이 마우나로아(Mauna Loa)와 남극(South Pole)에서 측정한 월평균 농도변화를 나타낸 것으로 마우나로아 지역에서는 1970년에 325.7 ppm이었던 것이 2000년에는 369.5 ppm으로 13.5 % 증가하였으며, 2011년에는 391.6 ppm로 이후로도 여전히 유사한 경향으로 증가하고 있다. 농도의 증감이 일정 주기로 반복하고 있으며, 이는 1년을 주기로 여름에는 최소농도가 나타나고 겨울에는 최대농도 나타나는 것으로 CO_2의 배출과 흡수과정에 따른 계절별 특성이 반영된 것이다. 여름에는 대륙과 바다 식물들의 광합성 활동이 활발하여 식물의 CO_2 소비량이 동・식물의 호흡작용이나 유기물의 미생물 분해 등에 의한 CO_2 생성량보다 크게 유지되어 대기 중의 CO_2 농도는 감소하게 된다. 겨울에는 식물의 광합성활동의 저하와 함께 겨울철 난방연료소비량 증가에 따른 영향으로 높게 나타나게 된다. 반면에 남극에서는 1년을 주기로 한 농도 증감이 뚜렷하지 않은데 이것은 북반구에서와 같은 계절별 특성이 반영되기 어렵기 때문일 것이다.

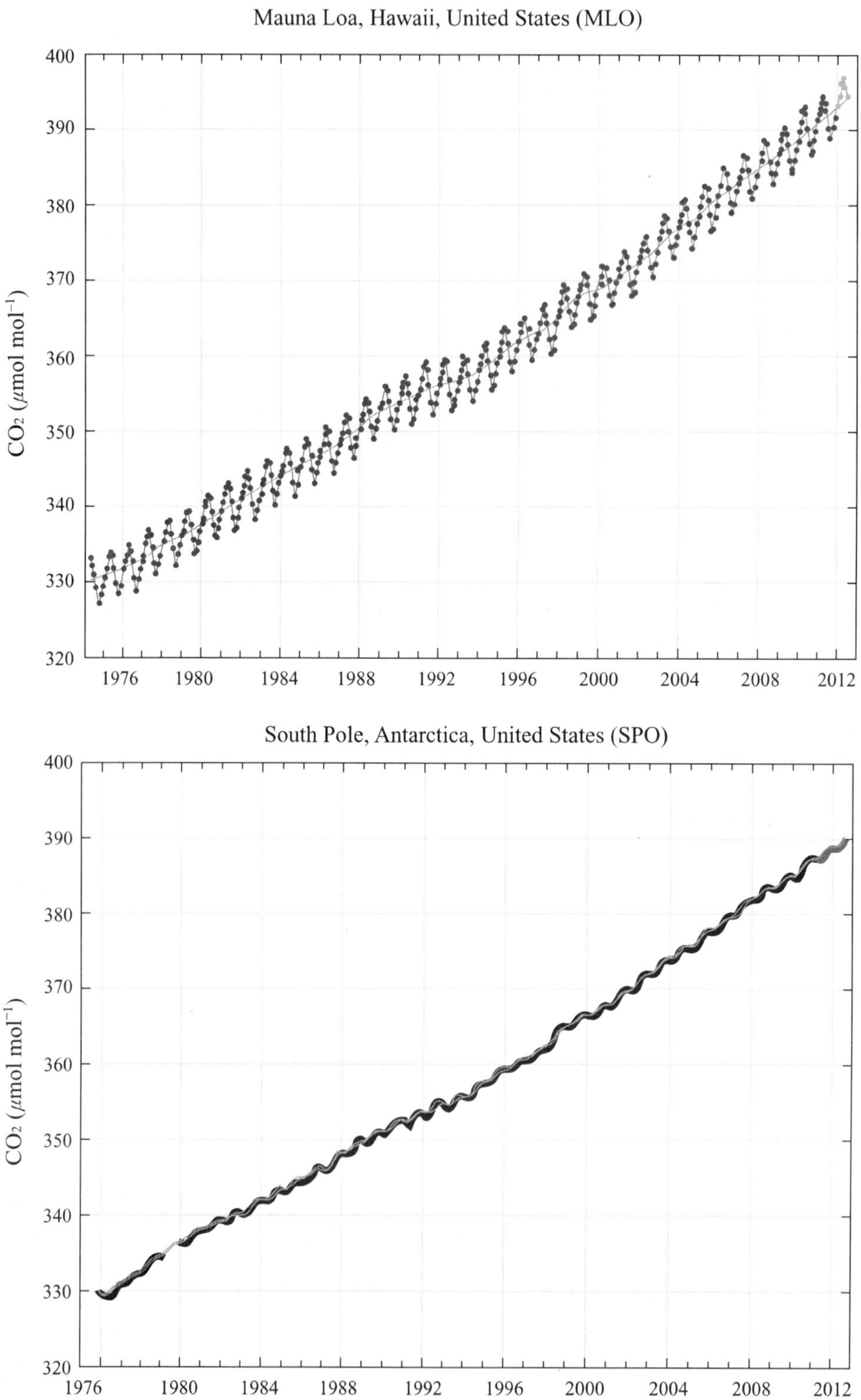

〈그림 6-13〉 하와이 마우나로아와 남극에서 측정한 대기 중 CO_2의 농도변화 (자료: NOAA, 2012)

대기 중 CO_2 농도가 증가하는 것은 전 지구적인 탄소의 순환으로 설명이 가능하다. 즉, 인위적으로 배출된 CO_2량이 많지 않을 경우, 대기 중의 탄소량은 생물학적이나 물리적 과정 등을 통해 바다에 용해되거나 식물의 생장과정에서 흡수된다. 따라서 자연계의 소멸원(sinks)과의 균형을 맞추는 방식으로 대기 중의 CO_2 농도는 적정 수준이 유지된다.

최근 전 지구적인 탄소의 순환은 그림 6-14에서 보는 바와 같다. 지구상의 탄소는 크게 대기・지각・해양에 축적되어 상호 물질순환이 일어나고 있으며, 화석연료의 연소는 대기 중 탄소의 공급원이 되고 있다. 탄소의 물질순환을 살펴보면 대기 중에 8,000억 톤이 존재하고 있으며, 식생과 토양 및 화석에 각각 5,500억 톤과 23,000억 톤 및 100,000억 톤이 저장되어 있다. 해양의 경우 표층과 심해에 각각 10,000억 톤과 370,000억 톤이 들어있으며, 60,000억 톤이 반응성 침전물로 존재하고 있다. 대기 중의 탄소는 식물의 탄소고정과 호흡 및 미생물의 호흡과 분해작용을 통해 순환이 일어나고 있으며, 해양과 대기에서도 탄소의 상호 교환이 일어난다. 그러나 화석연료의 연소 등 인간의 활동에 의해 90억 톤의 탄소가 대기 중에 배출되는데 이중에서 식물의 광합성에 의해 제거되는 30억 톤과 해양에 유입되는 20억

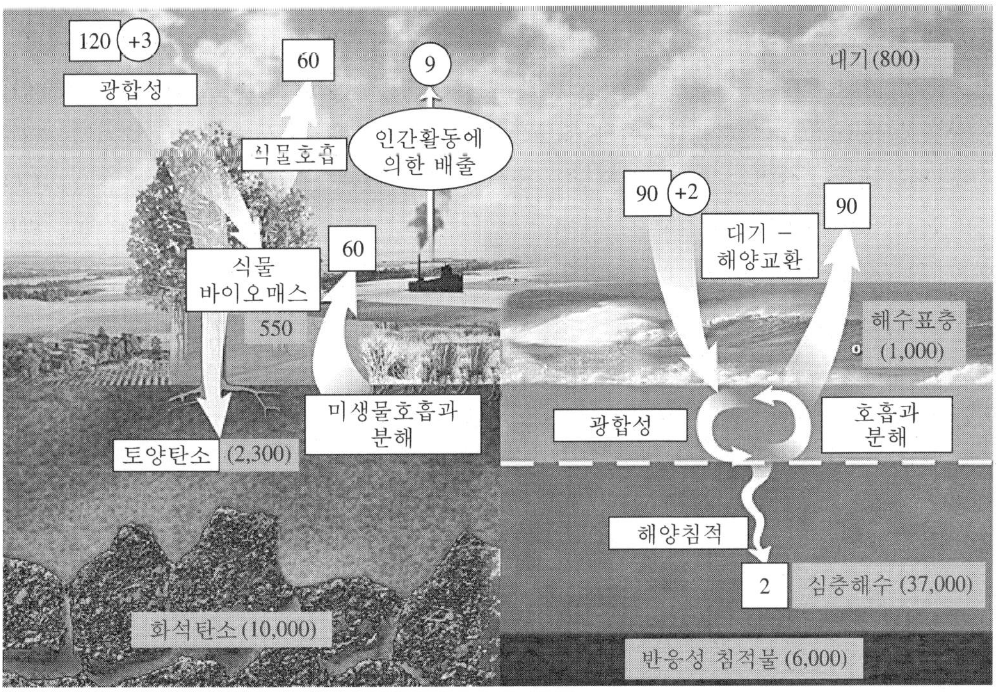

〈그림 6-14〉 지구상의 탄소순환 [흰색 네모박스: 자연적 탄소 flux(Gt C/년), 동그라미박스: 인위적 기원의 탄소 flux(Gt C/년), 회색 네모박스: 탄소 저장량(Gt), 1 Gt = 10^9 ton]
(자료: U.S. DOE, 2008; NASA Earth Observatory, 2011)

톤을 고려할 경우 연간 40억 톤의 탄소가 대기 중에 남아있게 된다. 이것이 지구상의 자연적인 탄소순환에 영향을 주게 되고 결과적으로 대기 중의 CO_2 농도 증가로 이어져 지구온난화 문제의 중요한 원인으로 인식되고 있다.

2) 주요 온실가스 농도의 증가

그림 6－15는 2005년을 기준으로 하여 주요 온실가스인 CO_2, CH_4, N_2O의 과거와 최근의 농도 변화를 나타낸 것이다. 여기에서 수천년 전의 온실가스 농도는 빙하(ice core)를 분석하여 정량화하였으며, 최근 자료의 경우 대기시료를 분석한 것이다. 이들 가스성분의 지구대기 농도는 1750년 산업혁명 이후 매우 빠르게 증가하고 있으며, 최근에는 산업화 이전의 농도를 훨씬 초과하고 있다. CO_2의 경우 산업혁명 이전까시 수세기 동안 280 ppm 전후로 비교적 일정한 수준이 유지되었으나 2005년에 379 ppm으로 증가하였다. 이러한 농도 증가는 주로 화석연료로 인한 것이고, 나머지는 산림개간 등 토지이용의 변화 때문으로 보고 있다. CH_4는 산업화 이후 점차 증가하여 2005년에는 1,774 ppb에 이르는데, 이러한 농도 증가는 주로 농사와 화석연료에 기인한 것으로 보고 있다. N_2O는 산업화 이전의 약 270 ppb에서 2005년 319 pbb로 증가하였는데 그 농도 증가는 주로 농사에 기인한 것으로 보고 있다.

그림 6－16은 기후 변화원인물질의 요소별 전 지구평균 복사강제력(RF, radiative forcing)을 나타낸 것이다(IPCC, 2007). 여기에서 복사강제력이 음의 값을 갖는 경우 지구대기의 온도를 떨어뜨리는데 기여하지만, 양의 값을 갖는 경우 지구온난화에 기여하게 된다. 온실가스(CO_2, CH_4, N_2O, 할로카본화합물 등)와 대류권의 오존, 검댕은 양의 복사강제력을 나타내는 반면, 성층권의 오존, 에어로졸 및 지표면의 알베도는 음의 복사강제력을 보이고 있다. 전체 인위적 요인에 의한 순복사강제력은 1.6 W/m^2로 양의 값을 보이게 되는데 이것은 인위적인 활동에 따른 지구온난화를 매우 잘 설명하게 된다. 지구의 기후시스템은 이러한 상호작용과 물리・화학적인 상호작용에 의해 비선형적으로 변화하기 때문에 이러한 과정들을 위한 지속적인 노력이 요구된다.

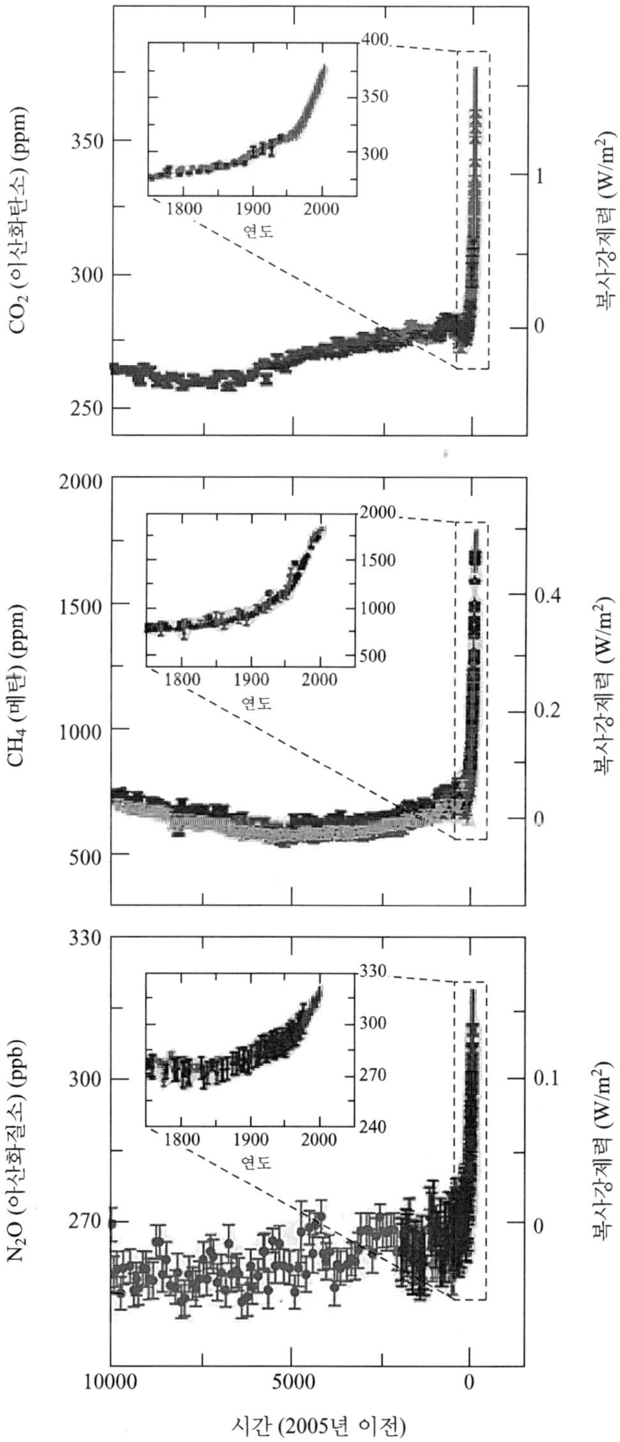

〈그림 6-15〉 전 지구 규모의 대기 중 CO_2, CH_4, N_2O의 지난 10,000년 동안과 1750년 이후의 농도변화(우측의 Y축은 1750년 대비 복사강제력을 나타냄) (자료: IPCC, 2007)

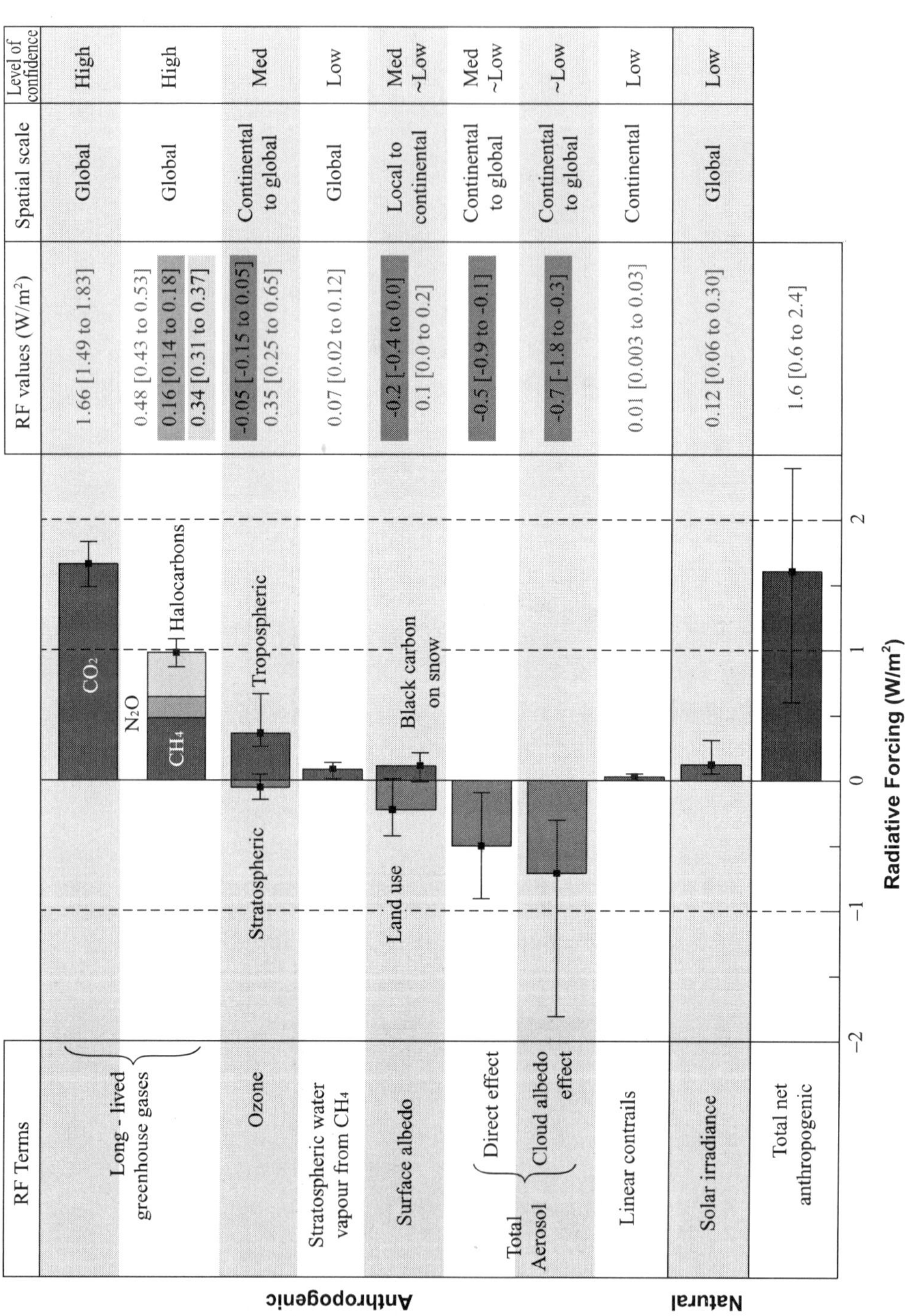

〈그림 6-16〉 인위적 및 자연적 기후 변화 요인별 1750년 대비 2005년의 지구복사강제력
(자료: IPCC, 2007)

3) 온실가스 배출량

IPCC 5차 평가보고서(AR5)의 2014종합보고서(SYR)에 따른 최근 보고에 의하면 지구온난화를 억제하기 위해서는 배출원 부문별 온실가스의 배출량을 줄이는 노력이 요구된다. 과거 IPCC (2007)의 보고에 따르면 인위적 온실가스배출량은 1970년부터 2004년 사이에 70% 가량 증가하였다. 그러나 최근에 수행1고 있는 IPCC 2014종합보고서에서 따르면 온실가스배출량 증가추이는 1970년부터 2000년까지는 평균 1.3%/yr의 연간증가율을 보이고 있으나, 2000년 이후 2010년의 인위적 온실가스 배출량은 49(±4.5) $GtCO_2$-eq/yr에 달해 해당 기간 동안의 증가율이 2.2%/yr인 것으로 나타나 지난 기간 동안보다도 높게 나타났다(그림 6-17). 또한 주요 온실기체들의 CO_2환산배출기여율은 화석연료 연소 및 산업공정에서 발생하는 CO_2배출 부문이 가장 높아 2010년의 경우를 보면 62~65%를 보였으며, 산림 및 토지이용에서 10~11%, 메탄, N_2O와 불소화 가스는 CO_2환산배출기준으로 16~20%, 5.0~6.2%, 2.0~2.2%로 각각 나타났다. 상대적으로 CO_2를 제외한 다른 온실기체들 보다 메탄배출 비율이 높아 메탄발생을 줄일 수 있는 방안들을 고려할 필요가 있다.

지구온난하를 억제하기 위해서는 배출원 부문별 온실가스의 배출량을 줄이는 노력이 필요한데 특히 화석연료의 사용량 저감과 함께 CO_2 배출량이 적은 천연가스와 같은 청정연료로의 에너지 전환이 필요하다. 이것은 CO_2 배출량이 화석연료의 종류에 따라 달라지기 때문이다. 일반적으로 석탄은 가스의 2배, 태양열의 6배, 풍력의 40배, 수력의 200배나 되는 CO_2를 배출한다. 또한 전기와 가솔린엔진이나 디젤엔진이 결합된 하이브리드 자동차는 연료 소모량를 줄여 탄소배출량 감소에 기여할 수 있다. 이외에 해양 및 산림 등의 자연생태계에 대한 보전뿐만 아니라 신규조림, 수종갱신 등 자연계의 소멸원에 대한 관리에 대해서도 보다 적극적인 관심을 가져야 할 것이다.

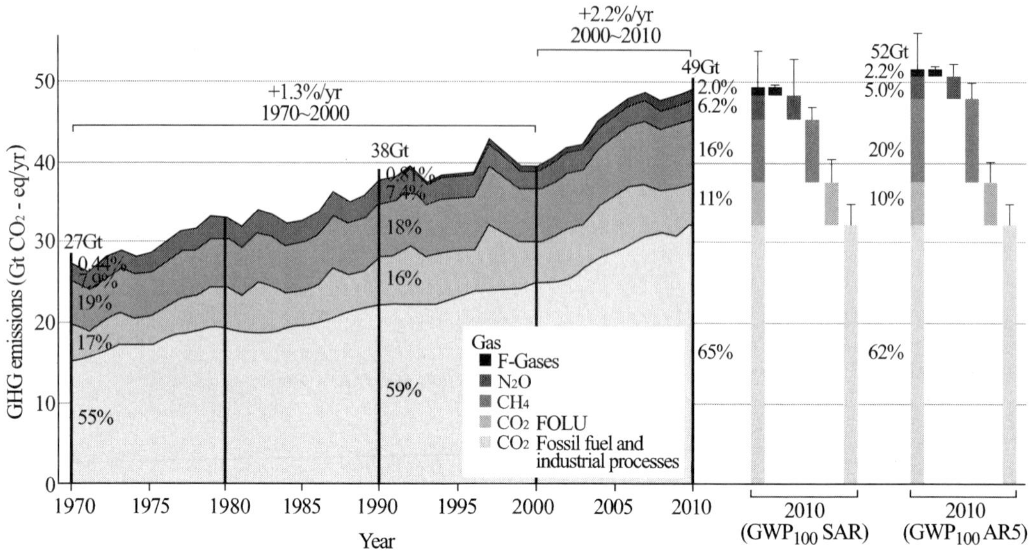

〈그림 6-17〉 1970~2010년 연간 총 인위적 온실가스 GHG 배출량

(자료: IPCC 2014 종합보고서(SYR) IPCC, 2015)

제7장

기후는 변화하고 있는가?

제1절 기후 변화의 진행
제2절 미래 기후 변화의 전망

제1절

기후 변화의 진행

1. 지구규모의 기후 변화 탐지

기후 변화를 탐지(detection)하는 것은 기후가 통계적인 개념을 기반으로 변화하고 있음을 설명하는 과정이며, 그러한 과정을 거쳐 통계적으로 정의된 신뢰수준에서 탐지된 변화에 대한 최적 원인을 규명(attribution)하는 과정이 필요하다. 이와 같은 과정을 거친 탐지와 원인규명은 기후가 실제로 변하고 있는지, 그 원인이 인위적인지 아니면 자연적인지를 규명함으로써 기후 변화에 대응하기 위한 정책을 수립하고 결정하는데 필수적인 요인이 된다.

지구 기후 변화에 대한 탐지와 원인규명을 위한 상식적인 수준에서의 과학적 행동은 기후시스템에 대한 실험이 필요하다("기후 변화 25인의 전문가가 답하다", 지오북). 그러나 지구의 경우 그러할 수가 없으므로 인위적인 기후 변화의 원인을 규명하기 위해서는 다음의 단계적인 과정을 거치면서 확인이 가능하다면 인위적인 영향으로 기후가 변화했는지를 객관적으로 확인할 수 있을 것이다.

1 단계: 기후가 변했다는 것을 탐지한다.

2 단계: 탐지된 변화가 인위적 강제력을 포함한 기후모델에 의한 수행결과와 일치하는지를 확인한다.

3 단계: 탐지된 변화가 인위적 강제력을 제외한 모델수행결과(단, 이 결과는 현재 기후 변화에 대한 물리적으로 가능한 대안) 나타난 변화와 비교해서 일치함을 설명할 수 없음을 확인한다.

탐지와 원인규명을 위해서는 관측 자료들과 기후모델 수행결과를 이용한다. 장기간 자연적인 기후변동의 추정은 대부분 관측기록이 짧기 때문에 다양한 외부 복사강제력의 영향력을 평가하기가 힘들게 된다. 한편 모델링을 이용한 기후모델에 의한 모사(simulation)는 외부강제력 요인들을 개별적으로 고려하거나 고려하지 않음으로서 그들에 의한 기후 변화에 미치는 영향력을 시험할 수 있다. 한편으로는 온실가스 등과 같은 인위적 변화요인과 화산폭발, 태양활동 변화에 따른 복사량 조절 등의 자연적 요인들에 대한 변화를 임의로 탐지 목적에 따라 모델 내에서 on/off 함으로써 그 영향력 정도를 판단하는 데 활용할 수 있다.

탐지와 기후 변화 원인규명 연구 초기에는 지구평균기온의 단일시계열을 중심으로 분석하였다. 기후 변화 과학이 진보함에 따라 탐지와 원인규명 연구는 기후 변화의 복잡한 패턴을 조사할 수 있는 발전된 통계분석 방법을 적용하고 있다. 기후 변화패턴 또는 흔적을 확인할 수 있는 '지문(fingerprint)'인 기상요소인 강수량과 지구기압 패턴 및 해양과 대기의 연직온도 프로파일 등 다양한 변수를 분석한다. 여러 변수를 사용하는 연구는 원인규명과 관련된 이슈를 설명하는 데 용이하다. 지난 15년간 수행된 광범위한 지문연구의 공통 결론은 관측된 기후 변화는 자연적인 요인만으로는 설명할 수 없다는 사실이다(IPCC, 2007a). 관측된 변화를 가장 잘 설명하기 위해서는 인위적인 영향에 따른 변화가 상당부분 요구된다. 이러한 기후 변화 탐지와 기후 변화 원인규명 연구에 의한 결과들은 지구기후에 영향을 준 확인 가능한 인위적인 영향에 대한 과학적인 이론을 더욱 신뢰하게 할 수 있다.

기후시스템의 명백한 온난화

IPCC 4차 평가보고서(4th assessment report: AR4)는 기후시스템의 온난화는 명백하다고 제시하였다. 이들 보고에 따르면 지구평균기온은 지난 100년(1906~2005년)간 0.74℃ 상승하였다. 또한 지구온난화로 지구 평균 해수면은 1961~2003년에 매년 1.8 mm 증가하였고, 1978년 이후 북극 해빙면적은 10년당 2.7 %, 여름에는 7.4 % 감소하였으며, 산악 지역의 빙하가 급격히 감소하였다(그림 7-1; IPCC, 2007). 지구온난화의 대표 척도인 북극 해빙이 점차 줄어들고 있으며, 2011년 9월의 해빙면적은 1979년 이래 두 번째로 넓은 면적이 줄어든 해로 기록되었다(그림 7-2; 국립기상연구소, 2011). 이러한 관측 결과는 온난화가 지구기후시스템 전반에 걸쳐 나타나고 있음을 알려 준다.

한편으로 대표적인 온실가스인 CO의 대기 중 농도는 2009년에 386.8 ppm으로 산업혁명전에 비해 38 %가 증가하였고, 1990년대 평균 증가율이 1.5 ppm/yr으로 나타나고 있어(그림 7-3; WMO, 2012) 온실가스 증가에 따른 미래 지구온난화는 지속될 것으로 보인다. 또한, 기후시스템내의 물리시스템과 생물시스템에 나타난 변화의 약 90 %는 온난화에 기인한 것으로 분석되었다(IPCC WGII, 2007).

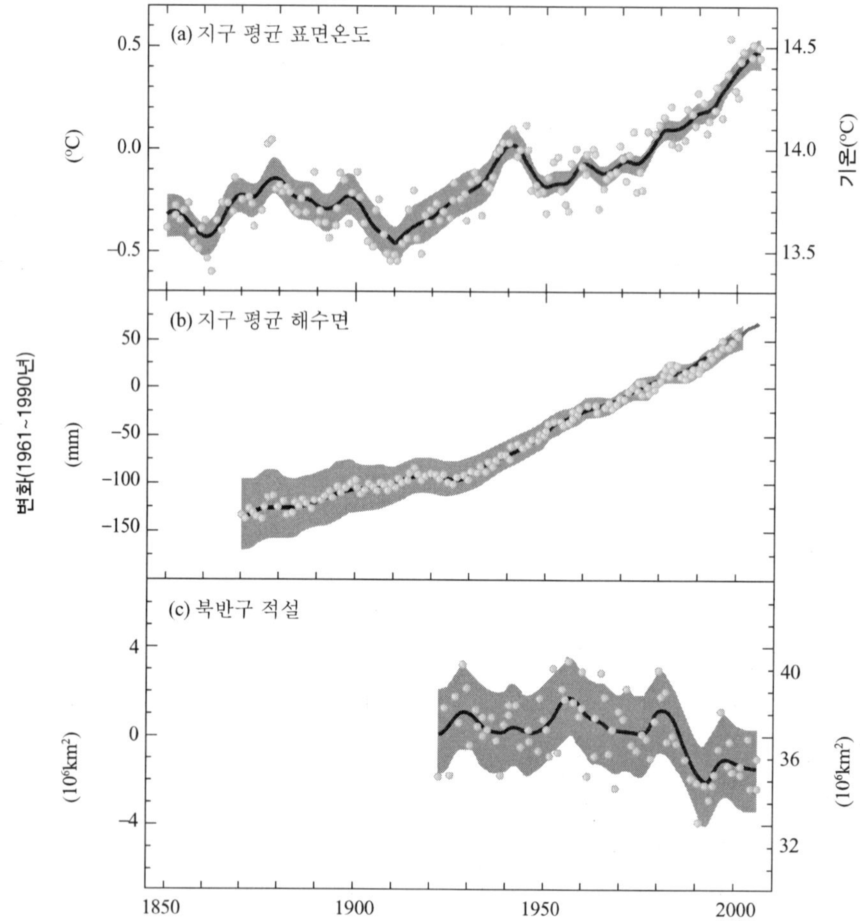

〈그림 7-1〉 (a) 지구 평균 표면온도 (b) 지구 평균 해수면 높이 (c) 3~4월 북반구 적설 면적. 모든 변화는 1961~1990년의 평균에 대한 상대적 변화 (자료: IPCC AR4 시나리오)

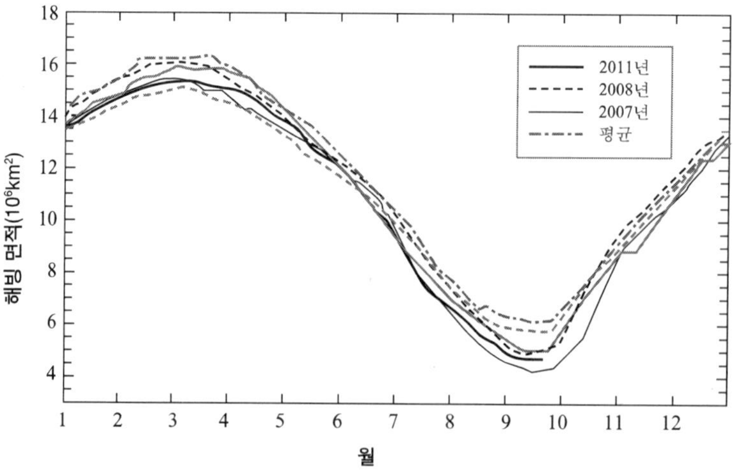

〈그림 7-2〉 북극 해빙면적의 연 변화

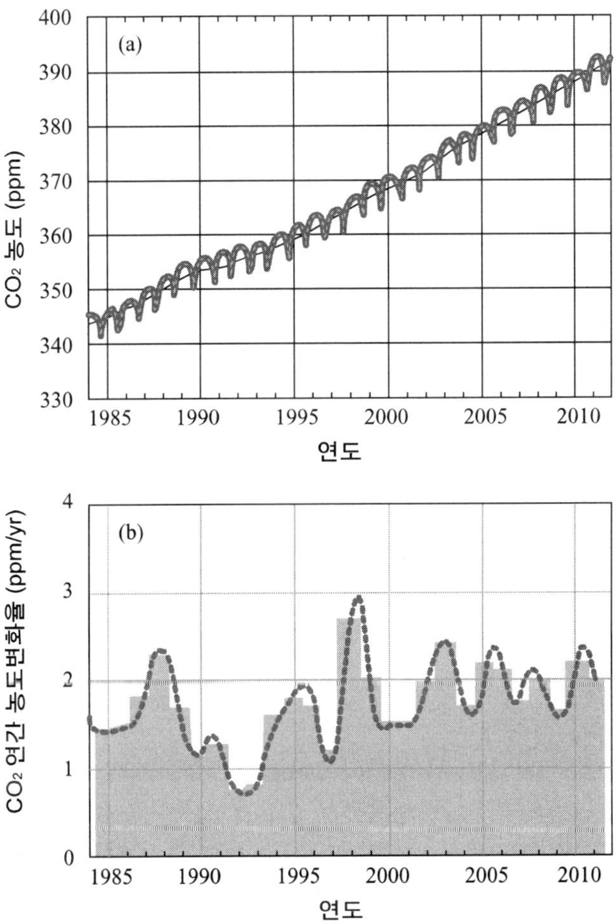

〈그림 7-3〉 (a) 지구 평균 CO_2 변화 (b) 연간 증가율 (자료: WMO 2012)

2. 기후 변화의 원인 규명

현재 나타나고 있는 기후 변화가 인위적인 원인에 의한 것인지 또는 자연적으로 발생한 것인지를 규명하기 위해서는 지금까지의 관측된 자료들과 기후모델을 이용한 실험결과를 이용하여 분석한다. 이 때 기후모델이란 지구기후를 지배하는 지구운동학적(geodynamic)인 요인들과 기상변화를 책임지는 여러 기상요소와 지배인자들(바람, 온도, 습도, 지표특성과 생태특성 등)의 대기 역학적 상호작용을 고려하여 완성된 수식화된 물리화학시스템이라 할 수 있다. 따라서 현재의 관측자료와 사회경제자료 및 지표를 적용해서 미래의 기후를 예측할 수 있는 컴퓨터 모델이며, 기후 변화 대응을 위한 정책 결정을 하는데 매우 중요한 정보를 제공한다.

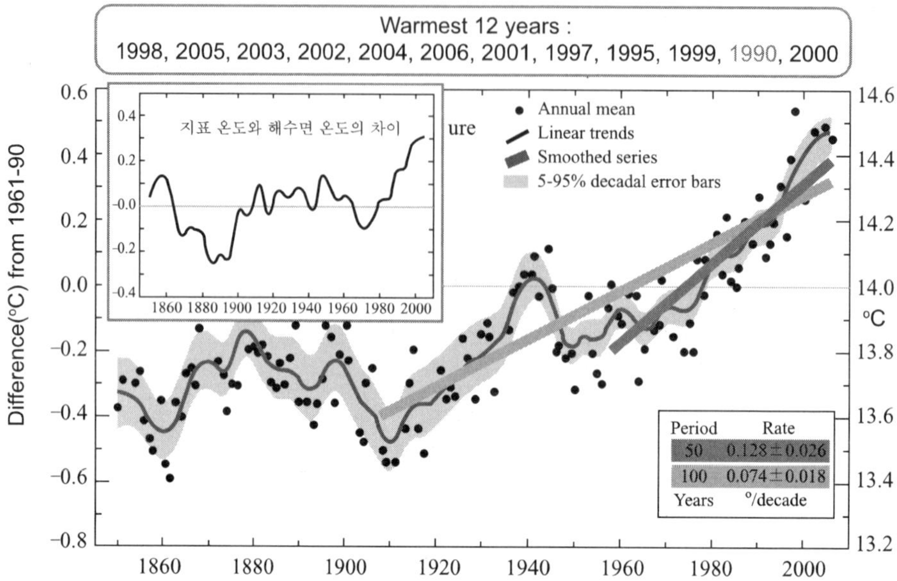

〈그림 7-4(a)〉 1850년 이후 최근까지의 관측된 지구 평균기온 변화

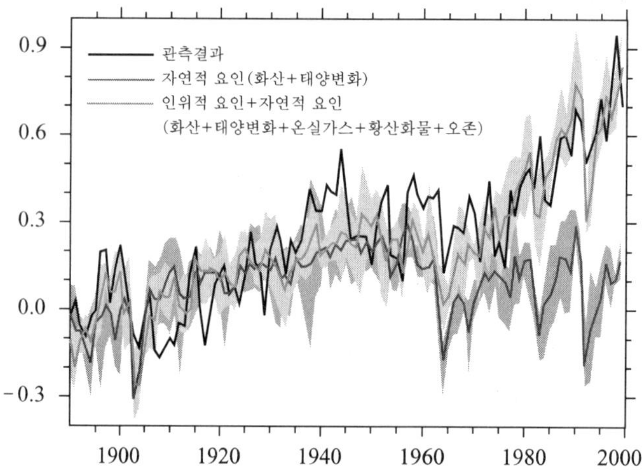

〈그림 7-4(b)〉 인위적 영향 요인과 자연적 영향 요인을 구분하여 수행한 기후모델 결과와 관측에 따른 연간 기온 변동치

이때 만약 기후 변화가 인위적인 원인에 의해 발생한 것이라면 향후 인위적인 원인을 줄이기 위한 노력을 해야 하지만, 자연적인 원인이라고 하면 대응 노력은 적응에 집중해야 한다는 것을 의미한다. 다음 그림 7－4(a)는 1850년 이후부터 2000년대 최근까지의 관측된 지구 평균기온 변화의 시계열(년 변화)을 나타낸 것이다. 최근 200여 년간의 기온 변화 추이는 전체적으로 상승하고 있음을 보이며, 산업화 속도가 높았던 1960년대 이후의 평균 기온 증가율이 가장 높게 나타났다. 이와 같은 변화는 온난화에 영향을 미치는 강제요인(온난화 강제

력) 중 자연 강제력에 의하기 보다는 인위적 기후 변화 요인이 더 크게 작용한 결과로 추정될 수 있다. 그러나 이러한 추정은 기후모델과 같은 과학적 접근 방식과 실험적인 수행을 통해 보다 객관적으로 그러한 진술에 대한 신뢰수준을 높일 수 있을 것이다.

현재 진행 중인 기후 변화의 원인을 규명하기 위해서 자연적인 강제력 조건과 인위적인 기후 변화 영향 조건을 구분하여 기후모델에 적용하였고, 그 수행 결과를 그림 7-4(b)와 같이 제시하였다(IPCC, 2007). 세계 11개국의 연구기관에서 공동협력으로 추진된 CMIP(coupled model inter-comparison project)사업은 각 연구기관에서 보유한 다양한 결합 기후모델을 동일한 조건 하에 실험한 결과를 공유하고 있다. 특히 IPCC AR4 기간에는 CMIP3 결과가 산출되었는데 총 23개 모델 결과가 수집되었다. CMIP3에서는 미래 온실가스와 에어로졸의 시나리오에 근거한 기후 변화 전망 실험도 포함되었다.

이상에서 수행한 원인규명을 위한 실험 조건은 태양에너지 변화와 화산활동을 고려한 자연강제력 실험과 자연강제력과 온실가스 및 에어로졸의 농도 변화를 고려한 실험으로 구분된다. 자연강제력만을 적용한 실험에서는 20세기 전반에 나타난 온난화는 상당부분 설명할 수 있지만 20세기 후반에 나타난 온난화는 설명할 수 없다. 그러나 인위적인 강제력을 추가한 실험(그림 7-4(b)에서 인위적 요인+자연적 요인에서는 자연강제력만 고려되있을 때는 관측값과 일치하지 않아 설명되지 않았던 20세기 후반에 나타난 온난화를 모의하는데 성공하였다. Meehl et al.(2004)은 강제력 조건을 달리한 실험에서 태양에너지 변화에 따라 약 0.2도 상승하였으며, 온실가스는 0.6~0.7도, 에어로졸은 -0.2~-0.3도 지구 평균 기온 변화에 기여하였다고 분석하였다. 그러므로 20세기 후반에 나타난 지구온난화는 근본적으로 인간에 의해 배출된 온실가스로 인한 온실효과로 평가되었다.

제2절
미래 기후 변화의 전망

1. 온실가스 배출 시나리오

기후 변화를 예측하려면 기후모델을 활용하게 되며 이 때 모델에 초기 입력 자료로서 기후에 영향을 미치는 복사강제력에 대한 정보가 필요하다. 인위적인 복사강제력은 온실가스와 에어로졸 농도에 의해 결정된다. 그러므로 이들의 배출량에 영향을 미치는 미래의 사회경제와 과학기술의 발달을 가정하여, 이에 따른 온실가스와 에어로졸의 배출이나 농도를 전망하는 것은 미래의 기후를 예측하는데 1차적인 단계가 된다. 과거에는 IPCC에서 발간한 '배출에 관한 특별보고서(special report on emission scenario, SRES, 2000)'에 근거하여 미래 기후를 예측한 바 있으나, 2006년 4월 제25차 IPCC 총회에서 앞으로는 IPCC가 기존의 시나리오 개발과정을 조정했던 선례와는 달리 연구 커뮤니티가 시나리오 개발과정을 조정해야 한다고 결정한 바 있다(백희정 등, 2011).

먼저 IPCC SRES를 소개하면 그림 7－5에서와 같이 경제와 환경의 우선순위에 따라 A(경제 우선 고도성장 정책)와 B(환경 우선 지속발전형 정책)로 구분하고, 지역위주인지 또는 지구규모위주 우선 정책인지를 구분하는 것은 1과 2를 사용하여 구분하였다.

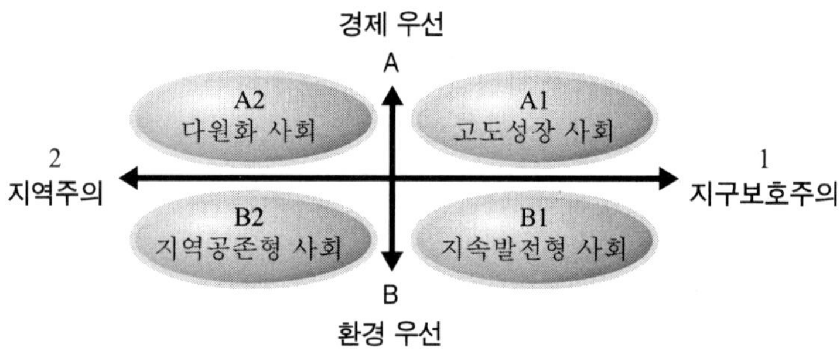

〈그림 7–5〉 IPCC SRES의 온실가스 배출 시나리오 (자료: SRES, IPCC 2000)

이러한 정책방향을 고려하면 다음과 같이 4가지 유형의 배출 시나리오를 가정할 수 있다.

A1 : 고도성장 사회 시나리오(CO_2 : 675 ppm)

○ 고도 경제성장이 계속되어 세계 인구가 21세기 중반에 정점에 달한 후에 감소하고, 신기술이나 고효율화 기술이 급속히 도입되는 미래 사회
○ 사회를 지배하는 에너지 핵심기술의 위치에 따라 3개의 그룹으로 나눔
- A1FI : 화석에너지원 중시(970 ppm)
- A1T : 비화석에너지원 중시(540 ppm)
- A1B : 각 에너지원의 균형을 중시(720 ppm)

A2 : 다원화 사회 시나리오(CO_2 : 830 ppm)

○ 독립적 행동과 지역의 독자성을 보관·유지하는 시나리오
- 출생률의 저하가 매우 완만하기 때문에 세계 인구는 계속 증가

– 세계 경제나 정치는 블록화 되어 무역이나 신기술의 이동이 제한
– 경제성장은 낮고, 환경에의 관심도 상대적으로 낮음

B1 : 지속발전형 사회 시나리오(CO_2 : 550 ppm)

○ 지역간 격차가 적은 세계
○ 21세기 중반에 세계 인구가 정점에 달한 후에 감소하지만, 경제구조는 서비스 및 정보 경제로 물질 지향성이 감소해지고 청정 자원 절약의 기술이 도입 (환경 보전과 경제의 발전이 양립)

B2 : 지역공존형 사회 시나리오(CO_2 : 600ppm)

○ 경제, 사회 및 환경의 지속 가능성을 확보하기 위한 지역적 대책에 중점이 놓여지는 세계
○ 세계 인구는 A2 보다 완만한 속도로 증가를 계속하지만 경제발전은 중간단계에 머물러, B1과 A1의 줄거리보다 완만하지만 보다 광범위한 기술 변화가 일어남
○ 환경 문제 등은 각 지역에서 자체적 해결을 도모

※ 괄호안의 ppm 수치는 2100년 이산화탄소의 농도임.

이후 SRES를 대신하기 위한 배출 시나리오 개발을 위해 2007년 9월 네덜란드에서 기후변화 전문가 회의가 개최되었으며, IPCC AR5 작성을 위한 시나리오 개발을 위하여 새로운 온실가스 농도 시나리오와 시나리오 개발 전략 및 일정을 논의하였다. 기존의 시나리오는 순차적으로 시나리오가 개발되었으나 새로운 시나리오는 동시에 상호 영향을 고려하여 평행적(parallel)인 시나리오 개발 전략을 수립하여(그림 7–6) 2009년 말 대표농도경로(Representative Concentration Pathway, RCP) 개발이 완료되었다.

IPCC AR5 시나리오 개발을 위한 새로운 온실가스 농도 시나리오인 RCP는 IAM 커뮤니티에 의해 이미 출간된 문헌을 바탕으로 복사강제력 기준으로 RCP8.5, RCP6.0, RCP4.5, RCP2.6로 명명하고 구분하여 4개가 확정되었다. RCP의 기본 목적이 대기 중 온실가스 농도의 시간 의존적인 전망을 제공하는 것이며, 이를 강조하는 측면에서 RCP는 '경로(pathways)'로 간주된다. 또한 RCP가 유사한 복사강제력과 배출 특성을 가진 여러 다른 시나리오들 중의 하나라는 점에서 대표라는 의미를 가진다. 표 7–1은 IPCC 5차 평가보고서의 대표농도경로(Representative Concentration Pathway, RCP)를 제시한 것이다.

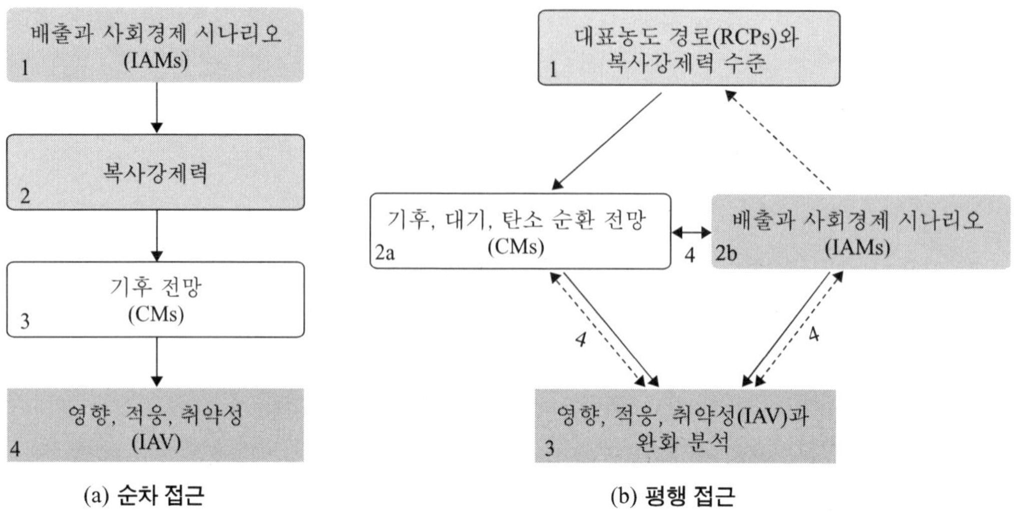

〈그림 7-6〉 전 지구 배출 시나리오 개발을 위해 사용한 접근 방법

[표 7-1] RCP 시나리오의 종류

종류	시나리오설명	2100년 기준 CO_2 농도 (ppm)	지구기후시스템에 유발하는 직접적 온실효과(W/m^2)
RCP 2.6	지구 스스로가 회복 가능할 정도로 인간 활동의 영향이 적은 경우	420	2.6
RCP 4.5	온실가스 저감 정책이 상당히 실현되는 경우	540	4.5
RCP 6.0	온실가스 저감 정책이 어느 정도 실현되는 경우	670	6.0
RCP 8.5	현재 추세(저감 없이)로 온실가스가 배출되는 경우	940	8.5

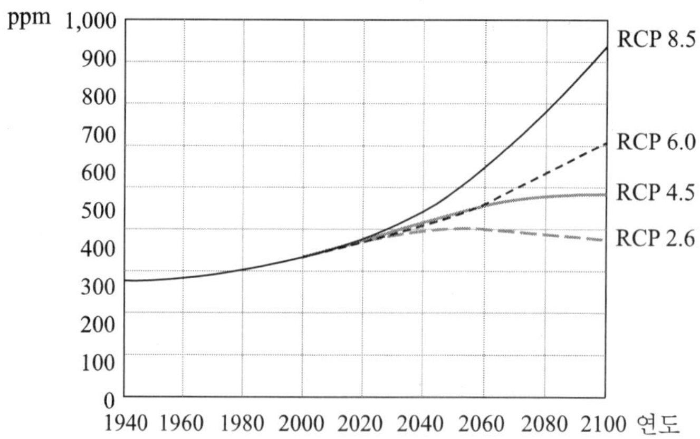

〈그림 7-7〉 RCP 시나리오에 따른 CO_2농도의 미래전망

[신기후체제 대비 한반도 기후변화 전망보고서(2017.12), 기상청]

이상에서 설명한 IPCC RCP 시나리오(representative concentration pathways, RCP)를 간단히 요약하여 다음과 같이 정리하였다.

개 요

○ SRES 시나리오(1990년대 말 구축) 자료의 노후화 및 해상도 문제를 보완하고 정확도 향상 및 다양한 부문에 이용할 수 있는 새로운 시나리오 도입 필요성 제기
 - IPCC 세계표준 온실가스 농도 시나리오 전문가 회의(2007년 9월)를 거쳐 RCP 시나리오 개발 진행

○ 대표 농도 4개를 선정하여 선정된 농도에 따라 시나리오 산출
 - 선정된 4개 농도[복사강제력(W/m^2) 기준] : RCP 8.5, 6.0, 4.5, 2.6

※ 1) SRES 시나리오(IPCC 제4차 평가보고서)를 대신해서 제5차 평가보고서(2013~2014년)부터 적용
2) 현재의 시나리오와 호환가능 및 두 가지 시간규모(단기: 2035년, 장기: 2100년, 일부 응용 분야: 2300년) 고려

적용 및 활용

○ 배출농도를 위한 유기적이고 일관된 time-path를 제공
 - 잠재적 기후 변화의 결과평가 및 적응전략 수립시 필요한 사회경제적 변수 포함

○ 전 세계 기후 변화 예측모델 그룹에 적용하여 다양한 부문에 응용
 - 미래 기온, 강수량 등의 기후 변화 전망 산출
 - 육지수송, 발전소, 폐기물, 산업, 농업, 토지이용 변화 등 사회・경제 미래 시나리오 개발

2. 지구규모의 미래 기후 변화 전망

이상의 온실가스 시나리오에 따른 모델수행 결과(IPCC 2007)에 따르면 향후 20~30년간 지구온난화는 온실가스 배출 시나리오에 따라 그리 민감하게 반응하지 않을 것으로 나타났다. 현재 고려중인 배출 시나리오 그룹의 경우 향후 10년 동안 약 0.2℃ 정도 상승하는 온난화가 진행될 것으로 예상되며, 2050년까지 20세기 말에 비하여 평균 기온이 1.3~1.8℃ 상승할 것으로 전망된다. 21세기 말 경에 지구평균기온은 배출량이 많아질수록 상승 추세는 더욱 빨라질 것이며, 배출전망에 따른 CO_2 농도가 산업혁명 이전인 280 ppm의 약 2배가 되는 550 ppm이 되면 21세기 말 기온인 약 2℃ 상승할 것으로 예상되며, 3배 정도인 1,000 ppm이 되면 약 4℃ 상승할 것으로 예상된다. 이와 함께 SRES시나리오에 따른 모델 수행 결과에

의하면 전망했던 모든 경우의 각 해수면 변화를 살펴보았을 때 전체적으로 해수면이 적게는 18 cm에서 많게는 59 cm까지 상승할 것으로 전망되었다. 그러나 이 결과는 해수온도 상승에 따른 열팽창만 고려한 결과로 육지의 빙산이 녹는 효과까지를 고려한다면 상승 폭은 더욱 더 커질 것으로 전망된다.

SRES시나리오

그림 7－8은 미래의 기후 변화를 전망하기 위하여 IPCC의 전 지구적인 온실가스의 배출량 시나리오에 따른 기온변화를 기후모델을 수행하여 나타낸 것이다. 이것은 추가적인 기후정책이 없을 때 온실가스의 배출량 예측치로 그림에서 색상을 띤 실선은 IPCC의 온실가스 배출량 시나리오(SRES, 2000)를 나타내며, 점선과 회색음영은 SRES 이후 최근 시나리오에 따른 배출량으로 점선의 경우 최대치와 최소치를 그리고 회색 음영 시나리오의 80 % 범위를 의미한다. 기존배출량의 경우 최근 시나리오에서와 거의 비슷한 수준임을 알 수 있다. 온실가스 배출량 시나리오에 따른 기온변화는 기후모델을 이용하여 산출한 것으로 1980~1999년 대비 지구의 온난화에 따른 기온상승을 나타낸다. 여기에서 우측의 막대는 6가지 온실가스 배출 시나리오에 대한 1980~1999년 대비 2090~2099년의 최적 기온변화 추정치와 가능한 범위를 나타낸 것이다. 이들 시나리오에 따르면, 1980~1999년 대비 21세기 말(2090~2099년) 지구의 평균기온은 최대 6.4 ℃ 상승할 것으로 전망하고 있다. 지구의 평균기온이 1.5~2℃ 이상 상승하면 세계 동식물의 20~30 %가 멸종위협에 처할 수 있다. 인간의 활동에 의해 현재 멸종된 생물종은 전체 약 1~2 % 수준이지만 향후 500년 동안 지구 생물종의 20~50 %가 사라질 것이라는 보고도 있다. 지구의 기온이 상승하면 바닷물이 따뜻해져 부피가 팽창하게 되고, 극지방의 빙하가 녹아 해수면의 높이가 상승하게 된다. IPCC 보고서에 따르면 지구 평균 해수면은 1961~2003년의 기간 동안 매년 1.8 mm씩 상승하였고 1993~2003년에는 매년 3.1 mm씩 상승하였다. 현재와 같은 수준으로 온난화가 진행된다면 1980~1999년 대비 21세기 말(2090~2099년)의 해수면은 18~59 cm 상승할 것으로 전망하고 있다. 수면의 상승에 따른 피해는 지역에 따라 큰 차이를 보이고 있다. 네덜란드의 경우, 해수면이 1 m 상승하면 해발 5 m 이하의 전 지역이 해수 범람의 영향권에 들게 된다. 또한, 태평양의 조그만 산호섬들은 지구상에서 사라지게 될 것이다. 해일 등의 영향을 고려하면 전 세계 경작지의 약 1/3이 피해를 입게 될 것으로 예측된다. 또한, 인류의 식량공급에도 문제를 초래하고, 많은 사람들이 밀집해서 생활하고 있는 항만 등의 해안지역이나 저지대도 침수하게 될 것이다. 또한, 대기 중의 CO_2 농도가 증가하면서 바다는 점점 산성화되어 해수의 pH가 낮아지게 되는데 이 경우 해양생태계에 잠재적인 위험이 될 것이다.

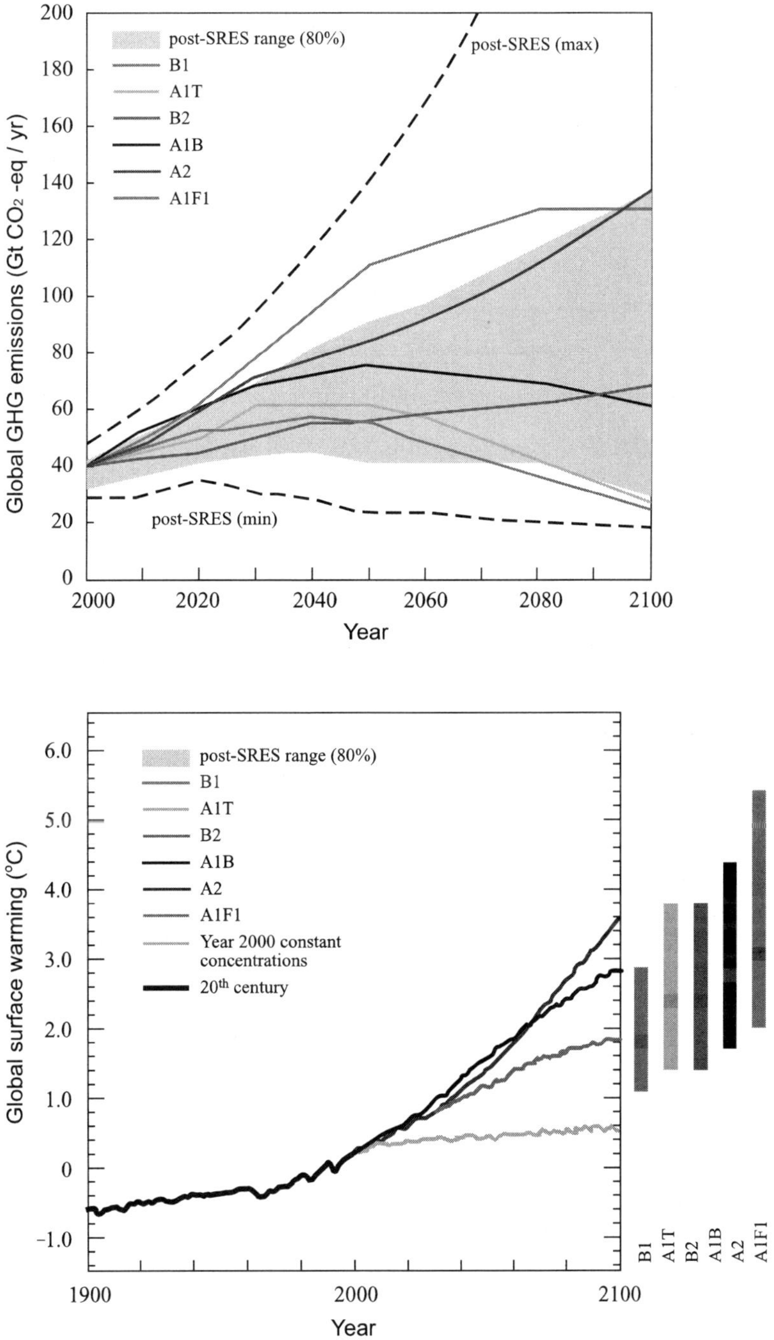

〈그림 7-8〉 온실가스 배출량 시나리오와 각 시나리오에 따른 기온변화 추세 (자료: IPCC, 2007)

전 지구적으로 지리적 특성을 고려해서 보면 기온 상승은 육지와 북반구 고위도에서 가장 현저하고 해안보다 대륙의 내부에서 더 큰 경향을 가진다. 일반적으로 건조한 지역의 온난화가 습윤한 지역보다 더 크게 나타난다. 남반구의 해양과 북대서양의 일부에서 온난화가 가장 약할 것으로 전망된다. 또한 지리적 분포패턴은 20세기 관측과 거의 유사한 특징을 가진다. 이러한 온난화는 20세기에 나타난 바와 같이 홍수, 가뭄, 열파의 빈도를 증가시키고, 태풍이나 허리케인의 세기가 강화될 가능성도 높다. 대부분의 지역에서 한파의 빈도가 50% 이상 감소할 것으로 전망된다. 또한 고산지대의 방하와 북극의 해빙은 늦여름에 거의 사라질 가능성이 높다. 강우패턴은 고위도에서 증가하고 아열대 육지에서 감소할 가능성이 높다. 대부분의 모델들은 호우 발생이 증가하는 것으로 전망하고 있다. 자연재해의 빈도와 세기가 증가하면서 막대한 피해가 발생할 가능성이 높으며, 이로 인하여 개발도상국의 경우 사회경제적으로 심각한 영향을 받을 수 있다.

최근 IPCC에서는 기후 변화 적응을 더 강화하기 위한 정책결정자용 「극한현상 및 재해의 위험관리 특별보고서 요약집」을 발표하였다. 주요 결과로는 1950년 이후 인위적 요인으로 전 지구 폭염과 집중호우 증가, 해수면 상승 추세가 나타나고 있으며, 기후 변화에 따른 극한기후, 영향, 취약성, 피해는 지역에 따라 다르지만, 고온현상 증가, 집중호우 증가, 평균해수면 고도 상승, 유럽 남부와 아프리카 서부에서의 가뭄 증가 등은 뚜렷하다. 또한 21세기 후반에는 극한현상 중 폭염 증가 가능성 90 % 이상, 집중호우 빈도 증가 가능성 66 % 이상이며, 20년 발생빈도 폭염은 2~5년으로, 집중호우는 5~15년으로 짧아져 더 자주 나타날 것으로 예상된다고 평가하였다.

이러한 분석결과에 따른 기후 변화 전망을 간략히 요약하여 정리해보면 미래 기후 변화 전망의 경우 다음과 같이 기술할 수 있다.

- 화석연료에 의존한 대량소비형의 사회가 계속된다면, 1980~1999년에 비하여 금세기 말(2090~2099년)의 지구 평균기온은 최대 6.4℃, 해수면은 59 cm 상승할 것으로 예상되며,
- 고온, 열파, 호우의 발생빈도는 증가하고, 태풍과 허리케인 등 열대폭풍은 열대 해수면 온도 상승과 더불어 그 강도 더욱 강하게 나타날 것으로 전망되며,
- 극지방을 비롯한 적설면적의 감소와 기온 상승에 따른 영구동토의 해빙으로 빙하면적 또한 감소할 것이 전망된다. 최악의 시나리오에 따르면 기온 상승에 따른 해빙(sea ice)의 감소가 지금과 같은 속도로 지속되게 되어 21세기 후반 여름철 북극해의 해빙이 소멸되는 것으로 나타난다.

아시아 지역 전망(A1B 시나리오13)

- 동아시아는 전 세계 기온보다 높은 3.3℃ 정도 상승하는 것으로 전망되었다.

- 강수는 경년 변동 폭이 커서 가뭄과 홍수 등 극한기상 현상이 빈발할 것으로 예상되며,
- 급속한 도시화와 산업화 및 경제 성장에 기후 변화가 추가되어 동아시아 지역의 자연자원 및 환경에 대한 복합적인 압박 요인으로 작용하게 될 것이다. 또한,
- 동아시아를 포함하여 그 외 아시아 지역 중 남아시아, 서남아시아 지역에 잦은 수해와 가뭄에 따른 설사병으로 인해 풍토병 사망률이 크게 증가할 것으로 예상된다.

우리나라의 기후 전망(A1B 시나리오)

21세기 말 기온은 30년(1971~2000년) 평균 대비 4℃ 상승하고 강수량은 17% 증가할 것으로 전망된다. 극한 저온현상의 빈도는 감소하는 반면에 극한 고온현상의 빈도는 증가할 것이다. 또한 연중 강수량 증가 추세와 더불어 집중호우 빈도는 증가하게 되어 풍수해로 인한 피해가 높아질 것으로 전망된다. 지구온난화에 따른 우리나라 생태계의 변화도 함께 전망되어 그 예로는 21세기 말에는 왕벚나무 서식지가 고산지대에 국한되며, 사과, 감귤, 대나무 등의 주산지는 북상하게 될 전망이다.

RCP (Representative Concentration Pathway) 시나리오

"기후변화 2014 종합보고서"(IPCC AR5, 2014)에 따르면 대표경로(RCP, Representative Concentration Pathways)는 기후 정책을 고려한 예상농도경로(시나리오)이다. SRES(배출시나리오에 관한 특별보고서)를 적용한 기존평가 보고서들에서의 시나리오와 비교하여 좀 더 광범위하다고 볼 수 있다. 전반적인 강제력을 고려할 때, RCP 8.5는 SRES A2/A1FI 시나리오와 유사하고, RCP 6.0과 RCP 4.5는 각각 B2, B 시나리오와 유사하다(IPCC AR5, 2014). SRES에서 RCP 2.6과 유사한 시나리오는 없다. 결과적으로, 제 4차와 5차 평가보고서 기후 전망규모에서의 차이는 대개 광범위한 배출을 평가에 포함했는지의 여부에서 비롯된 것이다. (그림 7-9). 그림 7-9에서 이산화탄소(CO_2), 메탄(CH_4), 이산화질소(N_2O), 이산화황(SO_2)의 배출량을 보이고 있다. 계산된 각 RCP와 작업그룹 3 (WGIII)에서 사용된 모든 범주의 미래 복사강제력 수준을 (e)에 나타내었다. 각 RCP에 대해서는 복사강제력의 동인별로 단순 탄소순환(simple carbon cycle) 온실가스 유도 기후변화 평가 모델(Model for the Assessment of Greenhouse Gas Induced Climate Change, MAGICC)을 사용하였다. WGIII는 각종 과학 문헌에서 나타난 다양한 배출 시나리오들을 요약하여 WGIII 시나리오 범주(categories)를 제시하였으며, WGIII 시나리오 범주는 2100년의 CO_2 환산 농도(ppm)를 기준으로 분류되었다. 그림 중 (a)~(d) 오른쪽의 수직선은 WGIII AR5에서 사용된 시나리오 데이터베이스의 전체 범위를 의미한다(IPCC AR5, 2014).

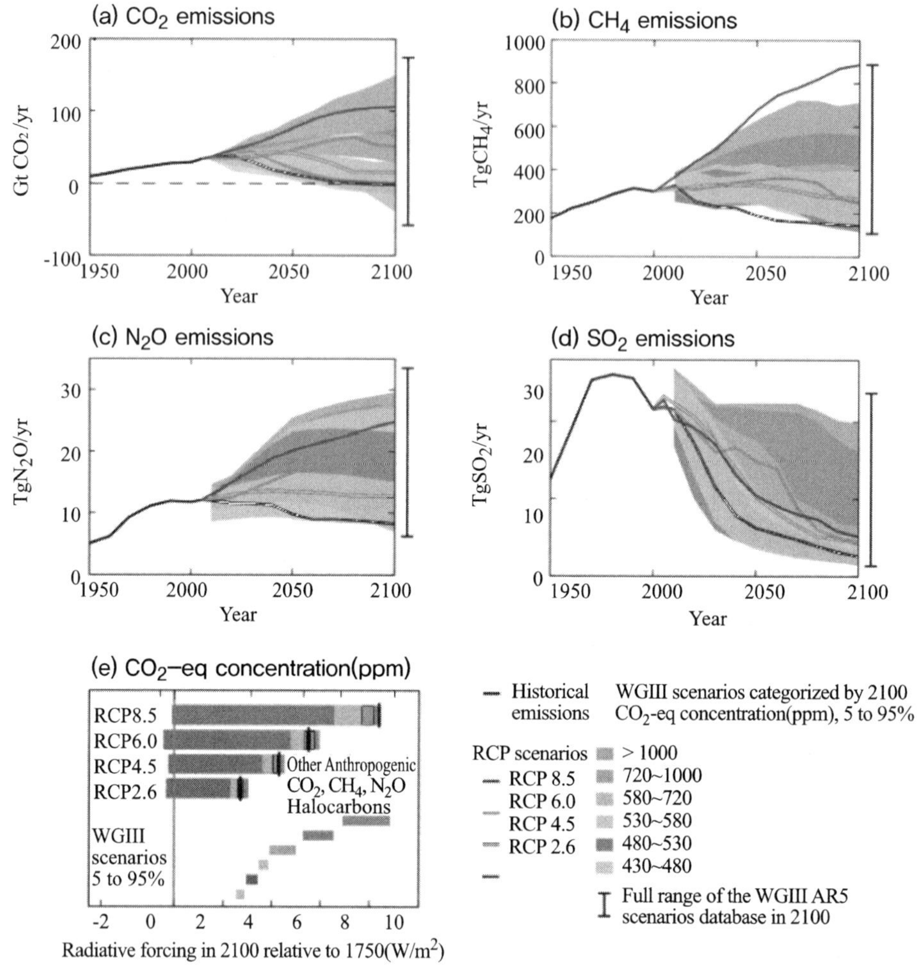

〈그림 7-9〉 배출 시나리오 및 각 시나리오와 관련된 대표농도경로(Representative Concentration Pathways, RCP)의 복사강제력(선)과 WGIII에 사용된 관련 시나리오 범주(IPCC AR5, 2014)

제8장

기후 변화의 영향은 어느 정도인가?

제1절 기후 변화의 현황
제2절 부문별 기후 변화의 영향
제3절 기후 변화의 대책

제1절

기후 변화의 현황

1. 기후 변화 과학

기후 변화가 세계적으로 영향을 미치게 될 때 그에 대한 대응을 위해서는 원인을 이해하고 원인요인들을 제거하기 위한 노력과 적응하기 위한 노력도 필요하다. 그러한 행위를 위해서는 현재 우리가 가지고 있는 과학적인 지식을 총 동원하여 진행 중에 있는 기후 변화의 현황을 파악하는 것과 동시에 미래를 대비할 필요가 있다. 세계 곳곳에서 측정을 통해 보고되고 있는 현황자료를 분석하고 현재 기후 변화 진행 정도를 판단하며, 준비된 온실가스 배출 시나리오를 활용하여 미래에 지구적으로 지역에서 나타나게 될 기온변화를 전망한다. 예측된 기온변화에 따른 지역과 전 지구 규모에서의 기후 변화 요인들을 분석하고 영향의 정도(시간과 공간 규모에서) 예상하고 그에 대한 대책을 수립한다. 이러한 일련의 과정을 수행하기 위해서는 지구환경/기후 변화와 연관된 세계적인 전문가들로 구성된 인력이 협력 연구를 할 수 있는 체계가 마련되어야 하며, IPCC가 이를 주관하고 그러한 통합된 연구체계에서 주기적으로 평가보고서가 작성되어지고 있다.

IPCC는 전 지구의 기후 변화에 관한 과학적 정보를 정책결정자 및 일반 대중에서 제공하기 위해 구성된 「기후 변화에 관한 정부간 협의체(intergovernmental panel on climate change)」이며, 평가 보고서를 작성하기 위한 실무그룹은 다음과 같이 구성되며(그림 8－1), 참고로 우리나라에서 각 그룹별 참여하는 주관부처를 함께 제시하였다.

〈그림 8-1〉 기후 변화에 관한 정부간 협의체(IPCC) 조직 구성

- 실무그룹 Ⅰ(기후 변화과학 분야) (WG1): 주관부처－기상청
- 실무그룹 Ⅱ(기후 변화 영향・적응 및 취약성 분야) (WG2): 주관부처－환경부
- 실무그룹 Ⅲ(기후 변화 완화 분야) (WG3): 주관부처－지식경제부

2. 기후 변화 현황

IPCC(2007)에서 보고한 제4차 평가보고서 중에서 실무그룹 WG1, WG2, WG3에서 작성한 주요 기후 변화 현황 내용을 요약하여 다음에 기술하였다.

1) 세계의 기후 변화 현황 추이

기후 변화과학 분야에서는 과학의 역사, 기후모델과 평가, 지역 기후전망 등에 대한 내용을 연구 작성한다. 주요 내용으로는 기온과 해양온도의 증가, 빙하의 융해, 해수면 상승은 명백하며, 과거 기록을 살펴보면 1850년 이래 과거 평년 기온에 비해 12번 정도가 더 온난한 것으로 나타났다. 과거 평년 기온 보다 높았던 이들 온난한 기록들 중에서 대부분인 11번이 최근 12년 내에 기록된 것으로서 CO_2 등 주요온실가스의 대기 중 농도의 최근 급상승한 것이 주된 영향일 것으로 판단될 수 있을 것이다(그림 8－2, 그림 8－3). 기후모델링 수행에 따른 기온변화 결과에서도 화산과 태양활동 등 자연현상에 의한 변화요인만으로는 설명되지 않던 최근의 기온증가 부분들이 인위적 CO_2 배출을 고려하였을 경우는 상당히 일치하는 것

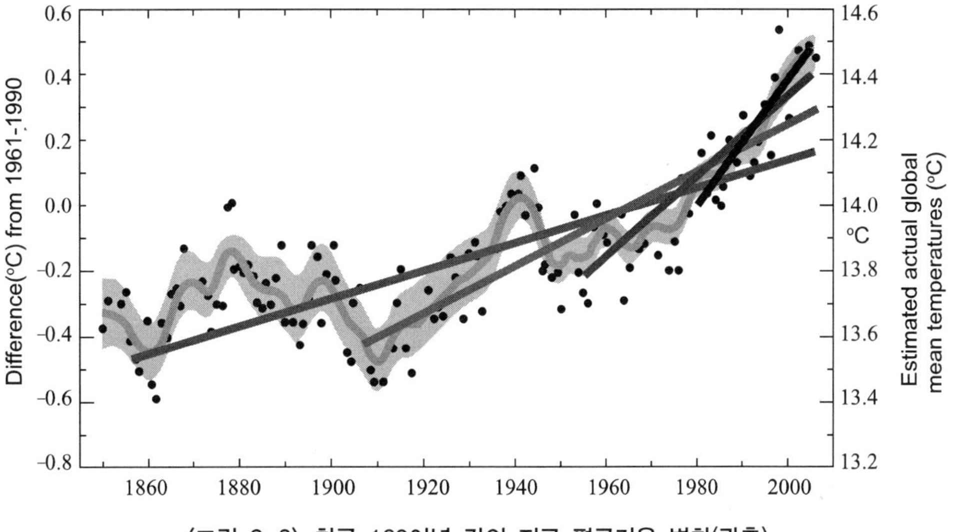

〈그림 8-2〉 최근 160여년 간의 지구 평균기온 변화(관측)

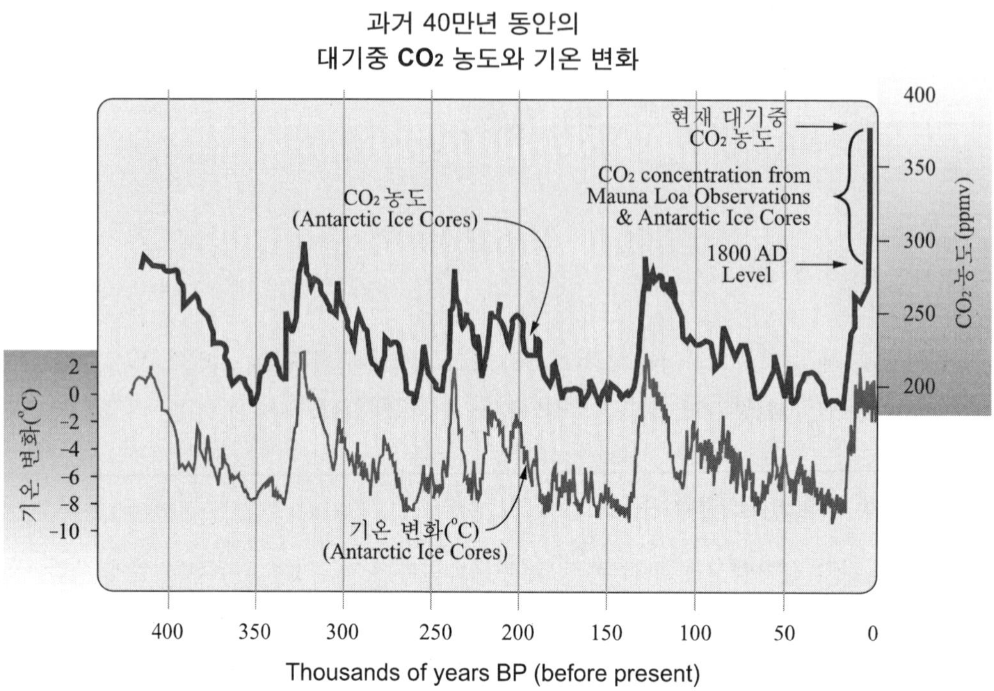

〈그림 8-3〉 이산화탄소와 기온의 변동 추세 시계열

Data Source CO_2: ftp://cdiac.ornl.gov/pub/trends/co2/vostok.icecore.co2

Data Source Temp: http://cdiac.esd.ornl.gov/ftp/trends/temp/vostok/vostok.1999.temp.dat

Graphic: Michael Ernst, The Woods Hole Research Center

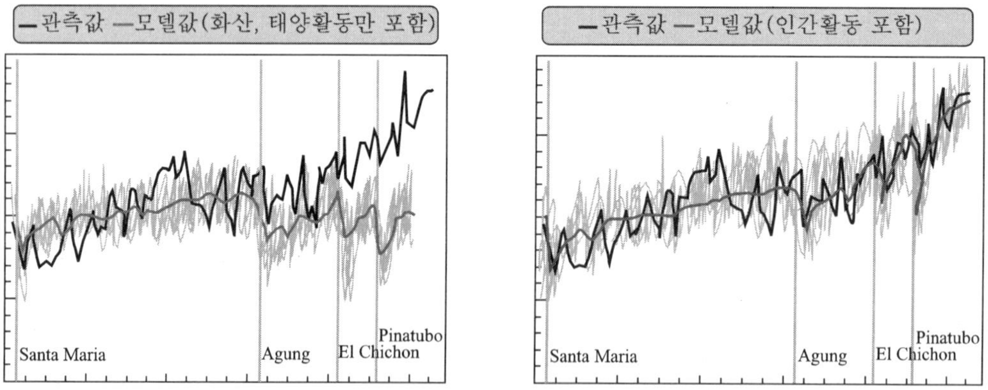

〈그림 8-4〉 최근 160여년 간의 지구 평균기온 변화 추세의 관측과 GCM모델에 의한 결과 비교

으로 나타나서 인위적 배출에 의한 영향이 크게 기여하였을 것이라는 진술에 더 신뢰도를 높이고 있다(그림 8-4). 이러한 온실가스 농도의 최근 급격한 상승은 산업혁명 이후의 가속화된 산업화와 도시화 등 인위적 배출원 증가에 의한 것으로 인위적 배출 영향이 크게 기여한 것으로 판단된다.

세계적인 기후 변화 현황을 간략히 요약하여 정리하였다.

- 지난 100년(1906~2005년)간 전 지구평균온도는 0.74(0.56~0.92)℃ 상승하였으며,
- 장기간(1900~2000년) 관측 결과, 강수량 증가 지역은 북유럽, 북중아시아 지역 등이었고,
- 건조지역은 지중해, 남아시아 일부, 남아프리카 등에 집중되어 있으며,
- '61~'03년의 전 지구 해수면 상승률은 1.8(1.3~2.3) mm/yr이었고,
- 극지방 얼음은 10년간 2.7(2.1~3.3) % 감소('78년 이후 위성자료)하였으며,
- '03년 유럽에서는 폭염으로 3만5천명이 사망하고 농작물과 가축 피해를 입었다.

2) 우리나라의 기후 변화 현황 추이

- 한반도 기온의 상승률은 지구평균온도 상승률(0.74℃/100년)의 2배 정도로 우리나라의 기온은 지난 100년간 약 1.5℃ 상승하였으며,
- '64~'06년의 우리나라 주변 해역의 해수면은 연간 1.9 mm 상승하였으나, 제주지역의 경우는 연간 5.1 mm씩 상승하여 지난 40년간 약 22 cm 상승하였음.
- 태풍, 집중호우 등 이상기상으로 인한 경제적 피해가 확대되고 있으며,
- 온난화로 인하여 1920년대에 비해 1990년대는 겨울이 약 30일 정도 짧아지고,
- 봄·여름은 상대적으로 20일 정도 길어졌으며,
- 서울의 열대야는 과거에 비해 약 6배 정도 증가하여 1900년대 초 평균 1.1일에서 최근 6.6일로 증가하였다.

3. 기후 변화 영향·적응·취약성 및 완화

지구온난화는 지구생태계를 포함한 인간 생활의 건의 전 분야에 걸쳐 영향을 미치고 있다. 인간의 건강 보건 및 농업, 수산업은 물론 사회 경제와 연관된 모든 생산 활동도 포함한다.

기온변화에 따른 지구대기의 물리적 변화는 대기 순환의 변화에도 영향을 미치며, 강수량의 지역분포의 변화, 지역 식생의 변화(사막화 등) 및 해수온도와 해양의 흐름에도 영향을 미치게 되어 해양 생태에도 변화를 초래할 수 있다. 이러한 생태환경의 변화는 지역적으로는 차이가 있을 수 있으나 영향을 받는 여러 분야에서 특성에 따라 재해에 따른 손실이나 변화로 인한 이익이 발생할 수 있다. 현재로서는 기후 변화가 지역적으로 진행됨에 따른 영향과 그 범위가 불확실하고 결과 예측이 어렵기 때문에 결론을 내리기는 어렵지만 그 영향은 매우 클 것으로 판단된다.

기후 변화 영향은 관측된 변화에 따른 반응으로 나타나게 되며, 반응은 영향을 받는 대상

환경(주로 다양한 형태의 자연 생태환경)에 따라 다르다. 나타난 영향에 대한 평가는 담수자원 및 관리, 생태계 속성에 따른 재화 등으로 진행할 수 있으며, 주로 영향에 따른 대상 환경의 취약성을 위주로 평가하게 된다.

○ 기후 변화에 따른 자연계에서 관측된 영향
  - 빙하호의 확장 및 증가, 산악지역의 눈/산사태 증가
  - 북극, 남극의 동・식물 종의 변화
  - 초봄의 철새 이동, 산란, 개화 등의 조기화
  - 고위도 해양에서 플랑크톤, 해조류, 어류의 이동
○ 부문별 기후 변화의 영향
  - 전 지구평균기온이 1.5~2.5℃ 상승하면, 전 세계적으로 동・식물의 약 20~30 %는 멸종 위기 가능성이 있음
  - 고위도에서는 농작물 생산량은 온도가 1~3℃ 상승할 때까지는 증대, 3℃ 이상 상승하면 모든 지역에서 오히려 감소 전망
  - 2080년대에는 해수면 상승으로 홍수 전망
○ 지역별 기후 변화의 영향
  - 아프리카는 2020년 물 부족 인구가 75~250백만 명으로 전망
  - 동・남동아시아는 21세기 중반에, 작물 생산량은 20 % 증가 전망이나, 중앙・남아시아는 30 % 감소 전망
  - 북유럽은 남방에너지 감소 및 작물/삼림의 생산성은 증가 전망이며, 남유럽은 열파, 산불발생 증가 및 작물 생산성 감소 전망

기후 변화 완화 분야

완화는 주로 원인물질을 제거하거나 배출을 줄이는(mitigation) 행위를 하는 것으로 배출원 규제를 통한 감축이나 감축을 위한 정책 모두를 포함할 수 있다.

○ 장기적인 관점에서의 완화와 관련된 문제, 에너지공급, 수송과 기반시설, 지속발전과 배출물질 감축을 위한 행위이며,
  - 향후 20~30년에 걸친 기후 변화 완화노력은 낮은 대기 농도수준의 안정화 달성에 큰 영향을 줄 수 있다.
○ 온실가스 배출 경향
  - 교토의정서상의 6종의 온실가스 배출량은 1970~2004년에 70 % 증가함(1990년 이후 24 % 증가)

▸ 1970~2004년 동안 온실가스 배출은 에너지 공급부문의 증가(145 %)가 가장 크며, 수송(120 %), 산업(65 %), 토지이용(40 %)

○ 기후 변화 완화 정책
- 실질적인 탄소가격을 제공하는 정책은 생산자와 소비자가 온실가스의 저배출하는 생산품, 기술 및 공정에 집중적으로 투자하는 인센티브 제공
- 금융상의 지원, 세금공제, 기준 설정, 시장 조성을 통한 정부차원의 지원은 효과적인 기술개발, 혁신 및 적용에 중요한 역할
- 완화수준에 대한 결정은 완화와 적응을 포함하는 리스크 관리와 완화의 부수적 편익을 포함한 통합적인 관리가 필요

제2절
부문별 기후 변화의 영향

1. 한반도 20세기 기후 변화의 특징

우리나라의 기온은 지난 100년 동안 지구 평균기온 상승 수준인 0.74℃보다 훨씬 높은 1.5℃가 상승하여, 농작물 재배적지 변동, 이상기상 발생에 따른 농작물 생육부진, 병해충 피해 증가 등 농업부문에서 상당한 영향을 미치고 있다. 농업부문의 경우 기후 변화에 매우 취약하기 때문에 기후 변화의 위험을 최소화 할 수 있도록 적절한 기술개발 등 적응대책이 요구되고 있다. 다음에 우리나라 기후 변화의 특징을 간략히 기술하였으며, 기온 상승에 따른 피해사례를 그림 8－5에 제시하였다.

○ 지구온난화와 도시화로 인하여 평균기온은 1.5도 상승
○ 겨울철 최저기온의 상승이 두드러지며, 여름철은 기온이 크게 상승하지 않았음
○ 서리일, 결빙일 등 혹한과 관련된 지수는 감소하고 냉방일, 열대야 등 혹서와 관련된 지수는 증가하는 추세임
○ 겨울철 기온 상승으로 겨울은 짧아지고 여름과 봄은 길어지는 자연계절의 변화가 나타나며, 봄꽃이 피는 시기는 빨라지는 추세임

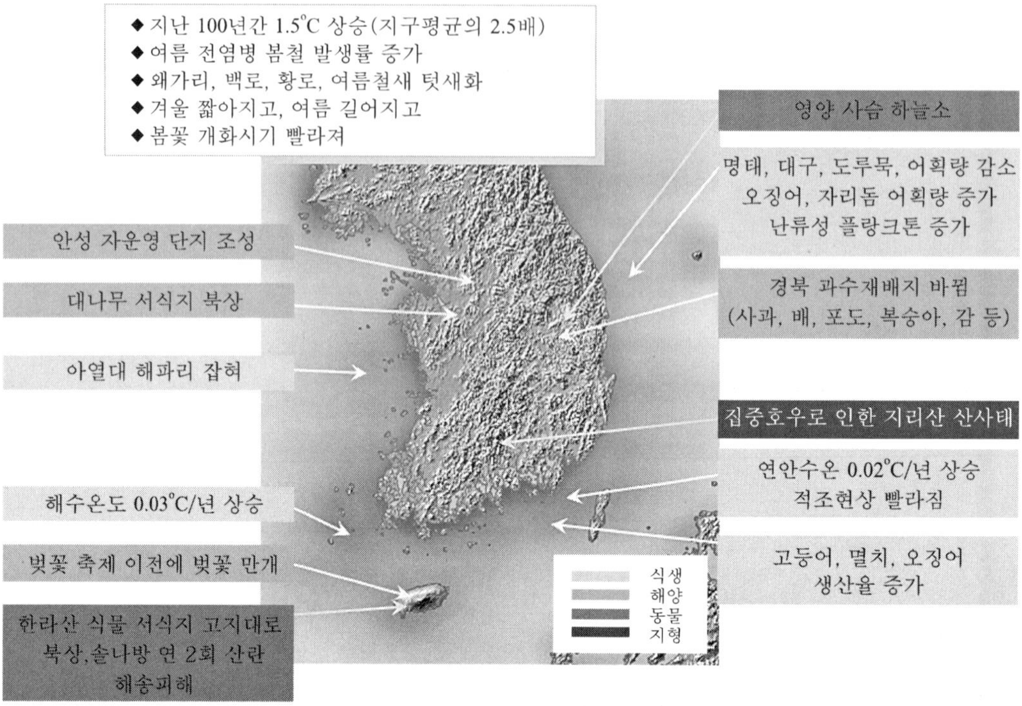

〈그림 8-5〉 한반도 기온 상승에 따른 피해사례 (출처: 조천호, 『기후 변화와 이상기후』)

○ 식물의 서식지와 해양에서의 변화도 감지되고 있음

○ 강수일수는 감소, 강수량은 약간 증가하는 추세로 호우발생빈도가 증가하고 있음

○ 제주도 고산에서 측정된 이산화탄소의 농도는 최근 10년간 약 1.5~2 ppm/year로 증가하는 추세로 세계적인 증가 추세와 유사 경향을 보임.

○ 농작물 재배지의 변화
- 남부지역에서 아열대 작물인 파인애플·키위 등의 재배 수확 증가
- 전국 제1의 사과 산지였던 경북 영천시의 사과 재배면적이 20년 전 1천만 평에서 280만 평으로 줄어들고 전국에서 재배 가능

○ 생태계 교란
- 남쪽 해안과 섬에서 자라는 동백나무가 서울에서도 생장
- 한류성 대표 어종인 명태가 사라지고 오징어가 서해안에 출현

○ 폭염으로 12년간 2,127명 추가 사망자 발생
- '94~'05년 서울·대구·인천·광주지역에서 2,127명 초과사망자 발생

○ 지구온난화에 의한 아열대성 질환의 증가

2. 한반도 기후 변화 전망

○ (기온) 2100년경, 한반도 미래기온은 전지구 대비 RCP 2.6에서는 0.5℃, RCP 6.0에서는 0.3℃ 더 높음.

	RCP 2.6	RCP 6.0
21세기 전반기(2021~2040년)	+1.5℃	+0.8℃
21세기 중반기(2041~2070년)	+1.8℃	+1.6℃
21세기 후반기(2071~2100년)	+1.8℃	+3.0℃

○ (강수량) 2100년경, 한반도의 연강수량은 전지구 대비 RCP 2.6에서는 3.1%p, RCP 6.0에서는 3.2%p 더 높음.

* 2100년경 강수량은 RCP 2.6에서 5.5%, RCP 6.0에서 6.8% 상승할 것으로 전망됨

○ (극한기후지수) 한반도 온난화전망에 따라 폭염일수, 열대야일수, 여름 일수와 같은 고온 관련 극한지수는 증가하고 한파일수, 서리일수, 결빙 일수와 같은 저온 관련 극한지수는 감소할 것으로 전망됨. [신기후체제 대비 한반도 기후변화 전망보고서(2017.12)]

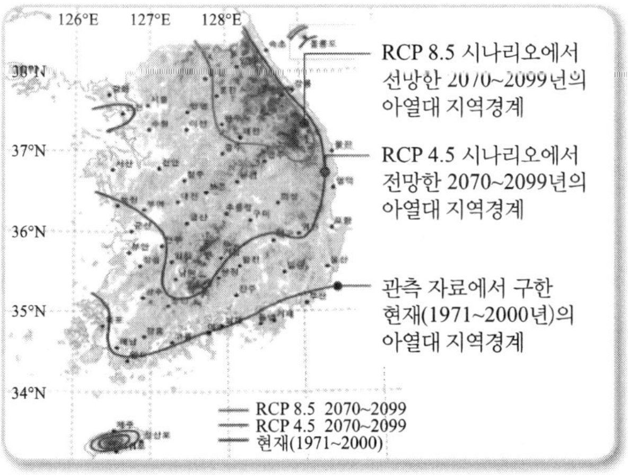

1971~2000년 기준 대비 2070~2099년 미래 전망

온실가스 감축저책 수행 시
- 서해안으로는 보령까지 인천 일부를 포함. 내륙으로는 광주, 전주, 순천, 산청, 합천, 대구까지, 동해안으로는 속초까지 확대 예상

온실가스 배출 현재 수준 유지 시
- 해발고도가 높은 대관령을 중심으로 인제, 홍천, 원주, 제천 등을 제외한 전 지역으로 확대될 전망임.

〈그림 8-6〉 한반도 아열대 기후변화전망 [기상청, 2012. 『기후변화시나리오를 알면 미래가 보인다』]

다음은 지구온난화에 영향에 따른 한반도 해수면 상승에 대한 한국환경정책평가연구원(KEI) 연구보고서의 결과를 요약하여 한반도의 기후 변화 전망의 하나의 사례로 해안역 지구온난화 영향과 변화 전망에 대한 연구결과를 제시하였다.

21세기 지구온난화로 지구평균기온이 최대 5.8℃, 해수면은 최대 88 cm까지 상승할 것으

로 예측되며, 지구온난화로 인간사회에 가장 큰 악영향을 줄 수 있는 요소 중의 하나가 해수면 상승인 것으로 평가되고 있으며 그 영향은 이미 저위도 국가를 중심으로 나타나기 시작하고 있다. 한 예로는 호주 근처의 섬나라인 투발루는 해수면 상승으로 인한 국토 손실에 대한 대처가 거의 불가능할 수 있다. 이러한 관점에서 한반도도 서해안을 중심으로 백중사리, 태풍이나 폭풍 등에 의한 해일과 같은 기상재해에 의하여 이미 해수 범람 및 해안침식, 지하수로의 해수 침입 등의 문제로 상당한 피해를 주기적으로 경험하고 있으며, 이와 같은 우리나라 연안역의 피해는 지구온난화로 인한 해수면 상승 및 태풍, 강수 변동 등의 중첩으로 그 증가가 예상되고 있다.

특히, 삼면이 바다로 둘러싸이고 연안역에서 산업시설을 포함한 활발한 사회경제적 활동이 이루어지고 있는 우리나라에서의 해수면 상승은 향후 사회경제적으로도 큰 영향을 미칠 수 있으므로 지구온난화의 과학적인 예측에 근거한 사회경제적 영향 평가 및 대응전략 수립은 효율적인 국토 이용 및 연안역의 지속가능 발전(sustainable development) 전략 수립에 필수적이다.

한국환경정책평가연구원은 해수면 상승으로 인한 한반도 연안역 취약성 평가를 수행하였으며 연구 보고서(2002)에 따르면 해수면 상승에 따른 범람면적과 범람인구의 취약성 지수를 선정하였다. 이러한 지수를 이용하여 지구온난화에 의한 해수면 상승과 더불어 조석 및 태풍해일에 의한 해수면 상승효과를 고려한 14개 해수면 상승 시나리오에 대한 취약성 평가를 실시하였으며, 그 결과 한반도 연안역은 21세기 지구온난화에 매우 취약한 것으로 나타났다.

해수면 시나리오 중 조석 및 태풍 해일을 고려한 해수면 1 m 상승에 대하여 한반도 최대 범람 가능 면적은 약 2,643 km^2로서 한반도 전체 면적의 약 1.2 % 정도가 취약한 것으로 나타났으며, 위의 취약 지대에 거주하는 범람 가능 인구는 약 1,255,000명으로 한반도 전체 인구의 약 2.6 %인 것으로 나타났다. 또한 지리적으로는 서해안이 남해안과 동해안에 비하여 훨씬 더 취약한 것으로 나타났으며 서해안 중에서도 북한이 남한보다 더 취약한 것으로 나타났다.

해수면 상승 영향에 대한 대응의 기본 전략은 온실가스 감축(mitigation)과 적응(adaptation) 두 가지 면에서 동시에 접근하는 방식이 필요하다. 우선 온실가스 감축정책을 통하여 21세기 해수면 상승을 어느 정도 감소시킬 수는 있으나 온실가스 감축의 어려움과 해양의 관성으로 인하여 해수면 상승은 피할 수 없는 것으로 나타났다. 결과적으로 이미 진행 중에 있는 영향을 줄이기 위한 노력과 동시에 나타난 영향에 적응할 수 있는 방안을 찾아가는 것이 필요하며, 결국 대응(mitigation)과 적응(adaptation) 전략을 동시에 진행해 나가는 것이 최적안인 것이다. 이에 따라 우리나라는 지역적인 차원에서의 대응 노력과 함께 계획적인 적응 전략에 초점을 맞추어야하며 적응전략 개발 및 수립은 저감 방안을 보완하는 데 필수적이다.

연안역의 적응 능력 증대는 기존 연안역 개발 관행(갯벌, 사구 훼손 등)에 대한 재검토를 통한 연안역의 자발적인 적응 능력의 보호를 통하여 이루어질 수 있을 것이다. 현재 가장 효율적인 연안역 관리 정책으로 제시되는 통합 연안역 관리 내에 해수면 상승 및 기후 변화 영향을 동시에 고려하는 것이 효과적인 대응 방향으로 제시될 수 있을 것이다.

해수면 상승 대응을 위하여 향후 고려하여야 할 우리나라의 과제로는 크게 해수면 상승 현황 및 예측 관련한 과학적 정보 증진, 해수면 상승에 효과적 대응을 위한 적응책 검토 및 수립, 해수면 상승 및 지구온난화에 대한 국민 의식 증진 및 대응 필요성에 대한 합의를 형성하는 과정을 거쳐야 하며, 이상의 세 가지 과제를 종합적이며 지속적으로 다룰 수 있는 전략 시스템 구축이 필요하다.

3. 기후 변화의 영향

그림 8-6은 기후 변화의 원인과 영향에 대한 복합적인 관계를 나타낸 것이다. 기온 상승으로 인한 지구온난화는 해빙과 해류순환의 변화와 밀접하게 연관되어 있다. 해수면 상승으

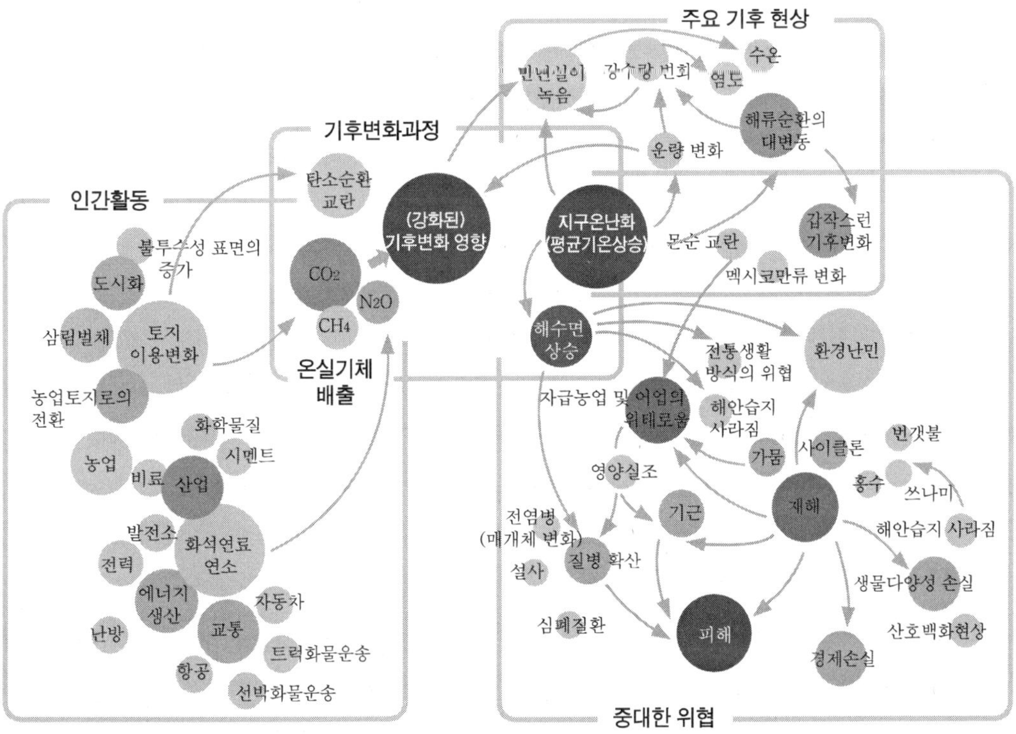

〈그림 8-6〉 기후 변화의 복합적인 원인과 영향 (자료: UNEP/GRID-ARENDAL, 2008)

로 연안 습지가 사라지고 있으며, 극심한 가뭄과 홍수를 유발하는 엘니뇨현상도 그 크기나 발생빈도 및 지속성이 1970년대 중반 이후 증가하였다. 강수의 유형도 변화하고 있으며, 상당 부분이 집중호우 형태를 띠고 있다. 이와 같이 지구온난화의 영향은 대형 태풍, 홍수, 가뭄과 같은 재해 발생빈도의 증가, 질병의 확산, 전통적인 생활방식의 변화, 경제적 손실 등 복합적으로 연결되어 있다.

1) 지구의 기온 및 해수면 상승

이미 8장 1절에서도 기술하였듯이 지구온난화의 영향으로 나타난 평균기온 증가로 해수면 높이 상승과 북반구 적설면적의 감소가 빠르게 진행되고 있다(IPCC, 2007). 지구표면의 평균온도는 지난 100년(1906~2005년) 동안 0.74℃ 상승하였는데 이것은 1901~2000년 동안의 0.6℃ 보다 높았다. 기온은 19세기 말부터 증가하고 있으며, 특히 1980년대 이후 기온의 상승폭이 큰 것으로 나타났다. 기온상승은 지구 전체에 광범위하게 나타나고 있으며, 북반구 고위도로 갈수록 더 크게 나타난다. 이러한 현상은 해안보다 대륙의 내부에서 더 빠르게 진행되고 있다.

미래의 기후 변화를 전망하기 위하여 IPCC의 전 지구적인 온실가스의 배출량 시나리오에 따른 기온변화를 기후모델을 활용하여 추가적인 기후정책이 없을 때 결과와 비교해서 살펴보면, 1980~1999년 대비 21세기 말(2090~2099년) 지구의 평균기온은 최대 6.4℃까지 상승할 것으로 전망하고 있다. 이러한 변화가 얼마나 위험한 것인지는 다음의 경우를 보면 알 수 있다. 지구의 평균기온이 1.5~2℃ 이상 상승하면 세계 동식물의 20~30 %가 멸종위협에 처할 수 있다. 인간의 활동에 의해 현재 멸종된 생물종은 전체 약 1~2 % 수준이지만 향후 500년 동안 지구 생물종의 20~50 %가 사라질 것이라는 보고가 나오는 이유이다.

한편 지구 기온이 상승은 해수온도를 높여 부피를 팽창하게 하고, 극지방의 빙하 또한 녹아 해수면의 높이를 상승하게 한다. IPCC 보고서에 따르면 지구 평균 해수면은 1961~2003년의 기간 동안 매년 1.8 mm씩 상승하였고 최근 10년간(1993~2003년)에는 연간 상승속도가 더 빨라져서 매년 3.1 mm씩 상승하였다. 현재와 같은 수준으로 온난화가 진행된다면 1980~1999년 대비 21세기 말(2090~2099년)의 해수면은 18~59 cm 상승할 것으로 전망된다.

2) 대기질 및 기상 변화

기온 상승은 대기흐름에 영향을 주어 이류와 확산 조건이 변화하며 대기 중 오염물질의 분포에도 영향을 주어 대기질의 시간적 공간적 분포 변화를 초래한다. 기상조건의 변화로 특히 여름철 기온 상승은 라디칼 생성과 반응을 촉진시켜 광화학 대기오염으로 인한 피해를 더욱 심화시킬 수 있다. 무더운 날씨는 냉방 전력 수요의 증가로 화석연료의 소비량을 증가시켜 CO_2와 함께 다량의 대기오염물질 배출을 유도하여 1차 오염으로 인한 대기오염 피해도 증가할 것이다.

기온 상승은 강우를 포함한 기상 전체에 큰 변화를 초래하는데, 기온이 상승함에 따른 증발량의 증가는 강수량 증가를 초래한다. 그러나 대륙의 내륙지역은 토양수분의 증발량이 늘어나 더욱 건조해짐으로써 넓은 지역에 걸쳐 사막화현상이 확대될 것이다. 세계 도처에서 극단적인 더위나 추위, 태풍이나 폭풍우를 동반하는 열대성 저기압 등의 발생빈도가 또한 더욱 증가하게 될 것이다.

3) 수자원의 부족

물은 인간에게 매우 중요한 자원으로, 그 양은 강수량과 지표의 증발산량에 따라 결정된다. 대순환모델(GCM)에 의하면 CO_2가 2배로 증가할 경우 연강수량이 5~10 % 증가할 것으로 예측된다. 그러나 증발산량이 상대적으로 증가하여 지역에 따라 심각한 수자원 부족현상이 초래될 것이다. 대륙 내 고산지역의 빙하는 주변지역의 매우 중요한 식수공급원이 되는데 지구온난화로 인한 급속한 해빙으로 수자원 부족문제가 제기되고 있다.

4) 동 · 식물과 농작물의 영향

지구온도가 향후 46년 동안 지속적으로 증가할 경우 평균 18~35 %의 동 · 식물이 멸종할 것으로 예상된다. 이는 지구온난화가 동 · 식물의 생존에도 중요한 영향을 끼치고 있음을 시사하고 있다. 또한, 대기 중의 CO_2 증가와 기온 상승은 지역에 따라 산림과 농작물의 생육에 중요한 영향을 끼치기도 한다. 일반적으로 식물은 이러한 환경조건에서 광합성량이 증가하여 생육이 향상되지만, 기온 상승으로 수반되는 여러 가지 기상변동에 의한 영향도 받게 될 것이다. 또한, 기온 상승과 토양의 건조화로 삼림의 식생대와 농작물의 재배지역이 달라지고, 몇몇 지역은 곡물의 생산량이 감소하여 심각한 식량문제에 직면하게 될 것이다. 우리나라의 경우, 연평균기온이 4℃ 상승하면 제주도 서귀포는 대만과 비슷한 기온분포를 갖게 되어 열대작물의 재배가 가능할 것이다. 그렇지만 기후 변화는 농업생태계에 매우 복잡한 변화를 가져오기 때문에 부정적인 영향이 더 클 것으로 예상된다.

5) 인간의 건강 및 산업의 영향

지구온난화는 말라리아(malaria)와 같이 기온에 민감한 열대성 질병을 극지방으로 전염시켜 심각한 유행성 질병을 만연하게 할 수 있다. 따라서 인간의 보건문제에도 큰 위협이 될 수 있으며 전 세계적으로 이에 대한 사례들이 보고되고 있다. 또한, 자연생태계를 변화시켜 세계 각국의 레저자원을 비롯하여 농업, 임업, 수산업 등 산업전반에도 큰 영향을 주고 있다. 열대 및 아열대 지역은 매우 무더운 날씨로 정상적인 활동이 불가능해져 생활 전반에 큰 변화가 일어날 것이다.

제3절

기후 변화의 대책

1. 지구온난화의 대책

지구온난화에 의한 기후 변화는 세계기상에 영향을 끼치고, 점진적으로 지구생태계에도 변화를 주게 되므로 범지구적인 공동대처를 필요로 한다. 이러한 문제를 국제적으로 해결하기 위하여 1988 년 11월에 스위스의 제네바에서 유엔환경계획(UNEP)과 세계기상기구(WMO)가 공동으로 기후변동에 관한 정부간 협의회(IPCC)를 구성하였다. IPCC에서는 지구온난화의 완화를 위하여 여러 가지 규제정책을 제시하였으며, 그중에서도 기존의 화석연료 중심의 에너지정책을 전환하여 대기 중에 방출되는 CO_2의 배출량을 감축하는 데 초점을 두고 있다.

이러한 노력의 결실로 1992년 6월 브라질의 리우데자네이루에서 개최된 유엔환경개발회의(UN conference on environment and development, UNCEP)에서 기후 변화협약(united nations framework convention on climate change, UNFCCC)이 채택되었다. 또한, 기후 변화에 영향을 주지 않도록 대기 중 온실가스의 농도를 안정화시키는 데 목적을 두고 있다. 이 협약은 직접적인 에너지 사용규제와 같이 구속력이 있는 조치 대신 온실가스의 저감 목표를 설정(협약 당사국을 의무부담 내용에 따라 부속서 I, II 및 비부속서 I 국가로 구분)하고 장기적인 방향을 제시하는 기본협약에 해당한다. 우리나라를 포함한 154개국이 기후 변화협약에 서명하였으며, 1994년 3월에 공식 발효되었으나 우리나라는 개발도상국(비부속서 I 국가)으로 분류되어 국가보고서 제출 등 일반적 의무사항만 수행하고 있다. 이 협약은 선진국이 과거 및 현재의 온실가스 배출에 대하여 더 큰 책임이 있음을 분명히 하고 있으며, 이들 국가의 선도적 역할을 제안하고 있다. 부속서 I 국가의 의무강화를 위하여 1997년 12월 일본 교토에서 개최된 제3차 당사국총회에서는 온실가스 감축에 관한 교토의정서가 채택되었다. 이것은 기후 변화협약 부속서 I 국가(일본과 EU 등의 38개 선진국)들에 대해 2008~2012년의

5년간 온실가스 배출량을 1990년대 대비 평균 5.2% 감축해야 하는 의무를 담고 있다. 또한, 온실가스 감축수단으로 공동이행제도(joint implementation) · 청정개발체제(clean development mechanism) · 배출권거래제(emission trading) 등의 메커니즘을 도입하고 있다. 감축기준에는 CO_2, CH_4, N_2O, HFCs, PFCs, SF_6 등의 온실기체를 대상으로 하고 있어 토지이용과 삼림조성에 의하여 배출되거나 흡수되는 온실가스를 모두 포함한 것이라고 볼 수 있다. 본 의정서에는 미국과 오스트레일리아가 비준을 거부하고 러시아가 유보하는 입장을 취해 발효가 늦어졌지만, 2004년 11월 러시아의 비준으로 2005년 2월 16일 발효되었다.

표 3－1은 기후 변화협약 당사국총회(conference of the parties, COP)와 교토의정서 당사국 총회(conference of the parties serving as the meeting of the parties, CMP)의 주요 결과를 정리한 것이다. 기후 변화협약체제는 1992년 기후 변화협약과 1997년 교토의정서가 채택되면서 일차적으로 완성되었다. 현재는 2007년 발리 행동 계획과 2010년 칸쿤 합의를 거치면서 선진국들의 온실가스 배출 감축기간인 1차 공약기간(2008~2012)이 종료되는 2012년 이후의 선진국 감축목표와 개도국 지원 등 포스트 교토 기후체제(post-2012 climate regime)에 대한 논의가 진행되고 있으나 선진국 간 및 선진국과 개도국 간의 커다란 입장 차이로 인해 쉽게 타결이 이루어지기는 어려울 전망이다. 그러나 EU를 중심으로 미국, 일본 등 선진국들은 온실가스 감축목표를 정하고 이를 달성하기 위한 노력을 기울이고 있으며, 우리나라를 포함한 선발개도국에 대한 온실가스 감축 의무부담을 강력히 요구하고 있다. 따라서 우리나라도 조만간 어떤 형태든 감축의무 부담을 지게 될 것으로 전망하고 있다.

온실가스 감축을 위해 세계 각국은 기본적으로 에너지효율 증대를 통해 에너지 소비를 줄이고 화석연료를 대체하는 신·재생에너지 공급을 확대하는 정책방안을 강구하고 있다. 또한 선진국들은 탄소세 도입, 총량제한 배출권거래제 등의 정책수단을 강구하고 있어 자국의 산업뿐만 아니라 수출입에도 상당한 영향을 미치게 될 것이다. 우리나라의 경우 1998년 4월 국무총리를 위원장으로 하는 기후 변화협약 범정부대책기구를 설치하여 기후 변화협약에 대한 대응방안을 수립, 추진하였다. 2008년에는 국가발전비전으로 '저탄소 녹색성장'을 제시하였으며, 2009년 덴마크 코펜하겐에서 개최된 제15차 기후 변화당사국 총회에서 2020년 온실가스 배출량을 전망치 대비 30 % 감축하겠다는 자발적인 감축목표를 발표하였다. 이러한 온실가스 감축목표를 달성하고 지속적으로 저탄소 녹색성장을 위해서는 온실가스 배출량을 획기적으로 줄이는 방향으로 우리나라 에너지 소비구조, 산업구조 및 행동양식이 변화와 노력이 수반되어야 한다. 또한, 산림보호와 신규 조림사업의 확대 등 온실가스의 흡수원 증대를 위한 노력도 이루어져야 한다.

[표 8-1] 기후 변화협약 당사국 총회(COP)와 교토의정서 당사국 총회(CMP)의 주요 결과

개최 시기	총회 장소	기후 변화협약 총회(COP)/교토의정서 총회(CMP) 회기	주요 결과
1995. 3	독일 베를린	COP1	2000년 이후 기간에 대한 선진국(부속서 I국가)의 감축목표 설정 협상을 개시하는 '베를린 맨데이트' 채택
1996. 7	스위스 제네바	COP2	선진국의 감축목표에 대한 구속력을 부여하기로 합의
1997.12	일본 교토	COP3	교토의정서 채택
1998.11	아르헨티나 부에노스아이레스	COP4	교토의정서 운영규칙에 관한 협상일정에 관한 '부에노스아이레스 행동계획' 채택
1999.10	독일 본	COP5	제6차 당사국 총회까지 협상 추진일정에 합의
2000.11	네덜란드 헤이그	COP6	교토의정서 운영규칙 확정예정이었으나 미국, 일본, 호주 등 Umbrella 그룹과 유럽연합간의 입장 차이로 합의 결렬
2001. 7	독일 본	COP6 속개회의	미국을 배제한 가운데 교토의정서 이행규칙의 골격에 합의
2001.10	모로코 마라케시	COP7	교토의정서 이행관련 신축성 메커니즘, 의무준수 체제, 온실가스목록, 흡수원 등을 담은 '마라케시 합의' 채택
2002.10	인도 델리	COP8	개도국 지원을 위한 선진국의 노력을 촉구하는 델리선언 채택, 기후 변화협약 총회와 교토의정서 총회의 동시 개최 합의
2003.12	이태리 밀라노	COP9	CDM 흡수원 관련 사업에 대한 기술적 규정, 기후 변화 특별기금, 최빈국기준 운영지침서 등 합의
2004.12	아르헨티나 부에노스아이레스	COP10	기후 변화 적응에 관한 '부에노스아이레스 행동계획'을 채택, 1차 공약기간 이후의 의무부담에 대한 비공식적인 논의 개시
2005.11	캐나다 몬트리올	COP11/CMP1	교토의정서 하 제2차 공약기간에 대한 선진국 추가감축에 관한 협상 개시 합의
2006.11	케냐 나이로비	COP12/CMP2	개도국의 기후 변화적응 지원에 관한 5개년 행동계획 채택, 적응기금의 절차와 세부원칙 합의
2007.12	인도네시아 발리	COP13/CMP3	선진국 지원 하에서 개도국이 자발적 감축행동을 취하기로 하는 '발리행동계획' 채택
2008.12	폴란드 포즈난	COP14/CMP4	지구기후관측시스템 이행계획에 관한 보고서 채택
2009.12	덴마크 코펜하겐	COP15/CMP5	온실가스 감축을 위한 장단기재원 마련을 담은 '코펜하겐 합의' 채택

개최 시기	총회 장소	기후 변화협약 총회(COP)/교토의정서 총회(CMP) 회기	주요 결과
2010.11	멕시코 칸쿤	COP16/CMP6	산업혁명 이전 수준과 비교하여 1.5℃ 상승억제를 포함한 범지구적 장기목표 강화 필요성을 인정하고 온실가스 감축, 기후 변화 적응, 산림보호, 개도국에 대한 재정・기술지원 등에 관한 '칸쿤 합의' 채택
2011.12	남아공 더반	COP17/CMP7	교토의정서 제2차 공약기간 설정 및 2020년 이후 기후체제에 관한 협상 개시 합의
2012.12	카타르 도하	COP18/CMP8	교토의정서 2차 공약기간(2013~2020)에 관한 도하개정 채택. 2015년 새로운 합의 채택 위해 COP 20까지 협상문 초안 요소 고려하기로 함.
2013.12	폴란드 바르샤바	COP19/CMP9	2℃ 또는 1.5℃ 달성을 위한 차이가 존재함을 강조하며 이전 목표를 상향 촉구.
2014.12	페루 리마	COP20	INDC와 '20년 이전 기후대응 강화에 대한 당사국총회 결정문; 新기후체제 합의문 초안 마련 합의문 주요요소 세부내용; 녹색기후기금(GCF) 초기재원조성 관련 논의
2015.12	프랑스 파리	COP21	신기후체제합의문(파리협정 Paris Agreement: 16개 전문과 29개 조항) 이행절차에 관해 구속력 지님
2016.12	모로코 마라케시	COP22	파리협정 후속논의 진행: 파리협정이행지침 마련을 목표로 분야별 국가제안서 사무국에 제출키로 함
2017.12	독일 본	COP23	2018년까지 파리협정 이행지침 마련을 위해 논의된 내용을 각 의제별 비공식 문서(informal note) 형태로 합의하고 이를 '파리협정 이행을 위한 피지 모멘텀' 제하 결정문 첨부문서로 채택

자료: 전의찬 외, 2012; 환경부 "파리협정길라잡이" * (2016.5)

2. 기후 변화대응 노력은 작은 실천으로부터…

"세계환경의 날"은 지구 환경파괴에 대한 심각성을 인식하고 대책을 논의하기 위해 세계 114개국의 정부대표가 모인 날을 기념하기 위해 국제연합 총회에서 결정되어 1972년부터 현재까지 이어져 오고 있다. 우리나라에서도 그 개회일인 6월 5일을 세계환경의 날로 기념하였으며, 1996년부터는 '각종 기념일 등에 관한 규정'에 따라 매년 6월 5일을 법정기념일로 정하고 6월을 환경의 달로 정하여 환경보전 캠페인 및 환경관련 각종 행사를 전개하고 있다.

세계환경의 날에는 인류에게 심각한 환경문제들 중 하나를 선정, 매년 주제를 달리하여 지구 환경에 대한 인식을 제고하고, 정치적인 관심과 세계인의 실천을 증진하기 위한 노력을 하고 있다. 세계환경의 날 주제는 매년 다르지만, 유엔환경계획(UNEP, united nations environmental programme)이 내세운 전통적인 근본 의제는 환경과 인간의 만남, 지속가능하고 공평한 발전을 위한 모든 인류의 참여, 변화를 위한 지역사회의 중추적 역할, 그리고 보다 안전하고 번영하는 미래를 위한 모든 인류의 협력정신이다. 지난 2008년도 세계환경의 날 슬로건은 'kick the habit!: towards a low carbon economy(습관을 바꿔요－지구를 살리는 저탄소 경제로)' 이었으며 현세대의 최대 이슈가 기후 변화임을 알리며 각 국가, 기업, 지역사회 등이 온실가스 배출 억제를 위해 힘을 모을 것을 요청하는 메시지를 담고 있다. 우리나라의 경우도 지구 온난화에 따른 기후 변화를 국민 대부분이 이미 몸으로 느끼며 공감하고 있다. 이제는 더 늦지 않도록 이러한 변화에 국가가 적절하게 대응하고 적응해야 하는 단계가 되었다고 생각된다. 오는 7일 덴마크 코펜하겐에서 개막돼 18일까지 이어질 유엔기후변화협약(UNFCCC) 당사국 총회에 1일 현재 192개 유엔 회원국 중 98개 국가 정상들이 참석을 통보했으며, 우리나라를 비롯한 중국, 인도, 미국 등도 향후 온실가스 감축에 대한 각국의 목표치를 제시할 계획인 것으로 보도되고 있다. 우리나라의 경우는 "저탄소 녹색성장"을 신국가발전의 패러다임으로 전환하고 2020년에 탄소배출을 2005년 탄소배출량 절대치 기준으로 4 %를 감축하는 것으로 발표할 예정으로 이는 개발도상국으로서는 최고수준으로 CO_2를 감축하는 것으로 우리정부의 감축의지를 국제사회에 천명하는 기회가 될 것이다.

기후 변화에 따른 취약분야는 농업, 산림, 수자원, 연안지역과 육・해상생태계 전반에 나타날 수 있는 것으로 보고되고 있다. 특히 산림과 해안이 어우러진 천혜의 관광자원과 함께 특용작물과 주요곡물의 농업생산이 주요 소득원이 되는 우리 전라북도의 경우는 기후 변화에 따른 이들 부문의 취약성을 인지하여 적극적으로 대응하고 적응하기 위한 노력이 절실히 필요하다. 지역 특성에 따른 지자체 차원의 적응과 대응정책 수립과 함께 지역민들의 참여에 의한 협력도 이끌어내야 하는 것이 지방정부가 효율적 정책 수행을 위해 반드시 해야 할 일이다. 전북의제 21은 물론 도민생활과 밀접하게 관련된 지역시민단체들에 대한 건설적인 지원을 통해 협력관계를 유지하고, 지역민들 개개인의 참여와 실천을 통해 아래로부터 지역(local) 환경을 개선할 수 있는 프로그램들을 개발해야하며, 그들의 인적 네트워크를 통해 지역사회 구성원들이 자발적으로 참여할 수 있도록 유도하는 것이다. 지역민들의 자발적 참여를 유도하는 실천요령들은 일상생활 중에 실천할 수 있는 사항들로 알기 쉽게 구성하여 배포하고 알리는 것이 가장 중요하다. 예를 들어 단순하게 기후 변화를 일으키는 주범으로 알려져 있는 탄소배출량을 줄이겠다는 것을 다른 사람에게 이야기하고 자신의 계획을 알리고 조언을 구하는 것만으로도 충분한 홍보효과가 있을 것이며, 창의적이고 진취적인 대응방안을 마련할 수 있을 것이다. 자신의 하루 생활을 통해서 배출되는 개인의 탄소배출량을 산출해 보는 것도 생활습관에 따라 수치로 환산된 결과를 확인함에 의해 생활습관을 바꿈으로 해서 효율적으로 개인 탄소배출량을 줄일 수 있을 것이다. 이와 같이 비록 단순하지만 실용적인 행동들부터 도민들이 실천할 수 있는 방법을 제시하는 것부터 시작할 수 있다. 이러한 측면에서 세계환경의 날은 저탄소경제에 대한 이해와 저탄소경제 사회로 가기 위한 에너지 효율성 증진, 석탄자원을 대체할 수 있는 에너지 개발, 삼림보존, 친환경 소비와 같은 저탄소 생활습관을 홍보하는 데에 가장 좋은 시작점이 될 수 있을 것이다. 구성원들이 소통하고 함께하는 사회만이 서로를 배려하고 이해하는 행복한 공동체를 이룰 수 있을 뿐 아니라, 공동의 이익을 위해 친환경적 생활을 하는 것이 이 시대를 살아가는 우리들이 깨끗한 지구환경을 후손들에게 부끄럼 없이 물려주기 위한 최적의 수단임을 잊지 말아야 한다(세계환경의 날을 맞이하며「새전북신문」“창조의 시대” 기고한 글).

참고문헌(기후 변화 chapters: Ch.1~Ch.3)

IPCC (2007) Climate Change 2007: Impact, Adaptation and Vulnerability. Contribution of Working Group II to the Forth Assessment report of Intergovernmental Panel on Climate Change, M. L. Perry et al., (eds.)], Cambridge University Press, Cambridge, United Kingdom and New York, NY, USA, 976 pp.

IPCC (2007) Climate Change 2007: The Physical Science Basis. Contribution of Working Group I to the Forth Assessment report of Intergovernmental Panel on Climate Change, Solomon, S., D. S. Qin, M. Manning, Z. Chen, M.C. marquis, K. Averyt, M. Tignor and H. L. Miller (eds.), Cambridge University Press, Cambridge, United Kingdom and New York, NY, USA, 987 pp.

WMO (2012) "Greenhouse Gas Bulletin: The State of Greenhouse Gases in the Atmosphere Based on Global Observations through 2011" No. 8 19 November 2012

국립기상연구소 (2011) "IPCC 5차 평가보고서 대응을 위한 기후 변화 시나리오 보고서 2011" 국립기상연구소, 117 pp.

기후 변화 "25인의 전문가가 답하다", 전의찬 외, 지오북 2012

기후 변화 현황 및 대책 수립, 기상청, 2008

기후 변화핸드븍(Climate Change Handbook), 기상청, 2009

대기환경학, 김기현 외, 향문사 2006

미래를 꿈꾸는 기후학교, 기후 변화교육교재 지도자용/대학생용, www.greenstart.kr

새전북신문 칼럼－"창조의 시대"; 세계환경의 날, 김득수 2008.06.06. 새전북신문

전라북도 기후 변화 적응대책 세부시행계획 수립연구, 요약보고서, 전라북도 2012

조천호(2011) 전지구와 한반도 기후 변화 전망. 국가 기후 변화 시나리오 사용자 워크숍, 2011.12.9. 서울

기후변화 2014 종합보고서, 기후변화에 관한 정부간 협의체 (IPCC), 발간등록번호 11-1360000-0037-14, 기상청(번역서)[출처: IPCC, 2014: Climate Change 2014: Synthesis Report. Contribution of Working Groups I, II and III to the Fifth Assessment Report of the Intergovernmental Panel on Climate Change [Core Writing Team, R.K. Pachauri and L.A. Meyer (eds.)]. IPCC, Geneva, Switzerland, 151 pp.]

신기후체제 대비 한반도 기후변화전망보고서 (2017.12) 요약, 기상청 2017.12

기상청, 2012. "기후변화시나리오를 알면 미래가 보인다"

환경부 "파리협정길라잡이" * (2016.5)

Note: 이상의 내용에 포함된 모든 자료들(사진과 그림들, 그리고 일부 기술 내용을 포함)은 군산대학교 교양융합교과목인 "생태계와 기후 변화"에서 기후 변화와 지구온난화에 연관된 챕터들(1~3장)의 강의를 위해 교내에서 사용하기 위한 교재용으로 작성된 것으로 일부 내용을 제외한 자료와 내용들은 교재 마지막 부분에 기재된 참고문헌에 포함된 자료들을 인용하였거나 일부 발췌, 변형하여 사용하였음을 밝힘.

제9장

기후 변화와 신재생에너지

제1절 태양열

제2절 태양광

제3절 바이오에너지(Bio-energy)

우리나라는 신재생에너지를 다음과 같이 정의하고 있다. 신재생에너지란 「신에너지 및 재생에너지개발・이용・보급촉진법」 제2조의 규정에 의거 『기존의 화석연료를 변환시켜 이용하거나 햇빛・물・지열・강수・생물유기체 등을 포함하여 재생 가능한 에너지를 변환시켜 이용하는 에너지』로 정의하고 11개 분야로 구분하고 있다. 여기서 신재생에너지의 11개 분야는 다시 재생에너지와 신에너지로 구분되며 재생에너지는 태양광, 태양열, 바이오, 풍력, 수력, 해양, 폐기물, 지열분야를 포함한 8개 분야이며, 신에너지는 연료전지, 석탄액화가스화 및 중질잔사유가스화, 수소에너지분야를 포함한 3개 분야이다. 현재 우리나라의 경우 신재생에너지 분야에서 태양광, 풍력, 연료전지분야를 3대 분야로 선정하여 중점적으로 육성하고 있다. 본 절에서는 기후 변화와 생태계에 민감하며 우리나라가 비교적 기술적으로 우위에 있는 분야인 태양열, 태양광, 바이오분야를 중심으로 소개하도록 한다.

제1절 태양열

1. 태양열의 원리

태양열에너지는 태양으로부터 오는 복사에너지를 흡수하여 열에너지로 변화시켜 바로 이용하거나 저장하여 필요할 때 이용하는 방법과 복사광선을 고밀도로 집광해서 열발전장치를 통해 전기를 생산하는 방법이 있는데 대부분의 경우 태양에너지를 열에너지로 변환해서 사용하고 있다. 현재 국내에서도 단독주택난방, 시설농업 등에서 태양열에너지를 열에너지로 전환하여 난방용으로 사용하고 있다.

태양으로부터 지표면에 도달되는 태양에너지는 저밀도의 에너지(최대 1,100 W/m^2 이하)로서 주간에만 존재하며, 시간과 장소에 따라 변화가 큰 것이 특징이다. 지표면에 도달되는 태양복사에너지는 자외선대, 기시광선대, 적외선대 등 다양한 파장대별 분포를 가지며, 주로 우리가 열에너지로 이용하는 파장대는 가시광선대이다.

그리고 태양으로부터 지표면에 도달되는 복사광선은 지역과 기후에 따라 달라지며 크게 직달일사와 산란일사 2가지로 구분된다. 직달일사는 태양으로부터 구름이나 먼지 등에 산란되지 않고 지표면에 직접 도달되는 복사광선으로 임의의 면에 도달되는 이들 광선의 입사각도는 동일하다. 산란일사는 태양으로부터 지구로 오는 도중에 구름이나 먼지 등에 산란되어 지표면에 도달되는 복사광선으로 임의의 면에 도달되는 이들 광선의 입사각도는 산란정도에 따라 제각각 다르다.

2. 태양열의 특성

태양열의 장점으로는 먼저 무한한 자원이며 청정에너지원이라는 점이며, 단점으로는 현재까지의 기술수준으로 에너지밀도가 낮다는 점이다. 이와 같은 장·단점을 표 9-1에 정리하였다.

[표 9-1] 태양에너지의 장단점

장 점	단 점
- 무공해, 무한량, 무가격의 청정에너지원 - 기존의 화석에너지에 비해 지역적 편중이 적은 분산형 에너지원 - 지구온난화 대책으로 탄산가스 배출을 저감할 수 있는 재생가능 에너지원	- 고급 에너지이나 에너지 밀도가 낮음 - 에너지 생산이 간헐적임 - 계속적인 수요에 안정적 공급 어려움

3. 태양열 자원량의 특성

태양에너지는 태양이 존재하는 한 유지되는 무한한 양이며 지구가 태양으로부터 받는 에너지는 우리가 상상할 수 없는 정도로 막대한 양이다. 지구의 대기권에서 반사되는 에너지량은 2.4×10^{15} kcal/min 내지 1.7×10^{14} kW 규모로 이중 약 35 %는 대기권에서 반사되고 18 %는 대기권에서 흡수하여 바람을 일으키며 47 % 정도가 지구에 도달한다.

일년 동안 지구에서 받는 태양에너지량은 연간 세계에너지 소비량의 약 20,000배에 달하며, 단적인 예로 지구가 태양으로부터 1~2주 동안 받는 에너지가 지구상에 매장된 전체 화석연료량에 상당한다.

4. 태양열 이용시스템

1) 태양열 집열

(1) 평판형 태양열 집열기

평판형 집열기는 집열면이 평면을 이루면서 태양에너지 흡수면적이 태양에너지의 입사면과 동일한 집열기이며, 태양열 난방 및 급탕 시스템 등 저온 이용분야에 사용되며 기본적인 태양열 기기이다.

집열기로 입사된 태양에너지는 흑색으로 도장된 집열판에 열에너지로 대부분 흡수되며 흡수된 열에너지는 순환되는 열전달 매체에 전달되고 일부는 주위로 손실된다. 열전달 열매체에 옮겨진 열에너지는 가용 집열량으로 저장되거나 열부하에 직접 공급된다.

평판형 집열기는 집열 매체의 취득 온도를 외기온도 이상 100℃ 이하의 범위로 보며, 집열기의 장점은 전 일사량, 즉 직달 및 분산 일사 성분 모두를 이용할 수 있다는 점과 양광을 추적하지 않아도 된다는 점이다.

평판형 집열기의 필수적인 구성품은 투명 덮개(transparent cover), 흡열판(absorber plate), 집열 매체 도관(riser), 단열재(thermal insulation) 및 집열기 외장박스(housing)로 이루어진다.

(2) 진공관 태양열 집열기

진공관형 태양열 집열기는 집열체의 내부를 진공으로 한 유리관 내에 설치한 형태의 집열기이며, 진공기술을 사용함으로 인해 집열면에서의 대류열손실을 획기적으로 줄일 수 있으며 또한 설치면적도 줄일 수 있는 장점이 있다. 이러한 진공관형의 경우 중온영역에서 활용가능한 수준의 높은 집열효율을 유지한다. 또한, 경량이고 설치가 용이하며 기존 건물의 외관과 친화적인 면이 특징이다. 진공관형 태양열 집열기는 유리관이 파손되더라도 파손된 유리관만을 교체 사용할 수 있으며, 태양빛의 입사각에 상관없이 모든 방향에서 빛을 흡수할 수 있는 구조를 가지고 있다.

진공관형 태양열 집열기는 크게 단일진공 유리관형과 이중진공 유리관형으로 나눌 수 있다. 단일진공 유리관형 집열기에는 대부분 히트파이프가 집열체로 삽입되어 밀봉 처리된 형태이다. 진공으로 밀봉된 유리관 내에 히트파이프로 구성된 태양열 집열기의 구조 및 작동은 다음과 같다. 집열체는 작동매체로 채워진 밀봉된 히트파이프(heat pipe)로 상단에는 선택흡수처리된 집열판이 부착되어 있다. 각 튜브의 상단 끝에 있는 열교환기(manifold)를 통해 집열체로 집열된 열을 축열조나 이용부로 전달한다.

이중진공 유리관식 태양열 집열기는 내부유리관과 외부유리관 사이를 진공처리하여 열손실을 최소화하는 방식으로 U자형 등의 열매체 순환 튜브를 삽입하여 집열하는 집열기이다.

(3) 집광형 태양열 집열기

현재까지 개발된 집광형 태양열 집열기는 태양을 추적할 수 있으며, 태양광을 집속하여 흡수기로 반사시키기 위한 반사경으로 구성된다. 또한 집광비(10 이하)의 선택에 따라 원하는 온도를 얻을 수 있어 사용처가 선택되어지면 집광비를 선택하여 사용처의 온도 요구조건을 만족시킬 수 있다. 평판형 집열기는 모두 고정형이며, 온도범위도 100℃ 이하로 공정열 및 전력발생용으로는 사용할 수 없으나 집광형 집열기는 100~500℃의 온도를 얻을 수 있어 태양열 발전 및 산업공정열 등에 널리 보급되어 활용되고 있다.

집광형 집열기는 반사경 면적과 흡수기 면적비(집광비)로서 필요한 온도를 집광할 수 있다. 집광형 집열기는 집광형태의 기하학적 구조에 따라 진공관형, PTC(parabolic trough concentrator)형이나 CPC(compound parabolic concentrator), Parabolic dish형 및 그 외의 집광형 집열기 등이 있다. Compound parabolic 및 V−trough형 집열기의 집광비는 1~10 범위이며, 반사경을 사용하는 dish형은 수천 K까지 얻을 수 있다. 또한 태양을 정확히 추적함으로써 더 높은 온도를 얻을 수 있으나 온도 수준에 따라 시스템 가격에 많은 영향을 미친다.

고효율 CPC 태양열 집열기는 태양광을 반사시키기 위한 복합 포물면 반사판과 반사된 태양광을 수광하기 위한 흡열관과 반사판을 보호하고 열손실을 줄이기 위해서 유리관이 반사판을 둘러싸고 있는 구조이다.

CPC 고정집광형 태양열 집열기는 진공관형 태양열 집열기 특성을 동시에 보유하고 있으며 독일 파라디그마(Paradigma)사와 독일 쇼트(Schott)사 집열기가 대표적이다. 전자는 CPC 집광부위가 진공관 외부에 노출되어 있으나 후자는 CPC 집광부위가 진공관 유리벽 내부에 위치한다.

(4) 고집광을 통한 태양열 발전

태양열 발전은 일사된 태양복사에너지를 고비율로 집광하여 회수된 고온(250~1,200℃)의 열에너지를 이용, 발전설비를 구동하여 전기에너지를 얻는 것으로서, 대규모 태양열 발전설비는 기본적으로 집광, 흡수, 저장, 발전시스템을 포함하고 있다.

① 파워타워(power tower)형

파워타워(power tower)형 시스템은 개별적으로 태양을 추적하는 수백 개의 반사경(heliostat)을 이용하여 중앙의 타워(tower)에 집광을 하는 방식이다. 집열기의 열전달 매체로는 용융염(molten salt), 공기 또는 액체금속 등이 사용된다. 가열된 열매체는 축열탱크를 거쳐 전력 변환장치에서 전기를 생산한다. 이 시스템의 집광비는 300~1,500 sun 정도이며 1,500℃ 이상에서도 작동이 가능하다. 중앙타워(central tower)형 집광방식은 홈통(PTC)형 집광방식보다 높은 온도의 획득이 가능하여 대규모 발전 및 화학반응에 응용되고 있다.

② 파라볼라 접시(dish)형

파라볼라 접시(dish)형 시스템은 파라볼라 접시의 초점에서 태양열을 모은다. 이 시스템은 수천 sun의 집광비를 얻을 수 있다. 이 집열기는 태양에너지를 직접 열로 변환시켜 열로 이용하거나 화학공정에 사용할 수 있으며, 가장 보편적인 사용형태는 전력생산이다. 일반적으로 초고온 태양로라고 하면 기존의 파라볼라 접시형 반사경 혹은 타워형 집광설비에 CPC 형태의 2차 집광시스템을 추가로 설치하여 수천 K의 초고온을 얻을 수 있는 장치이다.

2) 태양열 축열기술

열을 발생하는 열원과 그 열을 이용하는 열기기 사이에는 대체로 공간적이나 시간적인 거리가 있으며 이러한 공간적인 거리를 극복하기 위해서는 열을 이동시킬 수 있는 열교환기나 배관이 필요하며, 시간적인 거리를 극복하려면 축열이 필요하다.

태양에너지를 열로 이용하는 시스템에 있어서는 열원인 태양의 일사량 자체의 주기적인 비연속성과 간헐성(예: 낮과 밤 또는 맑음과 흐림) 때문에 축열시스템은 집열시스템과 더불어 가장 중요한 요소 중의 하나이다. 축열시스템은 역사적으로는 주로 열기기에 균일한 에너지를 공급하기 위하여 사용되거나 건물의 냉난방 설비의 용량 감소, 혹은 체육관이나 대형 회의장 등에 일시적으로 매우 큰 냉난방 공급 등의 경우에 주로 이용되어 왔다.

일반적으로 축열시스템에는 다음과 같은 조건이 요구된다.

- 단위용적당 축열용량(volumetric heat capacity)이 커야 한다.
- 값이 싸고 인체에 해가 없어야 하며 수명이 긴 특성을 가져야 한다.
- 열확산계수(thermal diffusivity)가 커서 열저장(또는 방열)속도가 커야 한다.
- 집열 또는 방열시스템과의 연계 조합이 쉬워야 한다.

현재 개발된 열매체는 상기의 조건을 완전하게 만족하는 매체는 없으나 실제의 축열시스템의 설계·제작에 있어서는 저장 가능한 온도의 범위나 집열 및 방열시스템과의 연계성을 고려하여 가장 경제적인 축열시스템을 결정하면 된다.

축열방법의 종류에는 여러 가지가 있는데 먼저 에너지의 저장온도에 따라 평편형 집열기를 사용하는 태양열 난방 등 100℃ 이하의 온도에서 저장하는 저온저장, 산업공정용으로 100~500℃에서 사용되는 중온저장, 특수산업공정으로 500℃ 이상에서 사용되는 고온저장 등이 있다.

그리고 에너지의 저장기간에 따라 단기저장과 장기저장으로 나눌 수 있으며 보통의 태양열 냉난방 시스템에서의 2~3일 동안의 저장은 단기저장이며, 하절기의 태양열을 지하의 대수층에 저장한 후 동절기에 사용하는 것은 장기저장이라고 할 수 있다.

그러나 축열방법을 분류하는 가장 일반적인 방법은 역시 저장하는 에너지의 형태에 따른 분류라고 할 수 있으며 대표적인 에너지의 저장 형태로는 열 저장(thermal storage), 전기 저장(electrical storage), 기계적 저장(mechanical storage), 화학적 저장(chemical storage) 등을 들 수 있다.

축열조의 형상은 장방형, 구형, 원통형 등 여러 가지의 형태가 가능하나 표면적 대 부피의 비가 가장 작아 열손실을 줄일 수 있으면서 내압성이 좋고 제작이 용이한 원통형이 일반적으로 가장 많이 사용되고 있다. 축열조의 재질은 물을 축열매체로 사용하는 경우에는 축열 온도, 형상과 크기, 누수의 가능성 또는 내압성 등 여러 가지 요인들을 검토한 후에 결정하게 되는데 일반적으로 스테인리스스틸 또는 FRP 탱크 등이 사용된다. FRP 탱크의 경우는 가볍고 녹이 슬지 않는 등의 장점이 있으나 70℃ 이상의 온도에서는 사용치 않는 것이 바람직하다.

3) 태양열시스템 제어장치

제어장치는 태양열시스템을 효율적이고 안전하게 운전 및 보호되도록 하는 것으로 태양열시스템에서 매우 중요한 역할을 수행하며 제어를 어떻게 하느냐에 따라서 태양열시스템의 성능이 크게 달라질 수 있을 뿐만 아니라 동파방지, 파열방지 등 시스템 안전에도 큰 영향을 미치게 된다.

4) 태양열 이용시스템

태양열 이용시스템이란 태양에너지를 건물의 난방 혹은 냉방에 이용하는 방법이며 시스템은 크게 집열부(collector element), 축열부(thermal storage element), 그리고 분배 및 활용부(distribute & use element)의 3가지로 구성된다.

이들 구성요소간의 열전달방법이 모두 기계적 강제순환방식에 의할 때 이것을 설비형(active) 시스템이라고 하며, 자연순환방식에 의할 때 이를 자연형(passive) 시스템이라고 분류한다. 또 주로 자연순환방식에 의한 것이나 약간의 기계적인 순환방식이 병용되는 방식은 혼합형(hybird) 시스템이라고 한다.

기계적 강제순환방식이라 함은 펌프(pump)나 송풍기(fan) 등과 같이 별도의 에너지를 소모하는 기계를 사용하는 열의 전달방식을 뜻하며, 자연순환방식은 외부로부터의 에너지 공급 없이 열의 전달이 전도·대류 또는 복사와 같은 자연적인 열전달에 의해서만 수행되는 방식을 의미한다.

[표 9-2] 태양열 이용시스템 종류

구분	자연형	설비형		
	저온용	중온용	고온용	
	60℃ 이하	100℃ 이하	300℃ 이하	300℃ 이상
집열부	자연형 시스템 공기식 집열기	평판형 집열기	PTC형 집열기 CPC형 집열기 진공관형 집열기	Dish형 집열기 Power tower 태양로
축열부	Tromb wall (자갈, 현열)	저온축열 (현열, 잠열)	중온축열 (잠열, 화학)	고온축열 (화학)
이용분야	건물공간난방	냉난방·급탕, 농수산 (건조, 난방)	건물 및 수산분야, 냉·난방, 담수화, 산업공정열, 열발전	산업공정열, 열발전, 우주용, 광촉매폐수처리, 광화학, 신물질제조

제2절
태양광

1. 태양광발전

태양에너지를 직접 전기에너지로 변화시키는 태양전지/발전시스템 기술로서 태양의 복사에너지를 흡수하여 열에너지로 변화하여 이용하는 태양열발전과 달리 태양광발전은 반도체 혹은 염료, 고분자 등의 물질로 이루어진 태양전지를 이용하여 태양빛을 받아 바로 전기를 생성하는 기술이다.

2. 태양광발전 원리

태양광발전(PV, photovoltaic)은 무한정, 무공해의 태양에너지를 직접 전기에너지로 변환하는 발전방식으로 태양전지(모듈), PCS, 축전장치 등의 요소로 구성된다.

태양전지는 p형 반도체와 n형 반도체를 접합시키고(p－n접합) 양단의 금속전극을 코팅하여 제작한다. 태양빛이 입사되면 반도체 내부에서 전자와 정공이 발생하여 p－n접합부 전기장에 끌려 전자는 n측으로, 정공은 p측으로 새로운 흐름이 생기면 접합부 양단의 전위차가 작아진다. 이로 인해 반도체가 도체로 되면서 전기가 흐르게 된다. 즉 반도체가 태양빛을 흡수하면 전기가 발생되는 원리인 광기전력 효과(photovoltaic effect)를 이용한 것으로 반도체 접합부에 태양빛이 입사되면 접합부에서 전자가 발생하여 외부회로에 전류가 흐르게 된다.

에너지 변환효율을 높이기 위해서는 ㉠ 가급적 많은 태양빛이 반도체 내부에 흡수되도록 하고, ㉡ 태양빛에 의해 생성된 전자가 쉽게 소멸되지 않고 외부회로까지 전달되도록 하며 ㉢ p-n접합부에 큰 전기장이 생기도록 소재 및 공정을 디자인해야 한다.

태양전지는 주로 실리콘 소재로 제작되며 현재 상용화된 제품의 효율은 15 % 정도이다. 즉 태양빛의 일사강도가 1 kW/m^{2}이라면 태양전지는 0.15 kW/m^{2}의 전력을 얻을 수 있다는 의미다.

태양광 시스템은 ㉠ 빛을 받아서 전기로 전화시켜 주는 부분(모듈)과 ㉡ 생산된 전기를 수요에 맞도록 교류로 변화시키고 계통에 연결시켜 주는 부분(PCS)으로 구성된다.

태양광발전 시스템의 구성요소 기기 중 핵심부품은 태양전지이다. 태양전지는 기본적으로 반도체 소자 기술로서 태양빛을 전기에너지로 변화하는 기능을 수행하는데, 이는 전기를 빛으로 변환시키는 레이저나 발광소자(LED) 등 정보표시소자와 작동방향이 반대일 뿐 기본 구조나 재료특성이 동일하다.

태양전지의 최소단위를 셀이라고 하며 보통 셀 1개로부터 나오는 전압이 약 0.5 V로 매우 작으므로 다수의 태양전지를 직·병렬로 연결하여 사용범위에 따라 실용적인 범위의 전압과 출력을 얻을 수 있도록 1매로 패키징 하여 제작된 발전장치를 태양전지 모듈(PV module)이라고 한다.

태양전지 모듈은 외부 환경으로부터 태양전지를 보호하기 위해서 유리, 완충재 및 표면재 등을 사용하여 패널 형태로 제작하며 내구성 및 내후성을 가진 출력을 인출하기 위한 외부단자를 포함한다. 복수개 태양전지 모듈에 태양빛이 많이 입사할 수 있도록 경사각, 방위각 등의 설치조건을 고려, 가대 및 지지대를 이용하여 전기적인 직병렬로 연결하여 사용범위에 맞게 구성한 발전장치를 태양전지 어레이(PV array)라고 한다.

태양광발전용 PCS(power conditioning system)는 태양전지 어레이에서 발전된 직류전력을 교류전력으로 변환하기 위한 인버터 장치를 말한다. PCS는 태양전지 어레이에서 발전한 직류전원을 사용계통과 같은 전압과 주파수의 교류전력으로 변환하는 장치가 인버터이기 때문에 PCS를 인버터라고도 한다. PCS는 인버터, 전력제어장치 및 보호장치로 구성되어 있다. 태양전지 본체를 제외한 주변장치 중에서 가장 큰 비중을 차지하는 요소이다.

1) 태양전지

현재 상용화되어 전원용으로 이용되고 있는 것은 주로 실리콘(Si) 태양전지이다. 실리콘 태양전지는 이미 반도체 분야에서 많이 연구개발이 되어있고 또 그동안 누적보급면에서 월등하므로 기술의 신뢰성이 높다.

사용목적에 따라 다른 종류의 반도체를 이용한 태양전지도 실용화 단계에 있으며, 특수한 소재 및 구조를 가지는 태양전지에 대한 연구도 진행 중이다.

현재 결정질 실리콘 태양전지가 전체 태양전지 시장의 95 %를 차지하고 있으며, 저가 고효율화를 목표로 연구가 활발히 진행되고 있다. 또한 결정질 실리콘 태양전지의 연구와 더불어 박막형 태양전지(thin film-type)에 대한 연구도 활발히 진행되고 있으며, 향후에는 박막 태양전지가 전체 태양전지 시장의 25 %를 점유할 것으로 예상되고 있다.

(1) 결정질 실리콘전지

결정질 실리콘은 물리적 특성면에서 태양전지를 위한 가장 이상적인 물질은 아니지만 전자산업에서 이미 개발된 기술 및 장비를 동일하게 활용할 수 있다는 장점을 가지고 있다. 실험실 수준의 효율은 20 % 이상을 나타내고 있으며, 양산용 셀의 효율은 평균적으로 15~17 %를 보이고 있다. 실리콘 태양전지의 이론적 최대효율은 약 29 % 정도이며 이미 실험실 수준에서는 이 한계치에 가까운 효율이 보고된 바 있다.

(2) 박막 태양전지

박막 태양전지는 유리, 스테인리스 또는 플라스틱과 같은 저가의 기판에 감광성 물질의 얇은 막을 수 마이크론 두께로 씌워 만들어진다. 재료에 의존적인 결정질 실리콘전지에 비해 생산단가가 낮고, 자동화를 통해 모듈공정까지 일괄화시킬 수 있다는 장점을 가지고 있지만 대체로 낮은 효율과 모듈의 수명에 관한 실증연구가 부족하다는 단점을 가지고 있다.

비정질 실리콘(a-Si; amorphous silicon), CIS(copper indium diselenide) 또는 CIGS(copper indium-gallium diselenide), 그리고 CdTe(cadmium telluride)의 세 가지 종류의 박막모듈이 현재 상업화되어 있다. 세계 수준의 셀 효율은 현재 18.4 %(CIGS의 경우)에 도달하고 있으며 현재 상업화된 모듈은 약 10 % 수준의 안정화 효율을 보이고 있다.

(3) 유기 태양전지

유기 태양전지는 크게 염료감응형 태양전지와 유기분자형 태양전지로 나뉜다. 이중 염료감응 태양전지는 염료를 최대한 흡착할 수 있는 나노구조 TiO_2 필름, 광전자의 재생을 도와주는 산화－환원 요오드계, 산화－환원 전해질, 그리고 요오드 환원의 촉매 역할을 하는 백금 또는 탄소전극으로 구성되어 있다. 염료감응 태양전지는 소면적(1 cm^2 이하) 단위 셀에서 11 % 효율이 가능하며, 유기 태양전지와 마찬가지로 소재와 제조공정에서 기존 무기물 태양전지(실리콘 및 화합물반도체)에 비해 값싼 특징을 가지고 있다. 또한, 다양한 색상의 염료가 가능하여 컬러 태양전지 구현이 가능하고, 나노입자의 장파장 투과특성에 의한 투명 태양전지 구현이 가능한 장점을 가지고 있는 반면, 대면적화에 대한 연구가 부족하고 대체로 낮은 효율과 수명에 대한 실증연구가 부족한 단점을 가지고 있다.

유기분자형 태양전지는 전자를 받을 수 있는 유기물질(예로써 PCBM)과 정공(홀)을 받을 수 있는 유기물질(예로써 P3HT)이 적층 또는 블렌딩 형태로 구성된 태양전지로서 약 3 %에서 많게는 6 % 수준까지 변환효율이 가능한 기술이며, 최근 유기 태양전지를 적층하여 셀단위에서 6.5 %의 효율이 보고되었다. 유기분자 태양전지는 광전자를 발생하는 활성층이 매우 얇기 때문에 플라스틱 기판 등에 적용하여 플렉시블 형태가 용이한 기술이다.

(4) 집광형 태양전지(Concentrator cell)

집광형 태양전지는 렌즈 또는 거울 등과 같은 집광기를 사용하여 넓은 면적의 빛을 수 mm^2~수 cm^2 크기의 태양전지에 집중시켜 태양전지 시스템 가격을 낮추는 방식이다. 대개 400~1,250배 정도로 집광하는 시스템이 사용된다. 집광형 시스템에 정착되는 태양전지는 기존 인공위성용 태양전지로 사용되고 있는 Ⅲ-Ⅴ 화합물 반도체 다중접합을 이용한 초고효율(30~40 %) 태양전지가 주로 사용되고 있다.

제3절
바이오에너지(Bio-energy)

바이오매스를 이용한 바이오에너지는 여타의 신재생에너지원 가운데 개발비용이 가장 저렴한 에너지원 가운데 하나이며, 에너지 수입에 전적으로 의존하는 우리나라가 선진국으로 진입하기 위해서는 이러한 에너지 기술 개발 사업화를 통한 국산화 및 다원화가 필요할 것으로 보인다.

1. 유기성 폐기물

신재생에너지 중 유기성 폐기물은 생물에 유래한 동식물성의 폐기물로 유기물의 함량이 40 % 이상인 폐기물이다. 이는 종류와 발생원이 다양하고, 관리 주체가 일원화되어 있지 않아 정확한 발생량 파악 및 이에 따른 적절한 처리가 이루어지지 못하고 있다. 유기성 폐기물 범주 안에 들어가는 폐기물은 그 종류와 발생원이 매우 다양하며, 현재 환경부의 폐기물 관리법 내에서 관리하고 있는 유기성 폐기물은 생활쓰레기 내에 포함되어진 음식물류 폐기물 및 목재류, 종이류 등, 하수처리장, 마을 단위의 오수처리장, 공단 및 농공단지의 폐수처리장, 사업장의 폐수처리장, 정화조폐액 및 분뇨처리장의 슬러지, 축산분뇨 공동처리장 슬러지, 사업장에서 발생되는 동・식물성 잔재물(식품잔사 포함)로 크게 분류가 가능하다. 이러한 유기성 폐기물의 매립에 의한 매립작업, 침출수, 악취 등의 문제로 인하여 유기성 폐기물 중 각종 슬러지에 관하여 2003년 7월, 음식물류 폐기물에 대해서는 2005년 1월부터 직매립을 금지시키고 있다. 따라서 이러한 직매립 금지 조치에 따라 에너지화에 대한 관심이 고조되고 있다. 그림 9－1에서 보는 바와 같이 2002년도 기준, 유기성 폐기물은 총 82,206천 톤 발생하였으며 이 중 가축분뇨가 68.9 %, 기타 유기성 폐기물이 17.4 %이었다. 폐수처리 슬러지, 음식물

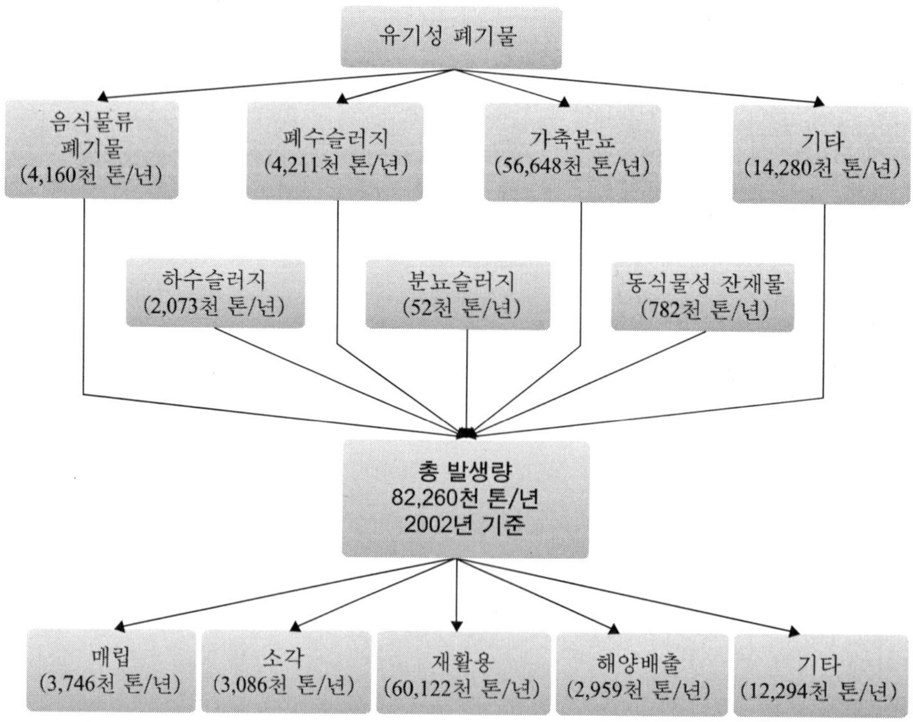

〈그림 9－1〉 유기성 폐기물 처리량 및 처리현황

류 폐기물, 하수슬러지, 동·식물성 잔재물, 분뇨슬러지의 순으로 발생률이 나타났으며 처리 현황을 보면, 재활용이 73.1 %로 가장 많음을 알 수 있다. 그러나 해양 배출률이 36.6 %로 높은 비율을 차지하여 해수부와 환경부는 2016년부터는 유기성 슬러지의 해양투기를 전면 금지하며 전량 육상처리를 하겠다는 계획을 발표하면서 해양투기를 대체할 환경 친화적인 유기성 슬러지 처리기술의 개발이 시급한 실정이다.

그림 9-2와 표 9-3에서 보는 바와 같이 최근 5년간 신재생에너지는 꾸준히 증가하였으며, 이에 따라 2006년 바이오에너지는 약 27만 TOE를 보급하였다.

표 9-3에서 보는 바와 같이 바이오에너지 중 유기성 폐자원은 47.8 %로 상당량을 차지하는 것을 알 수 있다. 또한 유기성 폐자원을 이용한 바이오에너지는 바이오가스와 매립지 가스로 나뉜다. 매립지 가스는 발전부분과 열 생산부분으로 나뉘는데 발전부분 매립지 가스와 열 부분 매립지 가스 보급량에 관하여 그림 9-3에 도시하였다. 2006년 보급사업과 함께 바이오가스의 보급량은 크게 급증하였으며 향후 본격적인 보급사업이 시작되면 보급량은 크게 증가할 것으로 예측된다.

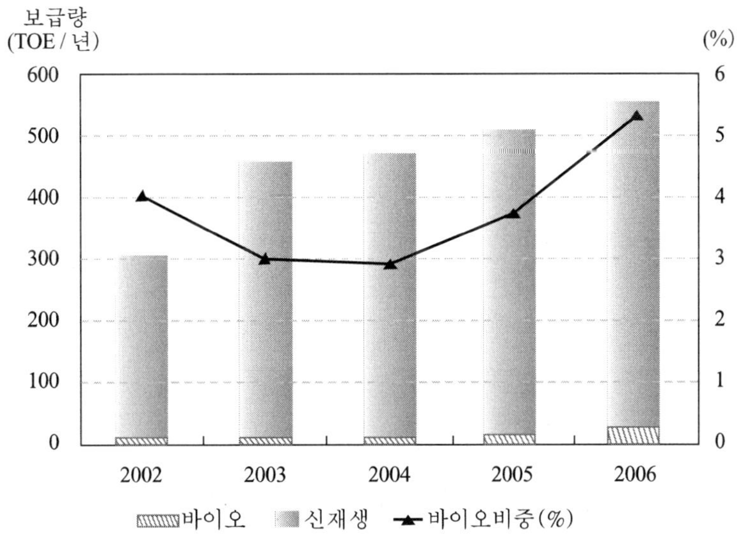

〈그림 9-2〉 신재생에너지 중 바이오에너지 보급 비율

[표 9-3] 5년간 보급실적 (단위: TOE)

			2002	2003	2004	2005	2006
신재생에너지[1]			2,917,330	4,437,428	4,582,407	4,879,211	5,225,192
바이오에너지(%)[2]			116,790 (4.0 %)	131,068 (3.0 %)	134,966 (2.9 %)	181,275 (3.7 %)	274,482 (5.3 %)
유기성	유기성 폐자원 총합(%)[3]		68,349 (58.5 %)	86,052 (65.7 %)	95,539 (70.8 %)	86,410 (47.7 %)	131,221 (47.8 %)
	바이오가스[4]		40,446	47,984	46,949	43,782	77,390
	매립지 가스[5]	전기	17,695	25,048	36,732	32,399	38,630
		열	10,208	13,020	11,858	10,229	15,201

1) 신재생에너지 전체 보급량
2) 바이오에너지 보급량과 신재생에너지 보급량 중의 바이오에너지 비율
3) 유기성 폐자원에 의한 보급량과 전체 바이오에너지 보급량 중의 비율
4) 검사대상 보일러 중 바이오가스를 원료로 사용하는 설비
5) 매립지 가스를 이용하여 전기 또는 열을 생산하는 설비
* 바이오 가스와 매립지 가스 이외에도 바이오디젤, 우드칩, 성형단, 임산연료 등이 바이오에너지에 포함됨.
자료: 신재생에너지 통계(에너지관리공단 신재생에너지 센터)

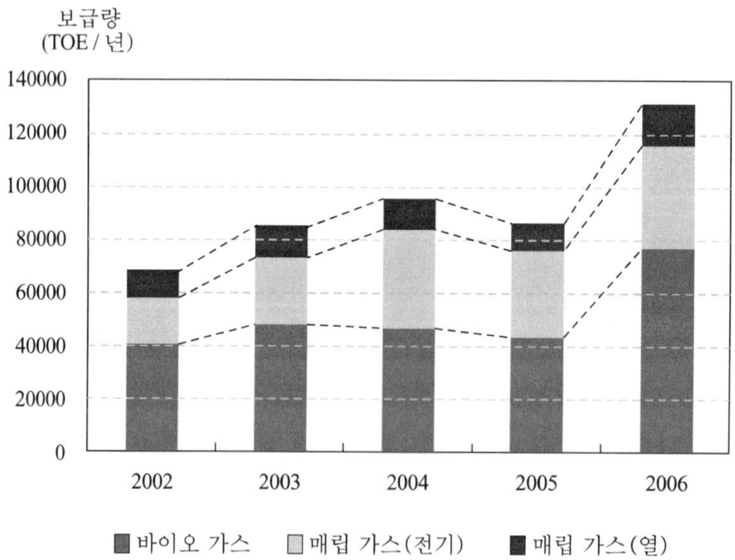

〈그림 9-3〉 유기성 폐자원을 이용한 바이오에너지 보급량

2. 폐목재계 바이오매스

폐목재계 바이오매스는 셀룰로오스(cellulose) 및 리그닌(lignin)으로 구성된 목질계 자원(lignocellulosic resource) 중 가공하거나 사용 후 폐기하는 과정에서 발생하는 목재로 원목 및 목제품 가공시 발생하는 목재잔여물(임지폐목재, 산업가공폐목재)과 목제품으로 사용된 후 폐기되는 목재(건설폐목재, 생활폐목재, 물류유통폐목재)로 구분된다(그림 9-4).

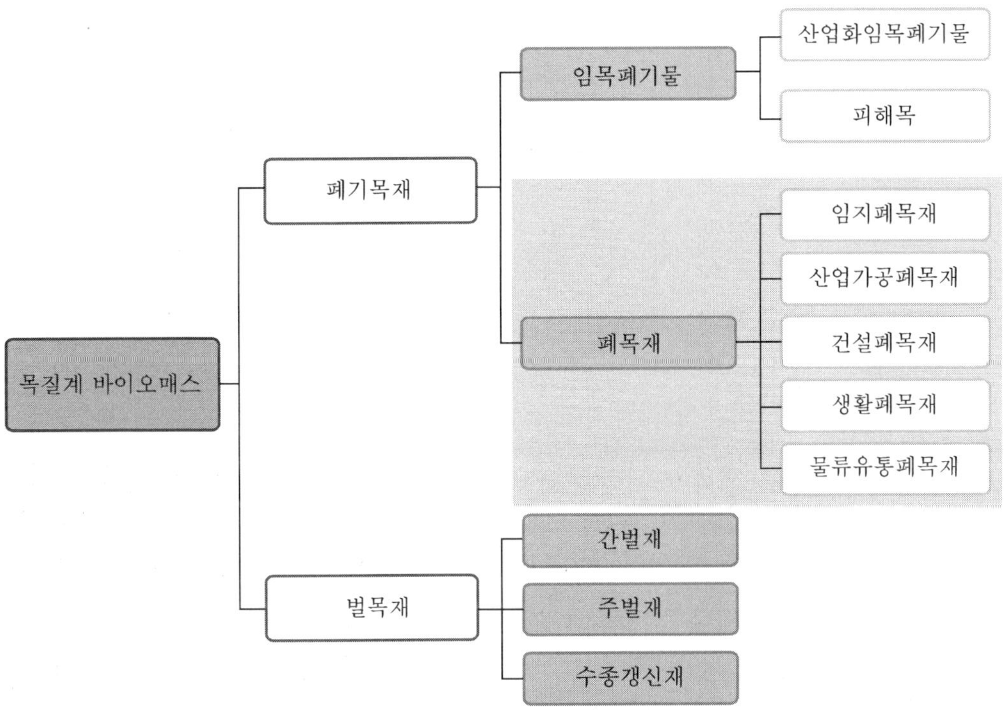

〈그림 9-4〉 목질계 바이오매스의 분류

임지폐목재는 주벌이나 육림 등의 산림작업으로 산출된 벌채량에 조재율을 적용하여 발생량을 산출한다. 산업가공 폐목재는 목재관련 사업장에서 부산물로 발생하는 폐목재로 제제, 합판, 펄프 등을 생산하는 과정에서 발생하는 1차가공 폐목재와 가구, 악기, 건구재 등을 생산하는 과정에서 발생하는 2차가공 폐목재로 나뉜다. 건설폐목재는 토목공사 시 혹은 건물의 신축 및 해체 시 폐기되는 목재로, 발생원에 따라 건축폐목재, 토목폐목재, 특수폐목재로 구분된다. 생활폐목재는 생활폐기물 중 목재류에 해당되는 폐기물로 대부분은 매립, 소각되고 있으며 재활용이나 재이용은 거의 이루어지지 않고 있다. 물류유통폐목재는 유통과정 중 보관, 운반, 관리를 위해 일정기간 사용 후 폐기되는 목재로 폐파렛트, 폐수입포장상자, 폐전선드럼, 폐어상자, 폐과일상자 등이 있다.

국내의 산림자원은 표 9-4에서와 같이 아시아 평균과 지구 전체 평균값보다 낮은 상황으로 발생량이 비교적 많으면서 발생 집적도가 상대적으로 높은 목질계 폐기물의 활용을 위한 기술개발의 필요성이 높다고 하겠다.

[표 9-4] 아시아계 국가의 산림면적과 바이오매스량

	토지 면적	산림면적		축적 및 지상부 바이오매스	
		전체	1인당(ha)	m/ha	t/ha
인도네시아	181	105	0.5	79	136
말레이시아	33	20	0.9	119	205
중국	932	163	0.1	52	61
일본	38	24	0.2	145	88
한국	10	6	0.1	58	36
소계	1,194	318			
아시아계	3,084	548	0.2	63	82
지구전체	13,063	3,869	0.5	100	109

2005년 말 전국 산림의 임삼분포를 보면 침엽수림이 2,669천 ha(42.3 %)로 가장 많이 분포하는 하는 것으로 나타났으며, 제4차 전국산림자원조사가 시작된 1996년부터 임목축적이 현저하게 증가하였음을 알 수 있다(표 9-5). 10년 동안 약 182백만 m^3의 임목축적이 증가하였으며 이렇게 증가하고 있는 국내 목질 바이오매스의 에너지화와 관련된 효율적 이용을 위해서는 관련 산업의 조기 정착 및 관련 기술의 개발이 필요하다 하겠다. 이를 위해서 기본적으로 주요 목질계 바이오매스의 발생량 및 이용현황, 종류별 폐목재물의 발생량과 에너지화 과정에 대한 기술적 특징과 경제성에 대한 분석이 요구된다.

[표 9-5] 국내 임목 축적

연도	계	침엽수	활엽수	혼합림	ha당 축적
1995	308,825,576	140,641,238	85,674,394	82,509,944	47.87
1996	323,780,332	144,843,208	90,207,561	88,729,563	50.21
1997	340,824,225	150,980,450	94,575,238	95,268,530	52.91
1998	363,560,555	158,466,782	98,443,319	106,650,454	56.49
1999	387,758,222	167,514,462	105,143,357	115,100,403	60.30
2000	407,575,822	174,941,489	110,129,478	122,504,855	63.46

연도	계	침엽수	활엽수	혼합림	ha당 축적
2001	428,346,859	182,452,354	116,024,101	129,870,404	66.76
2002	448,455,855	189,431,468	121,541,973	137,482,414	69.94
2003	468,167,965	201,063,585	124,774,281	142,330,099	73.08
2004	489,061,098	209,302,985	132,857,957	146,900,156	76.41
2005	506,376,806	216,660,346	136,451,482	153,264,978	79.20

자료: 산림청, 2006, 임업통계연보

표 9-6에는 목재폐기물 종류별 잠재에너지양에 관하여 정리하였다. 국내에서 발생되는 건설폐목재의 경우 연간 550만 톤이 폐기되고 에너지로 회수되는 양은 173만 TOE 정도이다. 건설폐목재나 임목 잔재물과 비교하여 생활폐목재와 물류폐목재의 경우, 발생량이 많지는 않지만 함수율이 비교적 낮아 잠재에너지 가치는 크다고 하겠다. 농업잔재에서 발생하는 폐목재는 사용범위와 성상에 따라 중복요소가 많아 정확한 통계를 얻기에는 어려움이 있지만, 연간 900만 톤 규모로 함수율을 고려하더라도 건설폐목재보다 잠재에너지 가치가 높을 것으로 예상된다. 하지만 목재폐기물의 경우 광범위한 지역에서 발생하기 때문에 운송비용으로 인한 경제성이 떨어지는 문제가 있다. 이에 따라 보다 유용한 에너지원으로 이용하기 위한 효율적인 방법 모색이 요구되어 지고 있는 실정이다.

[표 9-6] 목재폐기물 종류별 잠재에너지량 추정치

	발생량(천Ton)	발열량(kcal/kg)	잠재에너지* (천TOE/년)
건설폐목재	5,500	4,500	1,732
임목폐잔재	550	4,500	173
생활폐목재	190	5,500	104
물류폐목재	620	5,000	248
총 계			2,257

* 함수율, 회분 보정

3. 경제적 효과

지원금 1억원당 생성되는 에너지량을 비교하였을 때 표 9-7에서와 같이 폐기물은 91 TOE로 다른 신재생에너지에 비하여 가장 높은 생산성을 보여 기술개발 가치가 우수한 것으로 나타났다.

[표 9-7] 지원금 1억원당 생성 에너지량 (단위: TOE)

풍력	태양광	태양열	소수력	지열	바이오	폐기물	GV	기타
28	8	12	21	15	56	91	3	21

국내 발생되는 폐기물 에너지원을 모두 회수하는 경우 총 연간 840만 TOE 규모의 에너지 회수가 가능하다. 표 9-8에는 2005년 기준 국내에서 발생되는 폐기물 총량을 종류별로 정리하였다. 유기성 폐자원의 경우 고함수율 폐기물은 회수에너지를 극대화하기 위하여 열적처리기술 보다는 생물학적 처리기술을 활용하여 에너지량을 극대화 한다(160만 TOE). 이러한 개발 대상 기술로는 유기성 폐기물을 이용한 혐기성 소화 공정 및 메탄활용기술 개발, 유기성 폐기물 및 바이오매스를 활용한 바이오에탄올 생산기술 개발 등이 있다. 함수율 평균 80 %를 기준으로 하면 약 80 TOE 수준으로 감소하지만 매립·소각 보다 에너지화가 사회적 편익면에서 높을 것으로 보인다. 목질계 폐기물의 경우 대용량 처리가 가능한 열적처리기술을 이용하여 에너지 회수량를 극대화 한다면(170만 TOE) 미활용 목질계 폐기물의 활용률을 향상시키며 탄소배출권 확보에 의한 경제성을 제고할 수 있다. 관련 개발 기술로는 목질계 폐기물 열적처리 실용화기술 개발, 목질계 폐기물 혼소기술 개발 등이 있다.

[표 9-8] 폐기물 종류별 잠재에너지량 추정치 분석 결과 (단위: 천TOE)

	고형분	발생량 (천Ton)	발열양 (kcal/kg)	잠재에너지 (천TOE/년)
음식물	15%	4,184	4,000	368
하폐수슬러지	26%	6,753	3,500	556
축분	15%	10,147	4,500	700
목질계 바이오매스*	70%	5,500	4,500	1,732
폐열회수	-	2,200	1,500	330
가연성 폐기물				4,416
종이류		2,730	5,500	1,501
플라스틱류		3,813	8,250	3,131
동물성 잔재물		583	1,450	84
총 계				8,402

* 임업통계연보, 발생량을 1Ton/2m^{3}으로 적용

국내에서 발생되는 유기성 슬러지, 음식물류폐기물, 축산 분뇨는 유기성 폐기물 발생량의 대부분(74 %)을 차지하고 있다. 현재 1단계로 혐기소화기술로 바이오가스로의 회수공정 이

후 2단계에서 잔재물을 퇴비화하여 활용하는 방법이 전 세계적으로 가장 많이 쓰이고 있다. 이론적으로 COD기준 1 kg의 유기물질이 혐기소화 된다면 0.35 m^3의 메탄가스를 얻을 수 있으며 이 메탄가스 1 m^3은 35,800 kJ/m^3의 열량을 가진다. 메탄가스(85 %)가 주성분인 천연가스(LNG)와 비교하였을 때 LNG는 이와 비슷한 37,300 kJ/m^3의 열량을 가지므로 메탄가스는 훌륭한 에너지원이라 할 수 있다. 또한, 1 TOE당 50만 원, 원유 1 bbl당 70 $, 1 $당 1,200원이라 하였을 때 폐자원 및 바이오매스 에너지를 이용하여 연간 250만 TOE 폐기물 자원을 에너지화하는 경우 연간 1조 5,800억 원의 수입원유 대체효과가 발생한다. 탄소배출권을 확보에 있어서 연간 200만 CO_2 환산톤을 저감하는 경우 2007년 12월 기준 탄소배출권 가격 17유로/CO_2 환산톤, 1,300원/유로 기준으로 연간 600억 원을 확보할 수 있다고 하겠다.

탄소배출량으로는 세계 10위권에 랭크되어 있는 우리나라에서 추후 Post 2012 체제에 있어 온실가스 배출량을 저감하기 위해서는 CDM 사업의 활용이 무엇보다 중요시된다. 현재 우리나라는 온실가스 배출량에 비해 CDM 사업 추진은 등록건 기준으로 896건 중 17건으로 2 %에 그치고 있으며, 총 CERs 발행 예상 규모에 있어서도 약 1.4 %에 머물고 있다. 하지만 국내에서 추진되고 있는 CDM 사업 중 바이오매스를 이용한 사업은 현재 1건(서대구 biomass 열병합발전, '08년 1월 14일 기준 성부승인 대기 중)으로 이 분야에 대한 CDM 사업 연구는 굉장히 미비하다. 따라서 바이오매스의 에너지화는 CO_2 저감효과가 탁월하므로 적합한 기술 개발과 실적용 사업화를 통하여 경제성이 탁월한 CDM 사업화 가능성이 크다고 하겠다.

4. 종류와 변환

바이오매스로부터 바이오에너지를 얻는 중요한 기술 중 하나인 혐기성 소화를 소개하고자 한다. 먼저 혐기성 소화(anaerobic digestion)의 원리는 산소 부재상태에서 유기물을 분해하기 위해 미생물을 이용하는 생물학적 공정기술로서 혐기성 소화조 내에서의 유기물 소화는 밀폐 공간인 반응조 내에서 일어난다. 가스 발생량과 유기물 분해속도를 극대화하기 위해서는 반응조 내의 수분함량, 온도, pH와 같은 환경조건들이 중요하며 반응기에서 이러한 조건들을 최적화시킨다. 다양한 유기물을 분해, 안정화시키는데 있어 필요한 단계는 크게 가수분해단계, 산생성단계, 메탄생성단계로 구성되어 있다.

가수분해단계(Hydrolsis)는 복잡한 유기화합물(탄수화물, 단백질, 지질)이 가수분해균과 발효균의 가수분해 효소에 의해 분해되는 과정이며 다당류, 탄수화물, 단백질, 지방, 리그닌, 셀룰로오스 등의 복합유기물이 monomer나 oligomer로 분해되며 유입 고형물의 크기가 미세할수록 분해효율이 향상되는 특징이 있다.

산생성단계(Acidogenesis)는 산생성균(acidogens)에 의해 가수분해 산물이 피로피온산, 부틸산, 아세트산, 기타 저분자 유기산 및 수소, 이산화탄소로 전환되며 여기서 산생성단계는 가수분해되어 생성된 단당들이 프로피온산이나 부틸산까지 분해되는 단계이며, 아세트산생성단계는 프로피온산 등을 이용하여 최종적으로 아세트산으로 분해되는 단계이다. 아세트산생성단계에서는 기질(lactic, propionic, butyric, valeric acid)이 분해되어 메탄생성의 기질인 아세트산, 수소가스, 이산화탄소가 만들어진다.

[표 9-9] 바이오에너지 기술의 분류

대분류	중분류	내용
바이오액체연료 생산기술	연료용 바이오에탄올 생산기술	당질계, 전분질계, 목질계
	바이오디젤 생산기술	바이오디젤 전화 및 엔진적용기술
	바이오매스 액체기술(열적전환)	바이오매스 액화, 연소, 엔진적용기술
바이오매스 가스화기술	혐기 소화에 의한 메탄가스화 기술	유기성 폐수의 메탄가스화 기술 및 매립지 가스 이용기술(LFG)
	바이오매스 가스화기술(열적전환)	바이오매스 열분해, 가스화, 가스화발전기술
	바이오 수소 생산기술	생물학적 바이오 수소 생산기술
바이오매스 생산, 가공기술	에너지작물 기술	에너지 작물 재배, 육종, 수집, 운반, 가공기술
	생물학적 CO_2 고정화기술	바이오매스 재배, 산림녹화, 미세조류 배양기술
	바이오 고형연료 생산, 이용기술	바이오 고형연료 생산 및 이용기술 (왕겨탄, 우드칩 등)

메탄생성단계(Methanogenesis)는 산생성단계 이후에 진행되는 단계로 크게 2종류의 미생물이 관여한다. Hydrogenotrophic methanogens는 수소를 기질로 이용하여 메탄을 생성하는 미생물군이며, acetoclastic methanogens는 아세트산을 기질로 이용하여 메탄을 생성하는 미생물군이다. 메탄 생성균은 산 생성균에 비해 pH, 온도, 독성물질 등 환경변화에 매우 민감하고, 증식속도나 기질이용률이 낮은 특성이 있다. 따라서 혐기소화조의 효율을 향상시키기 위해서는 운영상 여러 가지 환경조건의 적절한 관리가 필요하다.

유기성 폐자원화 혐기성 소화단계를 그림 9-5와 같이 정리하였다.

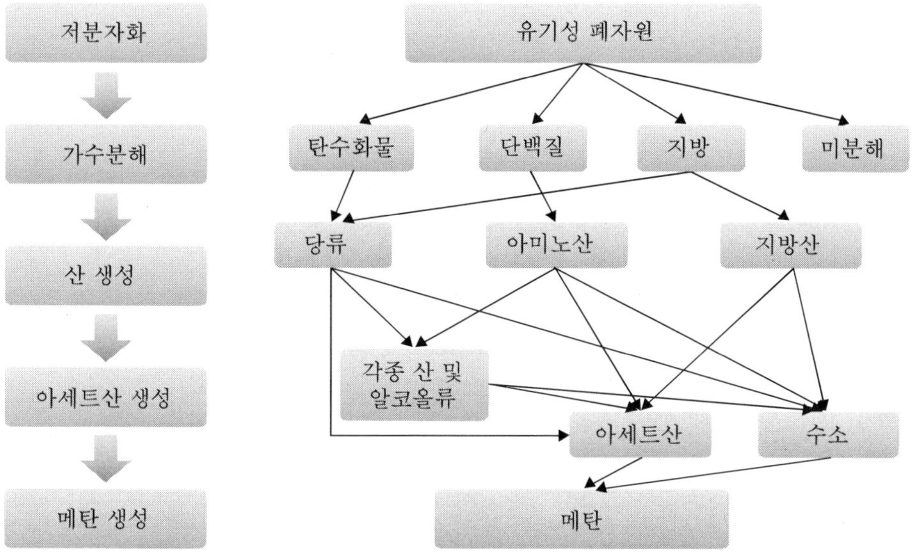

〈그림 9-5〉 유기성 폐자원의 혐기성 소화단계

참고문헌

김재용, 김영해, 박수길, 안송엽, 이시진, 이진석, 환경에너지공학, 동화기술, 2009

임상훈, 김광렬, 정순오, 최성부, 환경과 에너지, 동화기술, 1999

박종웅, 김석완, 에너지학 개론, 동화기술, 2012

에너지관리공단 신·재생에너지센터 website, http://www.knrec.co.kr

에너지관리공단 홈페이지, http://www.kemco.co.kr

에너지관리공단 신·재생에너지센터, 신재생에너지 R&D 전략 2030 보고서(태양열, 태양관, 바이오), 2007

유경선, 유기성폐기물 및 폐목재계 바이오매스 에너지화 기술개발·사업화 타당성 연구 결과보고서, 환경부, 2008

Note: 이상의 내용에 포함된 모든 자료들(표와 그림들, 그리고 일부 기술 내용을 포함)은 군산대학교 교양융합 교과목인 "생태계와 기후 변화"에서 기후 변화와 신재생에너지에 연관된 챕터(9장)의 강의를 위해 교내에서 사용하기 위한 교재용으로 작성된 것으로 일부 내용을 제외한 자료와 내용들은 교재 마지막 부분에 기재된 참고문헌에 포함된 자료들을 인용하였거나 일부 발췌, 변형하여 사용하였음을 밝힘.

제10장

기후 변화의 사회경제적 영향

제1절 날씨 · 기후와 사회경제생활
제2절 기후 변화의 영향요인들
제3절 기후 변화의 경제학적 분석
제4절 기후 변화와 사회경제적 대응

제1절

날씨 · 기후와 사회경제생활

1. 일상생활 속의 날씨

날씨는 과거부터 식량 공급에 결정적인 역할을 하였을 뿐 아니라, 인간이 기본 욕구를 충족하는 수단과 방법을 결정하는 삶의 가장 기본적인 요소로 여겨져 왔다. 무더위가 기승을 부릴 때면 우리는 시장보다는 야외 수영장에 가기를 더 좋아하고, 비가 올 때는 야외에서 활동하는 것보다는 집에 있는 것을 더 선호한다. 심지어 일상적으로 내리는 결정들 중 상당수가 날씨의 영향을 받는데, 우리가 출근할 때 자전거를 타고 갈지, 대중교통이나 자가용을 이용할지의 결정도 날씨에 의해 좌우된다.

이처럼 날씨는 사람들의 행동에 영향을 미치는 중요한 요소인데, 경제적으로는 사람들이 날씨라는 제약 조건에서 자신의 효용을 극대화하기 위해 시간배분을 최적화하게 된다는 것을 의미한다. 하지만 날씨가 시간사용에 어떠한 영향을 미치는지에 대한 연구는 많이 이루어지지 않았다. 다만 날씨가 소비 등 인간의 주요 활동에 영향을 미친다는 연구들을 통해 날씨가 좋고 나쁨에 따라 사람들이 어떠한 부분에 더 많은 시간을 사용할 것인지 간접적으로 예측할 수 있다.

우리는 비나 눈이 오거나 폭염이 지속되는 등 날씨가 나쁘면 사람들이 밖에 안 나가기 때문에 소비가 감소하게 됨을 경험적으로 예상할 수 있다. 이러한 결과는 날씨가 안 좋으면 실내에서 할 수 있는 활동이 증가할 것이라는 것을 간접적으로 시사한다. 또한 날씨 변화로 습도가 높아지고, 일조량이 작아지며, 기온이 낮아지면 기분이 안 좋아져 효율적인 행동을 저해할 수 있다는 연구결과도 있다(이용관, 2012).

그 결과를 소개하면, 예컨대 강수 여부는 시간사용에 직접적인 영향을 주는 것으로 나타났다. 비가 오면 경제주체들은 노동시간은 줄이고 실내에서 하는 여가시간은 늘리는 것으로 나타났다. 오늘 비가 온 경우 남성은 노동시간을 22분 줄이고 여가시간을 15분 늘리는 것으로 나타났으며 여성은 노동시간을 16분 줄이고 여가시간을 8분 늘리는 것으로 나타났다(이용관, 2012).

또한 어제 비가 온 경우에는 오늘 노동시간을 늘리고 여가시간을 줄이는 것으로 나타나 기간간 시간사용이 대체되는 현상을 보였다. 표본을 유형별로 분류하여 분석한 결과 연령별로는 40대가, 고용형태별로는 자영업자가 날씨에 민감하게 반응하는 것으로 나타났다. 이러한 특징은 40대의 경우 직장에서 어느 정도 직위가 있어 20~30대에 비해 시간사용을 자유

롭게 변경할 수 있고, 자영업자의 경우에는 비오는 날 사람들의 소비가 위축된다는 점에서 설명된다.

직업형태별로 분석했을 경우 남성은 관리직, 전문직, 장치조립 종사자가, 여성은 사무직이 날씨에 민감하게 반응하는 것으로 나타났다. 상근직과 비상근직으로 나누어 분석한 결과 비상근직 남성의 경우 외부에서 활동하는 경우가 많아 날씨에 보다 민감하게 반응하며 기간별 시간사용이 대체되는 현상도 뚜렷하게 나타났다.

또한 비로 인해 늘어나는 여가시간의 대부분이 미디어 이용으로 전환되는 것을 통해 비가 오면 이동이나 준비 없이 실내에서 편하게 할 수 있는 활동에 시간을 더 많이 사용하게 된다는 것이 확인되기도 했다.

날씨와 우리들의 일상과 관련된 또 하나의 연구를 소개해본다(김연주, 2015). 이는 카페음료시장이 성장하고 경쟁이 치열해짐에 따라 다양한 영업 전략을 제시하기 위해 시즌, 계절별 소비자 행동에 대한 영향을 분석한 연구이다. 즉 날씨로 인한 감정과 소비자의 음료선택행동의 분석을 통해 날씨에 따른 소비자의 감정 차이를 비교하고 있다. 또한 소비자의 감정에 따라 분류하여 선택행동의 차이를 비교하고 날씨가 카페와 음료시장의 음료선택행동에 미치는 영향을 파악함으로서 카페 서비스 영업 전략에 활용하고자 하는 것이다.

그 결과를 요약하면 다음과 같다. 첫째, 더운 여름 날씨와 추운 겨울 날씨에 따른 소비자 감정과 행동에 차이가 나타나는 것이 확인되었다. 날씨에 따라 소비자들은 여름엔 불쾌하고 짜증나는 감성이 높았고, 겨울에는 활기차고 긍정적인 감성과 쓸쓸하고 슬픈 부정적인 감정이 높았다. 날씨에 따라 선호하는 음료는 우선 여름에는 차가운 커피음료, 겨울에는 비커피음료, 따뜻한 커피음료로 나타났다. 또한 소비자들은 여름에 온도요인을 겨울에 비해 더 많이 고려하는 것으로 나타났다. 이를 통해 여름과 겨울에 따른 소비자 선택행동에 차이를 보였다. 둘째, 날씨에 따른 감정과 소비자 음료선택행동의 관계를 분석하였을 때, 더운 여름 날씨에는 활기차고 즐거운 감정으로 뜨거운 커피음료에 반대적인 영향을 미치는 것으로 나타났다. 반면 여름에 비해 겨울날씨에는 커피음료에 대한 선호도에 더 민감한 반응을 보이는 것으로 나타났다. 셋째, 날씨에 따른 감정에 따라 세 집단으로 분류하였을 때, 소비자의 음료선택, 고려요인의 차이가 나타남을 확인하였다. 즉, 같은 날씨 환경에서도 음료선택행동은 소비자의 인구통계, 특성, 문화 등에 따라 차이가 나타난다는 것이다. 예컨대, 더운 여름 날씨에서는 긍정적 성향 집단이 적대적 성향집단보다 환경요인과 온도요인을 더 고려하였으며, 부정적 성향 집단은 긍정적 성향 집단보다 마케팅 환경요인을 더 고려한다는 것이다. 또한 추운 겨울 날씨에는 적대적 성향집단과 부정적 성향집단 모두 긍정적 성향집단에 비해 마케팅 요인을 더 많이 고려하는 것으로 나타났다. 이러한 소비자의 음료선택 행동의 차이를 비교함으로써 날씨와 소비자의 감정에 따라 소비자의 특성을 파악할 수 있을 것이다.

2. 기후와 경제성장

계절별 기온의 패턴, 강수량, 바람 및 구름의 정도 등을 포함하는 기후는 한 국가의 가장 중요한 지리적 특성 중 하나이다. 지리학자들은 표 10-1과 같이 세계의 기후를 12가지 지역으로 분류한다.

여기에서 제일 왼쪽 칸은 코펜-가이거(Koppen-Geiger)에 의한 기후분류에 따른 기후의 종류이다. 왼쪽에서 두 번째 칸은 기후에 대한 간략한 설명이며 세 번째 칸은 각 기후에 속하는 대표적인 도시와 국가들이다. 네 번째와 다섯 번째 칸은 각각 당해 기후에 속하는 지역의 면적과 인구를 백분율로 나타내고 있다. 끝으로 여섯 번째 칸은 세계평균 GDP 대비 동 지역의 GDP이다.

[표 10-1] 세계기후의 분류

기후 지역	이름	대표적인 도시	면적 비중	인구 비중	세계 GDP 대비 평균 GDP
Af	열대우림기후	자카르타, 인도네시아, 마나우스, 브라질	4.0	4.4	0.64
Am	열대몬순기후	마닐라, 필리핀, 코친, 인도, 벨렘, 브라질	0.8	2.4	0.41
Aw	사바나기후	다카, 방글라데시, 킨샤사, 콩고, 하바나, 쿠바	10.8	17.5	0.38
Cw	온대 동계건조기후	하노이, 베트남, 칸푸르, 인도, 릴롱궤, 말라위	4.3	16.0	0.44
Cf	온대습윤기후	뉴욕, 미국, 파리, 프랑스, 상하이, 중국, 시드니, 호주	7.7	19.5	2.24
Cs	지중해성기후	샌프란시스코, 미국, 로마, 이탈리아, 산티아고, 칠레	2.2	4.3	2.10
Df	냉대 습윤기후	시카고, 미국, 모스크바, 러시아	23.0	5.8	1.90
Dw	냉대 건조기후	서울, 한국, 블라디보스토크, 러시아	6.2	5.3	0.64
Bs	스텝기후	샌디에고, 미국, 오데사, 우크라이나	12.3	11.8	0.55
Bw	사막기후 : 연간 강수량 38 cm 이하	카이로, 이집트, 카라치, 파키스탄	17.3	6.2	0.58
H	고산기후	멕시코 시티, 멕시코	7.3	6.8	0.78
E	한 대기후 : 최난월 기온이 10℃ 미만	누크, 그린랜드	4.0	<0.1	-

자료: Data on landmass(1999): population, and GDP per capita are from Mellinger, Sachs, and Gallup.

이처럼 기후는 생산성에 큰 영향을 미치게 되는데, 특히 그 영향은 농업부문에서 크게 나타난다. 또한 기후는 질병의 전파정도와 연계되어 있을 뿐 아니라 사람들의 근로생산성에 영향을 미치므로 생산 활동을 위한 노동력 투입을 좌우하게 된다. 끝으로 기후는 사람들의 거주의 질적 환경을 조성함으로써 경제성장에 영향을 미친다(박웅기 외, 2009). 더욱이 극심한 기후 변화로 인한 사회경제적 영향은 2절에서 보는 것처럼 훨씬 더 크다고 할 수 있을 것이다.

제2절
기후 변화의 영향요인들

1. 기후 변화센터 선정 2012년 10대 뉴스

2012년 한 해 세계 곳곳에서 기후 변화로 인한 기상 이변이 속출한 가운데 가장 주목할 만한 기후 변화 뉴스로 그린란드 빙하의 급격한 해빙이 선정됐다. 2012년 12월 31일 기후 변화센터는 '그린란드 빙하 급격히 해빙'을 포함한 10대 뉴스를 선정해 발표했다. 이중 5개 뉴스가 우리나라의 국내 뉴스 중에서 뽑혔다.

1순위로 꼽힌 그린란드 빙하 해빙의 경우 그린란드의 97 % 지역에서 빙하가 녹고 있는 것으로 확인됐다는 점이 선정 이유가 됐다. 위성관측을 실시한 지 30년 만에 가장 넓은 지역에서 해빙이 관측됐기 때문이다. 특히 불과 4일 만에 해빙지역이 40 %에서 97 %로 늘어날 정도로 급격한 변화가 있던 한 해였다. 영국 리즈대학과 미 항공우주국 공동 연구팀은 지난 20년간 남극과 그린란드의 빙하가 4조2600억ton 유실됐으며 그로 인해 전 세계 해수면이 평균 1.11 cm 상승했다는 연구 결과를 '사이언스'지에 발표하기도 했다.

두 번째 뉴스로는 104년 만에 찾아 온 우리나라의 최대 가뭄이 선정됐다. 2012년 5월과 6월 서울지역 강수량이 평년의 6.4 %로 국내 기상관측을 시작한 1908년 이후 가장 적은 강수량을 보였다. 전국 저수지 285곳이 바닥을 보일 정도로 최악의 가뭄을 겪었던 한 해였다.

세 번째 뉴스도 국내 소식이 차지했다. 올해 기상이변으로 농축산물 값이 천정부지로 솟았다는 것이다. 배추와 양배추 1포기 값은 1년에 비해 2배 수준으로 뛰었고 사과는 30 %, 고구마와 감자는 각각 25 %와 22 % 올랐다. 고기와 같은 축산물 가격도 기상이변 여파로 오름세를 보였다.

네 번째와 다섯 번째로는 미국 동부를 강타한 허리케인 '샌디'와 제18대 국회 막판에 통과한 탄소 배출권거래제가 꼽혔다. 다음으로는 인천 송도의 녹색기후기금(GCF) 사무국 유치, 전 세계에서 불기 시작한 셰일가스 붐, 교토의정서 효력 2020년까지 연장 등이 차례로 선정됐다.

마지막으로는 한국인의 기후 변화 위기의식 저조와 아시아 지역의 신재생에너지 최대 투자시장 도약이 선정됐다. 기후 변화센터는 2008년 설립된 단체로 기후 변화 교육 및 정책·연구 등의 활동을 펼치고 있다.

2012년 기후 변화센터 선정 10대 뉴스

(1) 그린란드 빙하 급격히 해빙
(2) 한국, 104년 만의 최대 가뭄
(3) 한국, 기상이변으로 농축산물 값 천정부지
(4) 허리케인 '샌디' 미국 강타
(5) 한국, 배출권거래제 통과
(6) 한국, 녹색기후기금(GCF) 사무국 유치
(7) 전 세계, 셰일가스 붐
(8) 교토의정서의 효력 2020년까지 연장
(9) 한국인 기후 변화 위기의식 저조
(10) 아시아, 신재생에너지 최대 투자시장으로 도약

한편 2013년 초 우리나라의 언론에 비친 기후 변화 관련 주요 이슈는 다음과 같다.

2013년 초 기후 변화 관련 주요 이슈

(1) 기후 변화와 새 정부의 정책(2013.1.30)
(2) 기후 변화와 국제적 의제(2013.2.27)
(3) 기후 변화와 녹색학과(2013.1.23)
(4) 기후 변화와 수산물 값 폭등(2013.1.21)
(5) 기후 변화와 식품안전(2013.1.16)
(6) 기후 변화 : 한파, 태풍, 폭염(2013.1.18)
(7) 기후 변화와 안보(2013.1.14)
(8) 기후 변화와 재난관리
(9) 기후 변화와 기상기후산업(2013.1.18)
(10) 기후 변화와 체험교육

2. 기후 변화센터 선정 2013년 10대 뉴스

세계 곳곳에서 지구온난화로 기상이변이 속출한 가운데 민간 기후관련 단체인 기후 변화센터가 2013년 '기후 변화 관련 10대 뉴스'를 선정해 발표했다. 기후 변화 현상이 전 지구적 차원에서 진행되고 있는 만큼 10대 뉴스도 국내외를 대상으로 선정돼 눈길을 끈다. 10대 뉴스에는 필리핀을 강타한 초강력 태풍 하이옌과 IPCC 5차 보고서 발표, 2차 국가에너지기본계획 정부안 발표 등이 포함돼 있다. 이 가운데 2차 국가에너지기본계획은 원전 비중을 1차 계획의 41 %에서 29 %로 낮췄다. 하지만 일각에서는 현재 원전 비중이 26 %임을 감안할 때 3 %포인트 가량 확대된 것이어서 국민의 수용 태도를 반영하지 않았다는 지적이 있다. 다음은 기후 변화센터가 선정한 2013년 기후 변화 10대 뉴스이다.

1) 대기 중 이산화탄소 농도 400 ppm 돌파

미국 해양대기청(NOAA)은 인류 역사상 처음으로 대기 중 이산화탄소 농도가 400 ppm (parts per million · 100만분의 1을 나타내는 단위)을 넘어섰다고 발표했다. 이는 NOAA가 관측을 시작한 지난 1958년 이래 최고치이며 400 ppm을 넘어선 것도 처음이다. 연구진들은 이산화탄소 배출은 수천 년 동안 해양기후에 영향을 미치면서 지구온난화와 해양 산성화의 주요 원인이 된다고 밝혔다. 전문가들은 향후 8~10년 동안 대기 중 이산화탄소 농도가 400 ppm 이하로 떨어지지 않을 것이라며 앞으로 450 ppm까지 이르는 데 걸리는 시간은 350 ppm에서 400 ppm이 되는 데까지 걸렸던 시간보다 빨라질 것으로 전망했다.

2) 미 · 중 정상 '기후 변화 공동대응 합의'

대표적인 온실가스배출국이자 유엔기후협약 부속의정서인 교토의정서 효력을 2020년까지 연장하는 안에는 반대했던 중국과 미국이 기후 변화협력에 함께 노력하기로 합의했다. 버락 오바마 미국 대통령과 시진핑 중국 국가주석은 2013년 6월 8일(현지시간) 기후 변화 대응에 공동 노력하기로 합의했다. 두 정상은 이날 미국 캘리포니아주 랜초미라지의 휴양지 서니랜즈에서 2차 회동하고 나서 이 같은 내용의 공동성명을 발표했다. 양국은 성명에서 특히 '슈퍼 온실가스'로 불리는 수소화불화탄소(HFC) 생산 및 소비 감축에 적극적으로 나서기로 했다.

3) 오바마 대통령, 기후 변화 대응전략 발표

버락 오바마 미국 대통령이 전략 생산품목인 석탄 의존도를 줄이는 내용을 포함하는 대규모 기후 변화 대응 계획을 내놨다. 오바마 대통령은 석탄을 연료로 하는 모든 발전소의 오염물질 배출을 제한한다고 밝혔다. 민감한 정치 이슈로 비화한 '키스톤 XL 송유관(Keystone

XL pipeline)' 건설 프로젝트에 대해선 온실가스 배출이 없어야 한다는 전제 조건을 달았다. 오바마가 워싱턴의 조지타운대(Georgetown university) 연설에서 내놓은 기후 변화 대응 전략은 크게 세 가지다. ① 온실가스 규제 ② 친환경에너지 산업에 대한 정부 지원 확대 ③ 글로벌 리더십 발휘 등이다. 이 가운데 발전소의 온실가스 배출 규제를 의회 승인을 받지 않고 행정명령을 통해 시행하겠다는 것이 핵심이다.

4) IPCC, 5차 보고서 발표

기후 변화에 관한 정부간협의체(IPCC)는 2013년 9월 27일 스웨덴 스톡홀름에서 'IPCC 실무그룹(WGI) 제5차 평가보고서'를 발표했다. 그 보고서에는 기후 변화의 원인과 기후시스템의 최근 변화에 대한 이해와 미래 기후전망이 담겨 있다. 2100년쯤에는 지금보다 기온이 4℃ 가까이 높아지고 해수면도 63 cm 올라간다는 전망이 나왔다. 지난 30년 동안 평균기온은 1850년 이후 가장 높았고, 2000년 이후 10년 동안은 더 빠르게 기온이 올라 지구온난화가 지속되고 있음이 95 % 이상 확실하다고 밝혔다. 또한 현재와 같은 수준으로 온실가스를 계속 내뿜을 경우 생물종의 30~40 % 가량이 멸종하고 육지의 상당 부분이 바다 아래 가라앉는 운명에 처할 것이라고 경고했다.

5) 대구 세계에너지총회 개최

2013년 10월 13일 대구에서 개막한 제22차 세계에너지총회(WEC)에서는 '대구 선언'이 채택됐다. 1924년 영국 런던에서 첫 총회가 열린 이래 공동 선언문이 채택되기는 처음이다. 선언문에는 ① 에너지 안보 ② 에너지 형평 ③ 환경 지속가능성 등 '에너지 삼중고' 해결을 위한 세계적 차원의 협력 의지를 담았다. 참석자들은 안정적인 에너지 공급 체계를 구축하기 위해 전통적 에너지원과 비전통 에너지원의 합리적 이용 방안을 모색하는 것이 필요하다는 데 뜻을 같이했다. 이어 스마트그리드, 에너지저장시스템(ESS) 등 혁신적인 에너지시스템 구축과 신뢰할 수 있는 에너지 정책 수립을 통해 에너지 안보를 강화하자는 의지를 다졌다.

6) 제4기 녹색성장위원회 출범

국무총리 소속 '제4기 녹색성장위원회'가 2013년 10월 서울 세종로 정부서울청사에서 민간위원 위촉장 수여식을 갖고 공식 출범했다. 녹색성장위원회는 정부의 녹색성장정책을 심의·조율하고 사회 각계의 다양한 의견을 수렴하기 위한 기구다. 위원회는 녹색성장, 기후, 에너지, 기술·산업 등 사회 각 분야의 민간위원 21명과 기재부·미래부 등 17개 부처 장관을 비롯해 모두 38명으로 구성됐다.

7) 초강력 태풍 '하이옌'

사상 최대의 초대형 태풍 '하이옌'이 2013년 11월 8일 필리핀을 강타했다. 최대 순간풍속이 시속 379 km에 달해 관측 역사상 가장 강력한 슈퍼 태풍으로 기록된 하이옌이 필리핀 중남부지역을 덮치면서 최소 6000명 이상이 목숨을 잃고 390만 명의 이재민이 발생했다. 제30호 태풍 하이옌과 같은 초강력 태풍이 겨울철에 근접한 시점에 발생했다는 것은 바닷물의 수온이 그만큼 상승했다는 점을 말해준다. 필리핀 복구를 위해 한국은 물론 전 세계 50여개국이 약 5억 달러의 긴급 구호금을 지원했다. 이번 태풍으로 도로와 전력망 등 인프라 부문이 초토화하면서 필리핀이 입은 경제손실은 140억 달러에 이를 것으로 추산되고 있다.

8) 제19차 유엔기후 변화협약 당사국 총회(COP19) 개최

기후 변화에 관한 국제연합기본협약(기후 변화협약) 제19회 당사국 총회(COP)가 2013년 11월 11 ~ 22일 폴란드 바르샤바에서 개최됐다. 총회에서는 2020년 이후의 새로운 온실가스 배출삭감 기본협약 작성을 위해 2015년 3월이라는 이른 단계에 각국이 자주적인 삭감목표와 이를 달성하기 위한 노력을 제시하기로 합의했다. 개발도상국이 자금지원 결정안이 불충분하다고 주장하면서 총회는 한 때 난관에 부딪히며 삭감 '목표'라는 당초의 표현을 '공헌'으로 수정했다. '공헌'은 선진국에게는 삭감 목표를 의미하며 개발도상국에게는 노력을 의미하는 것으로 전해졌다.

9) 녹색기후기금(GCF) 사무국, 송도서 출범식

기획재정부는 GCF 사무국과 공동으로 2013년 12월 4일 인천 송도 지타워(G-Tower)에서 '녹색기후기금 사무국 출범식'을 개최했다. GCF는 개발도상국의 온실가스 감축과 기후 변화 적응을 지원하기 위한 유엔(UN) 산하의 국제기구다. 이날 출범식에는 박근혜 대통령을 비롯해 김용 세계은행 총재, 크리스틴 라가르드 국제통화기금(IMF) 총재, 크리스티아나 피겨레스 유엔기후 변화협약(UNFCCC) 사무총장 등 글로벌 리더들과 주한 외교사절, 국내 주요인사 등 약 400명이 참석했다.

10) 2차 국가에너지기본계획 정부안 발표

정부가 2013년 말 현재 26 %, 2.7 % 수준인 원자력·신재생 비중을 2035년까지 각각 29 %, 11 %로 높이고 수요전망치에서 최종에너지는 13.3 %, 전력은 15 %를 감축하는 내용을 골자로 한 제2차 국가에너지기본계획 정부안(案)을 발표했다. 2차 에너지기본계획 공청회에서 원전 확대에 찬성하는 참석자들은 원전 비중을 축소하고 화력발전 의존도를 높일 경우 연료의 가격과 공급량에 따라 국가 에너지 공급 체계가 흔들릴 수 있다고 주장했다. 반면 에너지 관련 시민단체 등은 정부의 원전 확대 방안은 국민의 수용 태도를 고려하지 않았으며, 추가 송전선로 건설로 제2의 밀양 사태를 부를 수 있다고 반박했다.

3. 주요 언론에 비친 기후변화와 사회경제 관련 주요 이슈

한편 2014년 초부터 2018년 초에 이르는 지난 4년간 우리나라의 주요 언론에 비친 기후변화와 사회경제 관련 주요 이슈를 요약하여 소개하면 다음과 같다.

2014년 초 기후변화와 사회경제 관련 주요 이슈

(1) 美 민주당 스테이어 “기후 변화 입법 1065억원 쏜다”
(2) 기후 변화로 반팔 입은 동계올림픽 선수들)
(3) 친환경에너지 타운 만들고, 기후 변화 안심마을 50곳 조성
(4) 기후 변화가 한라산 고지대 식생에 미친 영향
(5) 기후 변화는 가장 무서운 대량살상무기
(6) 홍수·혹한 덮친 영·미 ‘기후 변화’에 촉각
(7) 리조트 붕괴참사−이상기후 대비 건축 구조기준 재검토
(8) 두께 2 km 빙하−지상 20 km 풍향 분석−기후연구의 사령탑
(9) 불균형(imbalance)과 양극화(bipolarity)
(10) 기후 변화와 해안관리 전략 수립

2015년 상반기 기후변화와 사회경제 관련 주요 이슈

(1) 경제 체질 저탄소·고효율로 개혁 … 기후변화는 새로운 성장 기회
(2) 우리가 몰랐던 ‘기후경제학’의 경고 - “기후변화 알아야 돈과 미래가 보인다”
(3) ‘기후변화’가 세계 무역질서 바꾼다 환경상품과 ‘Post-2020’ 기후체제 연계 추진
(4) 탄소배출권 거래제, 우려가 현실로 … 기업성장 발목 잡는다
(5) 에너지 신산업, 기후변화 대처와 성장동력 발굴 두 마리 토끼 잡는다
(6) “폭염 인한 고령자 조기 사망 2060년까지 22만 명 넘을 것”
(7) G20, 경제성장률 제고·기후변화 공동대응에 합의
(8) 삼성, 기후변화 관련 사회적 책임감 가져야”
(9) 전북 50년 후 전북서 배, 사과 재배할 수 없다
(10) “기후변화로 2050년 쌀자급률 50% 밑으로 추락”

2015년 10월 기후변화 사회경제 주요 이슈

(1) "그린란드 빙하 녹으면 바다 7미터 상승 … 12월 파리 기후변화총회 대책 마련"
(2) 기후변화 "지역사회 적정기술의 올바른 이해, 체계적 지원 필요"
(3) [대한민국 친환경대전] "환경문제 해결은 선택 아닌 의무 … 친환경시장 활성화해야"
(4) 세계화와 다원화, 따져봐야 할 문제들 – 자동화 · 인터넷보안 · 디지털화 · 기후변화 · 식량
(5) 북극 쟁탈전 '제2쇄빙연구선' 절실
(6) 대가뭄 … 농산물 관련 주식? 엘니뇨와 주기설로 내년 증시 최대 와일드카드 날씨
(7) "지구온난화로 더운 남부지역 부동산가치 하락"
(8) "환경 분야, 미래 사회의 핵심 직종" '그린JOB을 만나다' 콘서트 - 환경 일자리
(9) 美 백악관, 한미정상회담 주요 의제는 '북핵 · FTA · 기후변화'
(10) 가뭄, 절박한 심정으로 중·장기 대책 세워야

2016년 상반기 기후변화 사회경제 주요 이슈

(1) 오스카시상식 – 디카프리오
(2) 2차 기후적응대책 추진방향
(3) 에너지정책
(4) 석탄공사
(5) 기후변화 영향과 산업
(6) 파리협정과 SDGs(지속가능발전목표)

2016년 하반기 기후변화 사회경제 주요 이슈

(1) 기후변화 불량국가
(2) (사회책임)국내 기업 기후변화 '규제대응'에만 급급
(3) 기후변화 대비 컨트롤타워 '기후변화대비처' 신설 추진
(4) 美 과학자 "기후 변화로 글로벌 경제성장 매년 0.25%P 둔화"
(5) 4차 산업혁명, 기후변화 대응 패러다임 부상
(6) 갈수록 심해질 폭염 … 기후변화 '적응 정책' 병행돼야
(7) "기후변화 전환점 파리협정 공식 발효 … 이미 늦었다" 회의론도
(8) 가뭄 · 폭염 · 산불 … 몸살 난 지구 안전지대는?
(9) '사물인터넷, 인공지능, 가상현실, 자율주행차, 3D프린팅, 바이오기술, 공유경제, 기후변화, 인구절벽' 등 지금부터 10년 후

2017년 상반기 기후변화 사회경제 주요 이슈

(1) 기후변화시대, 대선을 맞는 정당의 사회책임과 도리
(2) 한국 수출기업, 글로벌 환경규제에 어떻게 대응할까
(3) 기후변화 최대 피해는 농업
(4) 불평등·기후변화가 도시 안전 위협
(5) '제4차 산업혁명'이 기후변화 난제 해결 열쇠 제공?
(6) 대안은 결국 신재생에너지
(7) 4월 22일 47번째 '지구의 날' 1970년 생태계보존 주장이 시초
(8) 정부, 신기후체제 대비한다 … 기본 계획 수립
(9) 기후변화, 경제 먹구름 갈수록 심해진다 … 태풍으로 1인당 GDP 0.1∼14.9% 감소
(10) 기후변화 적응사회 '국제협력'이 관건 기후변화적응·SDG 연계한 국가개발계획 수립 요구
(11) 4차 산업혁명 전환기에 기후변화를 거꾸로 돌리려는 미국 트럼프

2017년 하반기 기후변화 사회경제 주요 이슈

(1) APEC '다낭선언문' 채택 … "포용적 성장 증진" 기후 변화에 대응한 식량 안보 및 지속가능한 농업 증진
(2) "환경문제 해결 위해 가장 필요한 건 대중인식 변화" - 맥데벳 UNEP 환경정책이행국장
(3) "기후변화·원전 리스크, 과학 영역 넘어 사회, 정치적 결정 사안"
(4) "기후변화 과감한 대응이 경제성장 촉진" … OECD, "저탄소경제 전환이 지속성장 조건"
(5) '기후변화'와 '경제'라는 두 마리 토끼를 잡는 법
(6) G20정상들의 최대 이슈, '기후변화' 왜?
(7) 경제사회, '아열대 제주'에 적응해야

2018년 상반기 기후변화 사회경제 주요 이슈

(1) 재생에너지 3020 이행계획과 정책적 시사점
(2) 환경이 곧 경제다 '자연자본' 서평
(3) 더 이상 모른 척 할 수 없는 기후변화
(4) "극심한 기후변화 대응 못하는 現경제체제론 대재앙 온다"

(5) 태양광연금, 녹색채권 … "기후변화는 곧 경제다"
(6) 60개국 대표 모여 '세계 먹거리' 공동대처 고민
(7) 블룸버그 전 시장, 트럼프 행정부 파리기후협약 탈퇴 비판
(8) 남북 정상회담 계기로 '국가비전2050' 준비해야
(9) 충남경제비전 2030 충남도, 해양－신재생에너지 등 청색산업육성 추진
(10) 우리나라 쌀 생산에 대한 현명한 판단

제3절

기후 변화의 경제학적 분석

1. 스턴(Stern)보고서의 주요 내용

2007년 '지구 온난화를 방치하면 세계는 경제 대공황에 직면할 것이다'라는 명제로 압축되는 스턴보고서가 영국에서 발간되었다. 그 핵심 요지는 기후 변화에 따른 위험을 경고하며 전 세계가 온실가스 감축을 위한 노력을 기울일 것을 촉구하고 있다.[1] 이를 요약하면 다음과 같다.

(1) 기후 변화에 관한 강력하고, 조기 활동의 편익은 비용을 능가한다.

1) 이는 'Stern Review on the Economics of Climate Change'로 그 핵심적인 내용은 다음과 같다. (1) 기후 변화가 매우 심각한 지구적 리스크를 제공하며, 긴급한 지구적 반응을 필요로 한다는 과학적 증거는 지금 압도적으로 많다. (2) 기후 변화 경제학에 대하여 이해하고, 근거들을 평가하는데 기여하는 독립적인 검토를 재무장관에게서 의뢰받았으며 재무장관과 총리에게 보고하였다. (3) 먼저 기후 변화의 경제적 영향에 대한 근거를 검토하고, 대기 가운데 온실가스 안정화의 경제학을 조사하고 있다. (4) 후반부에서는 저탄소 경제로의 전환을 관리하고, 더 이상 피할 수 없는 기후 변화의 결과에 사회가 적응하도록 하는 복합적인 정책과제를 제안하고 있다. (5) 또한 국제적인 관점을 취한다. 즉 기후 변화의 원인과 결과가 지구적이기 때문이다. 따라서 국제 공동 행동은 효과적이고 효율적이며 공평한 대응을 필요한 규모로 추진하는데 중요하다. 이 대응은 여러 부문에서 국제협력 강화(가장 두드러지는 것은 가격 신호와 탄소시장을 만들고, 기술 연구개발, 보급에 박차를 가하고, 특히 개도국에서의 적응을 장려하는)를 필요로 한다. (6) 요컨대 기후 변화는 경제학에 독특한 과제를 제시하고 있다. 즉 기후 변화는 여태껏 가장 크고, 광범위한 시장의 실패이다. 따라서 경제 분석은 지구적이며, 장기간에 걸쳐 대응하며, 중심 단계에서 리스크와 불확실성의 경제학을 포함하며, 중요한 변화의 가능성을 검토해야 한다는 것이다.

(2) 과학적 증거들은 business-as-usual(BAU) 배출 경로에서의 기후 변화로 인한 심각하고 비가역적인 영향의 리스크를 높일 것임을 보여주고 있다.

(3) 기후 변화는 전 세계인들 삶의 기본 요소들(물, 식량 생산, 건강, 토지와 환경의 이용에 대한 접근)을 위협하고 있다.

(4) 세계가 점점 더워지면서 기후 변화로 인한 피해는 가속화될 것이다.

(5) 기후 변화는 고르게 영향을 미치지 않는다. 가난한 나라와 사람들이 가장 빨리 그리고 가장 많이 영향을 받을 것이다. 그러니 만약 피해가 발생한다면, 과정을 돌이키기에 너무 늦을 것이다. 따라서 우리는 미리 장기 전망을 해야 한다.

(6) 기후 변화는 일부 선진국에 대하여 초기에는 작으나마 긍정적인 영향을 미칠 수 있다. 그러나 시나리오에서 세기 중간에서 말까지 예상되는 기온 상승이 훨씬 클 경우 매우 피해가 클 것이다.

(7) 극단적인 기상(폭풍우, 허리케인, 태풍, 홍수, 가뭄과 열파)으로 인한 피해의 늘어난 비용은 기후 변화의 초기 이득을 갉아먹고, 온도가 높아지면 빠르게 증가할 것이다. 간단한 외삽(extrapolation)에 근거하면, 극단적인 기상의 비용만 세기 중반까지 연간 세계 GDP의 0.5~1 %에 이르고, 세계가 계속 따뜻해지면 비용을 계속 증가할 것이다.

(8) 기후 변화의 예상되는 부정적 영향을 저감하는 것은 따라서 매우 바람직하고 가능한 일이다.

(9) 배출량을 저감하는 정책은 세 가지 필수적인 요소－탄소 가격화, 기술 정책, 행태 변화의 장애요인 제거에 기반해야 한다.

(10) 세제, 거래, 규제를 통한 탄소 가격의 수립은 기후 변화 정책에 필수적인 토대이다.

(11) 긴급히 일련의 저탄소 및 고효율 기술의 개발을 지원하는 정책이 필요하다.

(12) 행태 변화의 장애요인을 제거하는 것은 세 번째 필수 요소이다. 이는 에너지 효율기회의 포착(take-up)을 장려하는데 특히 중요하다.

(13) 적응 정책은 기후 변화의 피할 수 없는 영향에 대처하는데 중요하며, 많은 국가에서 과소평가되어 왔다.

(14) 기후 변화에 대한 효과적인 대응은 국제 공동 활동의 조건을 만드는 것에 달려 있다.

(15) 세계적으로 광범위하게 유사한 탄소 가격 신호를 만들고, 개도국의 활동을 가속화 하기 위하여 탄소 금융을 사용하는 것은 국제 협력에 매우 시급한 우선사항이다.

(16) 배출량 저감에 효과적인 정책과 프로그램을 지원하기 위하여 개도국으로 탄소 재정의 흐름을 키움으로써 저탄소 경제로의 전환을 가속화할 수 있다.

(17) 기술혁신과 확산을 가속화하기 위한 국제 협력의 확대는 저감비용을 낮출 것이다.

(18) 산림황폐화를 억제하는 것은 온실가스 저감에 매우 효율적인 방법이다.
(19) 국제개발원조 등을 통하여 개도국의 적응 노력을 가속화하고 지원해야 한다.
(20) 공동 행동을 세우고 지속하는 것은 지금 긴급한 과제이다.
(21) 강력한 공동활동이 지금 시작된다면 기후 변화의 최악의 영향을 피할 시간은 아직 있다.

이 보고서는 지금 당장 기후 변화를 막기 위한 조치에 따른 비용은 전 세계 국내총생산(GDP)의 1 % 수준이지만 이를 방치할 경우 기후 변화의 피해비용이 전 세계 일인당 평균 소비수준의 5~20 %에 이르러 경제적 파탄에 직면할 수 있다고 경고하고 있다. 그 해 다보스포럼에서는 기후 변화 문제를 중요하게 거론하면서 기후 변화로 향후 10년간 최대 2천5백억 달러의 경제적 손실이 예상되고, 세계경제는 매년 GDP의 5 %를 잃을 가능성이 있을 것으로 전망하였다.

이를 뒷받침이라도 하듯 이미 1970년 이래 전 세계적으로 태풍, 호우, 폭풍 등으로 인한 자연재해로 인한 인명피해와 경제적 손실이 빈번히 발생하고 있다.

더욱이 기후 변화 대응 기회비용 평가 결과, 2100년까지는 기후 변화 적응에 따른 이익이 완화에 따른 이익을 초과하나 2100년 이후에는 완화에 의한 이익이 더 클 것으로 전망되고 있다.

우리나라에서도 동해안 산불(1996, 2000년), 2002년과 2003년도의 태풍(루사, 매미) 등으로 인한 산사태를 포함하여 최근 대형 산불과 집중 호우로 인한 피해가 급증하고 있다. 한반도 기온의 상승률은 지난 100년간 약 1.7로 지구평균온도 상승률인 0.74 ℃ 보다 크며, 향후 2100년에 한반도 기온은 4 ℃ 상승, 강수량은 17 %가 증가할 것으로 전망되고 있다(A1B 시나리오).

과거 기후자료의 분석에서 한반도는 이미 온난화로 인하여 겨울기간이 단축되는 등 계절 변화를 겪고 있음이 보고되었으며, 육상 및 해양생태계, 농업, 산림, 수자원, 보건 등 다양한 부문에서 기후 변화의 영향이 나타나고 있다. 특히 최근 10년 간 강우패턴의 변화로 인한 기상재해 총 피해액은 17.7조원으로 기상재해로 인한 재산피해액이 증가하고 있다.

IPCC(intergovermental panel on climate change; 이하 IPCC) 제4차 평가보고서에 의하면 미래의 기후 변화는 20세기에 일어났던 기후 변화보다 더욱 심화될 가능성이 있다고 보고되며, 이로 인한 극한기후 등 재해를 유발하는 위험기상 현상의 빈도와 강도는 더욱 증가될 것으로 예견되고 있다.

2. 스턴(Stern)보고서 10년 : 회고와 전망 2)

기후변화의 경제적 손실을 분석하며 세계적으로 큰 반향을 일으켰던 스턴보고서가 발표된 지 10년이 지났다. 스턴보고서의 저자 니콜라스 스턴 전(前) 세계은행 부총재·현 런던정치경제대학 교수는 보고서 10주년 강연에 참석해 "지구온난화에 아무런 행동을 취하지 않을 때 발생하는 비용이 올라가고 있는 반면, 기후변화를 막기 위해 행하는 노력의 비용은 떨어지고 있다"고 설명했다. 즉, 대기오염으로 인한 사망자 수 증가는 점차 증가하는 가운데, 태양광 등 재생에너지의 생산 비용은 기하급수적으로 하락하고 있다는 뜻이다.

그는 또 녹색 성장이 세계 경제의 미래에 유일한 해법이라며 오염을 유발하는 고탄소에 의존한 성장은 자기파멸을 부를 것이라고 경고했다. 지난 2006년 영국 정부의 지원 아래 작성된 스턴보고서는 당장 기후변화 대응을 시작하지 않으면 온난화 비용이 국내총생산(GDP)의 20%까지 급증할 수 있다는 게 핵심이다. 보고서는 "기후변화로 인해 매년 세계 국내총생산(GDP)이 5~20% 가량 손실되겠지만, 탄소배출량을 감축하는 비용은 GDP의 1%만을 감소시킬 것"으로 추정했다.

그는 '스턴보고서'에서 지구의 평균 기온이 1℃ 오르면 영구 동토가 녹아 캐나다와 러시아 등에서 건물과 도로가 파괴되고, 적어도 10%의 육상 생물이 멸종 위기에 처할 것으로 경고했다. 최소 30만 명이 설사, 말라리아, 영양실조 등 기후 관련 질병으로 사망하며, 5000만 명이 물 공급을 위협받게 될 것이라는 것이다.

스턴보고서 이후 발표된 맥킨지보고서에서도 국제에너지기구(IEA)와 IPCC가 예상한 온실가스감축비용이 맞는다는 것을 인정한 바 있다 그는 우선 보고서 내용에 주의를 기울이지 않아 탄소배출량을 줄이기 위한 행동이 지연됐다고 경고했다. 스턴 교수는 "대응책 마련이 지연됨에 따라 기후변화로 인해 치러야 하는 비용이 올라갔다. 하지만 재생에너지 관련 기술 발전이 예상보다 빠르게 진행되면서 기후변화 대응책 시행의 비용은 10년 전 전망치보다 더 낮아졌다"고 설명했다. 그는 "저탄소 경제는 번영을 위한 유일한 선택지이자 매우 흥미진진한 성장 스토리"라고 강조하면서 "탄소를 많이 배출하는 성장정책은 환경파괴적이기 때문에 결국 자기 파멸로 나아갈 수밖에 없다"고 경고했다. 또 스턴 교수는 성장과 환경을 대립적이라고 보는 견해는 완전히 거짓말이라고 잘라 말했다.

이어 "경제 성장을 위해 금리 인하, 세금제도·구조 개혁 등의 정책 효과는 제한적"이라며 "인프라와 도시의 지속가능한 개발은 보다 장기적인 관점에서 성장 기반을 다지는 것"이라고 밝혔다. 다만 그는 논리적으로도 정치적으로도 환경론자들이 이기고 있지만 그 속도가 느리다는 것이 문제라고 지적했다. 요컨대 "에너지 효율이 뛰어난 자율주행차 운전자가 늘어나

2) 에너지경제신문, 2016. 10. 31.

고, 가정과 회사가 재생에너지를 통한 전력 공급이 이뤄지고, 재활용이 활발하게 이뤄진다. 우리가 마음만 먹으면 찾아올 수 있는 매우 매력적인 미래"라며 "당신이 움직일 수 없고 숨쉴 수 없는 도시는 말도 안 되는 것"이라고 강하게 비판했다.

그는 또 기후변화 대응책에서 10년간 고속성장을 이어가며 가장 빠르게 변한 중국의 중요성을 지적했다. 스턴 교수는 석탄업계의 예를 들며, 중국이 오늘날 기후변화 대책을 주도할 것으로 내다봤다. 중국의 석탄 소비가 2년 전 정점을 찍고 하락세로 접어들면서 전 세계 석탄 시장은 침체기에 빠졌다. 중국 경제가 제조업에서 서비스·하이테크 산업으로 무게중심이 옮겨가면서, 에너지와 경제 구조의 대전환이 일어나고 있다는 평가이다.

변화를 불러온 가장 큰 원인으로 스턴 교수는 화석연료 발전이 야기한 대기오염과 가뭄·홍수 현상 등에 대한 공포감을 꼽았다. 그는 "2006년 스턴보고서에서 대기오염으로 1년에 백만 명이 사망할 수 있다고 경고했다"며 "이는 지난 10년간 기후변화 대응의 지연으로 수백만 명이 사망했다는 의미"라고 경고했다.

이어 "기후변화 리스크를 줄이고 대기오염을 해결하는 것은 온난화 대응책의 가장 큰 쟁점"이라고 강조하면서 :지난 10년 간 가장 빠른 속도로 성장한 중국이 해결해야 할 가장 절박한 문제"라고 강조했다. 실제로 중국은 세계 풍력·태양광 시장, 원자력 발전의 1인자로 자리 잡았다. 스턴 교수는 녹색 경제의 선두주자가 되기 위한 중국의 열망이 정책을 이끌었다고 설명했다. 그는 "원자력의 미래는 중국이 결정할 것"이라며 "중국은 규모의 경제를 달성할 수 있는 유일한 나라다. 향후 15~20년 안에 100~150기의 신규 원전이 건설될 것"으로 예측했다.

한편, 스턴 교수는 자신의 모국인 영국의 역할을 인정하면서도 최근의 상황에 대한 우려를 표했다. 그는 영국 역시 2008년 선구적인 재생에너지 법안을 통과시키고, 파리기후변화협정에서 주도적인 역할을 했다는 점에서 기후변화 대응책의 주요 리더국으로 인정할 수 있다고 인정했다. 그러나 지난해 기후변화에 대한 정책 변화는 불확실성을 보이고 있다는 지적이다.

영국 보수당은 지난해 풍력과 태양광 보조금을 대대적으로 삭감했다. 이에 따라 영국의 에너지 분야 지수와 재생에너지 투자 매력이 줄었다는 평가이다. 스턴 교수는 원자력발전을 포함한 모든 에너지 기술이 필요하다고 인정하면서도 "특히 풍력과 태양광, ESS가 가장 유망하다"고 강조했다. 그는 2015년 12월 파리협정 체결 당시 "이번 협정이 프랑스 혁명이나 산업혁명을 뛰어넘는 혁명을 가져올 것"이라며 "에너지 분야에서만 2030년까지 최소 10조 달러 이상의 투자가 이뤄질 것"이라고 전망한 바 있다.

3. 기후 변화에 대한 경제학적 분석의 목적과 의의

스턴보고서 이후 국제사회는 기후 변화에 대처할 효율적 방법을 찾으려고 노력하고 있다. UNFCCC하의 국제적 협상은 다양한 미래의 온실가스 감축방식에 대한 논의를 하고 있다. 한국은 2002년에 세계에서 10번째 온실가스 배출국이었고 향후 협상이 진행됨에 따라 온실가스 의무 감축국이 될 가능성이 있다. 효율적 온실가스 감축 및 완화의 정도와 방향을 설정하기 위해서는 한국의 기후 변화에 대한 영향과 온실가스 감축 비용에 대해 경제적으로 분석하는 연구가 필수적이다.

이미 한반도는 전 지구 평균기온의 상승치를 상회하는 온난화 추세를 보이고 있으며, 재해 관련 위험도가 높아지고 있는 실정에서 한반도의 기후 변화 영향에 관한 종합적이고 정량적 분석은 더욱 절실한 실정이다. 국내 기후 변화 영향 연구는 일부 부문에 관해 개별적으로 이뤄졌으나 산업·무역 등에 미치는 파급효과 등 종합적인 경제적인 피해 비용 산정은 아직 이뤄지지 않은 상태다.

기후 변화에 대한 적극적인 편익 추정은 미래에 발생할 보다 큰 비용 저감에 기여할 수 있으며, 기후 변화 적응과 관련한 조기 대응 체계를 구축하고 관련 국제 협상에서의 우위를 확보하는데 큰 역할을 할 것으로 기대된다.

이러한 배경 하에 한국의 기후 변화의 영향 및 감축에 따른 파급효과에 대한 종합적이고 체계적인 경제학적 분석은 국가적 규모의 기후 변화 적응 및 완화 정책 수립을 위해서 매우 중요하다. 영국, 미국, 멕시코, 호주 등도 각 국의 상황에 맞는 경제학적 분석보고서를 발간하여 기후 변화에 적극 대응하는 추세이다. 이에 한국 정부와 영국 정부는 한－영 기후 변화 대응 및 환경협력에 관한 MOU의 후속 사업으로 한국판 스턴보고서를 작성하기로 합의하였으며, 다양한 정보 교류 및 활용을 통해 향후 한국의 기후 변화 적응 및 완화 정책에 대한 한국 실정에 맞는 경제적인 비용-편익을 추정하는 보고서를 작성 것이 연구의 주요목적이다.

4. 1, 2차 연구의 주요 내용

우리나라 기후 변화의 경제학적 분석은 그간 3차에 걸쳐 진행되었다. 2009년도에 실시된 1차년도와 2010년부터 2011년까지 실시된 2차년도 연구의 주요 내용은 표 10－2와 같다.

[표 10-2] 기후 변화의 경제학적 분석 주요결과(1, 2차년도)

부 문	1차년도 (2009년)	2차년도 (2010~2011년)
시나리오	• 국제통용 시나리오 사용(A1B)	• 한국적 시나리오 개발 및 사용
연 안	• 범람 영향 분석	• 범람+침식 영향 분석
건 강	• 폭염 영향 산정 • 수도권의 영향을 전국에 적용	• 좌동 • 전역에 대해 분석 실시
식 량	• 벼에 한정 • 전남지역 분석내용을 전국에 적용	• 벼 및 보리 • 전역에 대해 분석실시
산 림 생 태 계	• 미포함(물리적 영향 분석만 실시)	• 포함(산림분포, 기능변화, 재해분야)
수 자 원	• 미포함	• 포함(강수량, 유출량) ※ 2100년 주요 유역 피해비용 1,076억원
	⇩	⇩
2100년 누적 총 피해비용 (통합분석결과)	800조원 ('05년 화폐기준)	2,800조원 ('08년 화폐기준)

자료: KEI 국가기후 변화적응센터(2011): 제3회 기후 변화 적응 국제 심포지엄.

5. 3차 연구의 주요 내용

기후 변화는 세계 차원의 문제이며 해결방안 역시 모든 국가의 참여를 필요로 한다. 세계는 역사상 최초의 기후조약을 탄생시켰으며, 교토의정서에 합의함으로써 기후 변화에 대한 선제적 대응 조치를 약속하고 있는 현실이다.

그러나 교토의정서가 마감되는 현 시점에서 기후 변화 문제에 대한 세계적 관심도는 과거와 비교할 때 큰 차이를 보이고 있다. 시간이 흘러갈수록 유엔 기후협상이나 기후 변화에 대한 관심도가 떨어지고 있기 때문이다. 하지만 지금 이 순간에도 기후 변화는 진행 중이고 시간이 지나갈수록 가속된다는 것은 지제 과학적 진실이 되고 있다.

이처럼 기후대책에 관한 전 세계적 합의 도출이 지지부진한 여건에서 국가가 지향해야 할 방향과 대책, 이에 효율적으로 대응하기 위해 국가 차원에서 관리해야 할 정보와 데이터 등의 문제는 매우 중요하다.

바로 이런 과제를 해결하기 위해 기본적으로 기후 변화가 초래할 자연생태계 및 사회적 변화의 위험도에 대한 평가를 위해, '우리나라 기후 변화의 경제학적 분석'이 시도된 것이다. 따라서 그 목표는 한국이 당면할 기후 변화의 위험도를 평가함으로써 국가 차원의 합리적 대응대책의 범위를 제시하는 것이라 할 수 있겠다.

기후 변화는 세기에 걸쳐 진행되기 때문에 제3차 연구에서도 2100년까지 주요 부문별 4 ℃ 온도상승에 따른 취약성과 경제적 피해를 분석했다. 또한 단기적 자발적 온실가스 감축 행동에 대한 비용을 분석했다. 취약성 분석은 물리적 사회·경제적 정보와 데이터 접근이 가능한 부문과 범위 내에서 상향식 방법론을 활용해 수행했다.

비시장적 영향과 피해, 비선형적 극단적 기후현상에 따른 영향과 피해는 글로벌 하향식 방법론을 활용해 추가했다. 그 결과 2100년 한국의 기후 변화 피해는 GDP의 3 %에 이를 것으로 추정되었다. 불확실성 분석의 결과 기후 변화 피해가 GDP의 6 %를 초과할 확률은 약 10 %로 추정되었다. 이들 추정치는 기후대책, 특히 적응대책의 상한선을 규명한 것이다.

물론 분석결과는 가정과 방법론을 반영할 뿐이다. 가정의 타당성과 분석의 정교성을 높이는 것은 모든 연구자들의 향후 목표일 것이다.

3차 연구 분석 결과의 핵심내용은 다음과 같이 요약될 수 있다.

○ 목표 : 우리나라가 당면하게 될 기후 변화의 위험도에 따른 물리적 영향을 평가하고 경제적 피해를 분석함으로써 합리적 대응방안을 위한 과학적 근거를 제시하고자 함.

○ 기후 변화 피해 최소화를 위해서는 과학적 영향평가에 기초한 적응대책의 실행이 필수적임.

- (수자원) 계절적 변동이 커지므로 안정적 수자원 공급대책 수립 중요
- (산림생태계) 기존 산림보존 및 임업 생산성 변화를 감안한 산림정책 재정립 필요
- (식량) 기온 상승을 역이용한 과학적 대응정책 수립시 기후 변화는 새로운 기회로 작용 가능
- (건강) 취약계층의 건강위험 최소화 정책 중요
- (연안) 해안지역 침수대응 및 구조물 관리대책 필요

○ 향후 우리나라의 기후 변화로 인한 경제적 피해를 보다 신뢰도 높게 산정하기 위해서는 많은 후속 연구 필요.

- 본 연구에 비포함된 부문에 대한 정량분석 및 연구의 한계 극복하기 위한 후속 연구 필요
- 기후 변화 피해 규모가 증가하고 발생시기가 앞당겨질 것으로 예측되는 新시나리오(RCP)에 대한 경제적 파급효과를 분석해 선제적 대응방안을 마련하는 것이 중요
- 기후 변화의 경제학적 분석은 미국, 호주, 영국 등의 소수 국가에 의해서만 이루어지고 있으며, 본 연구는 국제사회에서 기후 변화에 적극적으로 대치하는 우리나라의 이미지 제고 및 관련 연구 활성화에 큰 역할을 할 것으로 기대됨

제3차 연구는 우리나라가 당면하게 될 기후 변화의 위험도에 따른 물리적 영향을 평가하고 경제적 피해를 분석함으로써 합리적 대응방안을 위한 과학적 근거를 제시하고자 하는데 그 목표를 두고 있다(한국환경정책평가연구원, 2012). 따라서 2100년까지 4 ℃ 상승에 따른 주요 부문별(수자원, 식량, 연안, 산림생태계, 건강) 기후 변화의 물리적 영향과 경제적 피해를 자료 접근이 가능한 부문과 범위 내에서 상향식으로 분석하는 것이 세부 과제이다. 또한 비시장적 영향과 피해, 비선형적 극단적 기후현상에 따른 영향과 피해는 전 지구적 하향식 방법론을 활용해 분석하는 방법론을 사용했다.

상향식 분석 결과를 토대로 우리나라의 기후 변화로 인한 피해비용을 통합 분석한 결과 전 세계가 기후 변화에 대응하기 위한 노력을 하지 않는다면 2100년 누적 피해비용이 약 2,800조원으로 분석되었다(2100년 연간 GDP의 약 2.8 %에 해당).

2 ℃ 안정화를 위한 전 세계의 적극적인 온실가스 감축 시 우리나라 기후 변화의 누적 피해 비용은 약 580조원으로 감소되며 특히 높은 피해가 일어날 확률이 감소된다. 또한 온실가스 감축비용 분석 결과 2011~2030년 동안 온실가스 30 % 감축(BAU 대비)시 약 0.28~1.17 %의 실질 GDP 손실이 예상되며 탄소세 혹은 배출권 경매수익을 노동세 감면에 활용할 경우 실질 GDP 손실을 크게 완화(약 45 %)할 수 있는 것으로 나타났다.

2 ℃ 안정화를 전 세계의 온실가스 저감 노력에 동참할 경우 우리나라의 온실가스 저감에 의한 편익은 거의 모든 기간에서 편익을 초과하며 특히 먼 미래로 갈수록 편익이 크게 나타났다. 전 세계가 동참해 효율적 방법으로 실행되는 온실가스 감축은 큰 비용이 소요되지 않으며 대기오염물질 저감효과, 에너지 절감효과 등 부수효과를 고려한다면 온실가스 감축의 효과는 더욱 증대할 것이다.

이처럼 적응정책 시행 시 누적 피해비용을 800조원 이상 감소할 수 있을 것으로 분석(적응정책 소요비용: 약 300조원)되었으며 적응은 빨리 실행될수록 비용 대비 효과가 크며 항상 편익이 비용을 초과하는 것으로 나타났다. 그 세부 부문별 연구결과를 요약하면 다음과 같다.

1) 수자원

기후 변화로 강수량은 증가하나 주요 강유역별 유출량의 계절적 변동이 커져 가뭄 및 생활·공업·농업용수의 수요 증가로 물 부족 가능성이 커지므로 이에 대한 대비 필요하다. 기후변화에 따른 주요 강유역의 수자원 가용량 변화로 인한 피해비용은 2050년 약 3,574억 원, 2100년 약 1,076억 원 추정되었다. 강수량 증가에도 불구, 시기별 가뭄발생 증가가 예상되는 지역에 보와 준설을 통한 물그릇을 키우는 등 안정적인 수자원 공급대책 수립이 중요하다.

2) 산림생태계

소나무, 구상나무 등 온대성 식생대가 축소되고 동백나무 등 아열대 수종의 분포가 확대되는 등 한반도의 아열대화로 산림의 식생대 변화가 예상된다. 기후 변화에 의해 잠재 순일차 생산량 및 토양탄소 저장량 감소 및 산림재해 발생 가능성 증가가 예상되며 이에 따른 2100년 피해비용은 약 3,301억 원 추정되었다. 산림관리는 100년 이상을 고려하여야 하므로, 이전 예측보다 빠른 기온상승을 감안하여 기존 산림자원 보전 및 임업생산성 변화를 감안한 중·장기 조림계획 보완 등 산림정책 재정립이 필요할 것이다. 또한 산불, 산사태 예측과 시기별, 지역별로 필요한 장비 확보 및 방재대책 마련과 운영이 필요하다.

3) 식량

생산성 감소의 위협과 새로운 영농기법 도입의 기회 병존이라는 특징으로 요약된다. 기후 변화에 따른 농업이윤의 연간 손실액은 지속적으로 증가해 2100년 약 6,135억의 피해 비용 예상(농업부문 총이윤의 약 7 % 수준)되었다. 기후 변화로 인한 쌀 단수 감소로 농업총이윤의 지속적인 손실이 예상되나 재배시기 변경 등적절한 적응대책 사용 시 농업총이윤이 오히려 증가할 것으로 예상(2100년 농업부문 이윤 4.6 % 증가)되었다. 기온상승을 역이용한 품종개량 및 신품종 재배, 경작시기 변경 등과 같은 과학적 적응대책을 수립 시 기후 변화는 새로운 기회로 작용할 가능성이 있다.

4) 건강

기온상승에 따른 폭염증가로 노인 등 취약계층의 건강위협 증대로 요약할 수 있겠다. 2100년까지 여름철 고온으로 인한 초과사망자로 인해 약 14,377억 원의 피해비용 발생 전망된다. 여름철 폭염으로 인한 초과사망자는 2100년까지 증가할 것으로 예상되며, 폭염경보 등 적응 대책 추진 시 매년 피해규모의 약 14 %가 절감 (폭염경보 시행 시 피해비용 약 3,201억 원 감소효과)될 것으로 예상되었다. 취약지역 / 계층 분석 및 이와 연계된 '의료수요 평가 및 맞춤형 의료서비스', '취약계층 안전 돌보미제' 등 대책 보완이 필요하다. 또한 폭염 등 이상기후 현상으로 인한 사망자 통계보고 의무화가 필요하다.

5) 연안

해수면 상승으로 해안 저지대 범람과 모래사장 침식이 가속화되는 등 연안지역 생활 기반 위협이 중요한 요소이다. 기후 변화로 인한 해수면 상승에 따른 연안 침식 피해비용은 2100년 약 1조 2,234억 원, 범람 피해비용은 약 6조 3,053억 원이 되어 2100년 총 피해비용이 약

7조 5,287억 원에 이를 것으로 추정되었다. 기후 변화로 인하여 가장 직접적인 피해가 우려되는 해안지역 침수 대응 및 수자원 확보 방안 마련이 시급하다. 또한 해수면 상승 영향평가 및 연안관리계획이 반영된 구조물(항만, 방파제 등)의 관리대책이 필요하다.

제4절
기후 변화와 사회경제적 대응

1. 기후변화와 새로운 지구환경 시대의 준비

지난 2012년은 우리나라 녹색성장 5개년계획의 4년차로서, 기후 변화 대응을 위한 일련의 정책들이 심화되었다. 특히 2012년 배출권 거래제의 도입으로 기후 변화 대응 정책의 종합적인 틀이 완성된 기념비적인 해라 할 수 있다. 그러나 한국의 정책적인 노력과는 관계없이 전 세계적인 온실가스 배출량은 꾸준히 증가하고 있고, 기후 변화 현상도 점차 심화되고 있다. 따라서 2013년에도 기후 변화로 인한 환경부담이 심화되었고, 이에 대응하는 온실가스 감축 및 기후 변화 적응 정책 역시 향후 지속적으로 요청될 전망이다.

이미 기후 변화 현상은 환경정책의 중요한 과제로 자리를 잡고 있다. 2012년 하절기 이후 지속적인 고온 및 강수량의 부족으로 광범위한 녹조현상을 경험했고, 하절기 및 동절기 이상기온으로 인항 전력난은 이미 만성화되었다. 이러한 기후 변화 현상에 대응하기 위한 각종 정책은 녹색성장 정책의 일환으로 꾸준히 지속되어 왔다. 구체적으로 기후 변화 현상에 적응하기 위해 '국가 기후 변화 적응 대책'이 시행 중에 있으며, 녹조 발생에 대비한 고도처리시설, 홍수 발생에 대비한 하수저류시설 등 기후 변화 대응 인프라 투자가 진행 중이다.

이상기후로 인한 재해가 2012년 이후 지구촌 곳곳에서 빈발했다. 홍수, 태풍, 폭설, 폭염 등의 재해로 소중한 인명을 앗아가는 것은 물론 경제, 사회, 정치 등 인류의 존립마저 위협하면서 막대한 영향을 미치고 있다. 이러한 기후 변화는 지국의 평균기온 상승 결과이며, 이는 이산화탄소 등 온실가스 농도에 의해 좌우된다(표 10－3 참조).

유엔 기후 변화협의회(IPCC)의 평가보고서에 따르면 1906~2005년 100년간 지구 평균기온은 0.74 ℃ 상승했으며, 기온의 상승 추세는 최근에 가속화되고 있다. 온실가스를 지금처럼 방치하면 그 상승폭은 지난 100년과 비교되지 않을 만큼 커 기온이 매년 1.1 %씩 상승해 2100년이 되면 최대 6.4 ℃ 이상 상승할 것으로 추정하고 있다.

[표 10-3] 세계 지역별 재해현황(1980~2008)

구분	아프리카	아메리카	아시아	유럽	오세아니아	합계	아시아 비율(%)
재해발생 건수(건)	1,699	2,101	3,341	1,190	380	8,711	38.35
사망자 수(명)	708,712	154,662	1,144,006	121,644	4,453	2,133,477	53.62
연평균사망자 수(명)	24,438	5,333	39,448	4,195	154	73,568	53.62
피해자 수(명)	319,465,876	165,729,935	4,742,092,443	33,031,632	19,394,785	5,279,714,674	89.81
연평균피해자 수(명)	11,016,065	5,714,825	163,520,429	1,139,022	668,786	182,059,127	89.81
경제적 손실 (US$ × 1,000):	24,141,032	604,210,825	673,457,207	266,918,923	25,805,601	1,594,533,027	42.24
연평균 경제적 손실 (US$ × 1,000):	832,449	20,834,837	23,222,662	9,204,101	889,848	54,983,897	42.24

자료: 소방방재청.

지구온난화가 가속되면 기후 변화로 인한 극한 자연재해 피해도 커지며, 생태계에도 당연히 영향을 미친다. 기온이 2~3 ℃ 변하면 20~30 %, 4 ℃ 이상 변할 경우 50 % 이상이 멸종할 곳으로 예측된다. 인류 생존에 가장 중요한 식량 생산은 초기에는 어느 정도 증가할 것으로 예상되지만 기온이 2~3 ℃ 이상 상승하면 감소할 것이라고 전문가들은 경고한다.

기후 변화에 대응하지 못할 때 세계경제는 세계 국내총생상(GDP)의 1.6 %, 약 1조2000억 달러(약 1344조 원) 비용이 발생한다는 보고도 있다. 석탄 사용으로 인한 대기오염 및 기온 상승을 고려한다면, 2030년엔 현재의 2배 수준인 세계 GDP의 3.2 %에 달하는 비용이 발생한다.

매년 1.1 %씩 기온 상승해 2100년에 6.4 ℃ 이상 상승할 것이라 한다. 이처럼 필연적으로 발생하는 기후 변화에 능동적으로 먼저 대응할 수 있는 방재라인을 국가 차원에서 새롭게 세워야 한다. 사회, 경제, 재난, 안전, 환경, 보건 등 국가표준기후 변화 시스템을 강구하고 지역적 변화의 특성을 분석해 기후 변화의 영향을 평가하고 이에 대한 구체적인 적응 방안을 마련해야 한다.

따라서 지구촌 온실가스 감축 움직임은 전 세계적으로 다른 무엇보다 가장 시급한 과제로 떠오르고 있다. 기후 변화 기술협력 및 공동 대응을 위한 국제협력을 강화하고 온실가스 배출로부터 지구환경을 지키는 강력한 정책과 국민 참여가 필요하다. 또한 기후 변화에 따른 재해의 피해를 최소화하고 새로운 지구환경 시대를 준비해 나가야 할 것이다.

2. 새 정부의 에너지 및 기후정책 수립

2017년 5월 문재인 정부가 출범한 이후 우리나라의 에너지 분야에 외형상 많은 변화가 발생했다. 무엇보다 원전과 석탄을 줄이고 국가 전원을 가스와 신재생에너지로 채운다는 정책 목표를 발표했다. 그만큼 지난 정부의 원전 계획은 대폭 축소됐다. 이후 신재생 3020(2030년까지 신재생 발전비중을 20%로 확대) 정책의 연장선상에 놓여있다.

특히 2018년은 3차 에너지 기본계획, 2030 기후 로드맵, 기후 기본계획, 4차 에너지 기술개발 10개년 계획 등 에너지와 기후·환경 관련 중요한 계획들이 동시에 수립되는 해이기도 하다. 특히 기후변화 대응도 중요한 이슈이다. 우리나라는 국제 사회에 2030년까지 온실가스에 관해 37%의 국가 감축 목표를 표명했다. 이는 국제적으로 합의된 협약인 1차 INDC(자발적 감축 목표)에 근거해 제출함으로써 국제사회의 일원으로서 상당한 부담을 갖게 된 것임을 의미한다. 우리나라는 조만간 2차 INDC를 제출해야 하고 그간의 노력을 설명할 수 있어야 한다.

그만큼 2018년에는 에너지 시스템의 새로운 혁신을 위한 다양한 노력이 요되는 중요한 시기이다. 운영세제인 시장제도의 개편, 신재생 3020 실행인 마련, 기후 정책의 확정 및 공감대 확보, 세제 개편, 에너지 기술의 혁신 시스템 개선, 사용 후 핵연료 이슈, 분산화·분권화 논의, 미세먼지 대책, 전력망 논쟁, 4차 산업혁명의 현실화 등 이슈들이 산적해 있다. 새롭게 시작된 정부의 에너지 및 기후 정책이 어떤 결과를 가져올지 잘 지켜봐야 하는 대목이기도 하다.

참고문헌

David lv. weil. 박웅기 외 옮김(2009), 『경제성장론』, 시그마프레스.

KEI 국가기후 변화적응센터(2011), 『제3회 기후 변화 적응 국제 심포지엄』.

김연주(2015), "날씨로 인한 감정이 소비자의 음료 선택행동에 미치는 영향", 세종대학교 석사학위논문.

이용관(2012), "날씨가 시간사용에 미치는 영향에 관한 연구", 『경제학연구』 60 – 4.

한국환경정책평가연구원(2012), 『우리나라 기후 변화의 경제학적 분석 Ⅲ』.

2050 청소년 체험 사이트(2050.sejong.ac.kr)

co2zero사이트(www.co2zero.kr)

국기후변화적응센터(http://ccas.kei.re.kr)

그린스타트 홈페이지(www.greenstart.kr)

한국BCP협회 홈페이지(www.bcp.or.kr)

보충자료

1. 최근 10년간 우리나라의 기상재해 현황(총괄)

구분 (연도)	사망 · 실종 (명)	이재민 (명)	침수면적 (ha)	재산 피해액 (천원)	피해 복구액 (천원)
2007	17	675	4,859	251,810,876	489,796,135
2008	11	4,627	602	63,702,745	147,620,460
2009	13	11,931	5,677	298,808,378	773,534,454
2010	14	76,110	12,925	426,781,877	715,405,989
2011	78	70,099	14,892	794,200,453	1,654,029,093
2012	16	18,356	487	1,089,209,727	2,053,175,755
2013	4	4,233	0	172,137,010	386,558,738
2014	2	7,691	89	180,018,668	507,064,701
2015	0	92	0	31,862,144	38,122,461
2016	7	597	630	288,361,815	590,607,300
합 계	162	194,411	40,161	3,596,893,693	7,355,915,086
평 균	16.2	19,441.1	4016.1	359,689,369.3	735,591,508.6

자료 : 행정안전부의 통계자료를 이용했으며, 재산피해액은 당해 연도 가격 기준임.

2. 최근 10년간 우리나라 원인별 기상재해 피해액 추이

구분 (연도)	태풍	호우	대설(폭풍설)	강풍	풍랑	기타	합계(천원)
2007	160,869,065	43,492,016	7,441,606	6,879,906	33,128,283		251,810,876
2008	857,693	58,089,213	3,640,801	1,115,038	0		63,702,745
2009	0	254,904,366	12,778,882	7,035,780	24,089,350		298,808,378
2010	172,506,416	180,762,236	66,302,647	174,255	7,036,323		426,781,877
2011	218,314,109	527,611,345	47,976,042	0	298,957		794,200,453
2012	1,003,715,099	38,430,828	20,351,669	26,712,131	0		1,089,209,727
2013	1,689,784	158,128,802	11,342,040	932,227	44,157		172,137,010
2014	5,291,295	142,211,454	32,421,368	94,551	0		180,018,668
2015	13,404,137	1,212,664	13,020,565	3,891,317	333,461		31,862,144
2016	214,464,271	35,886,806	18,688,655	0	8,302,366		277,342,098
합계	1,791,111,869	1,440,729,730	233,964,275	46,835,205	73,232,897		3,585,873,976

자료 : 행정안전부의 통계자료를 이용했으며, 재산피해액은 당해 연도 가격 기준임.

주 : 호우 · 태풍은 2000년까지 사용한 구분이며, 2001년부터는 태풍, 호우로 분리 구분 2005년부터 폭풍설을 강풍과 대설로 구분 집계 2006년부터 강풍을 강풍과 풍랑으로 구분 집계한 것임.

3. 기후변화 경제학적 분석 I · II 요약

우리나라 기후변화의 경제학적 분석 : 1차년도(2009) 및 2차년도(2011) 연구의 주요내용

부문	1차년도 연구	2차년도 연구
시나리오	• A1B(한국 특징적 시나리오 제시 되지 않음)	• 우리나라 주요변수들을 포함하여 2100년도까지 다양한 시나리오 제시 • 기후변화시나리오(세계 및 한반도 지역기온) • 사회경제시나리오(인구, GDP 등) • 에너지 및 기술개발 시나리오(에너지 수요 및 공급, 국내 산업구조 변화 등) • 온실가스 감축 시나리오 • 토지이용 시나리오(주거 및 농업용 토지이용)
수자원	(1차년도 연구에 포함되지 않음)	• 주요 유역(한강, 낙동강, 금강, 영산강)을 중심으로 기후변화에 따른 강수량 및 유출량 예측 • 기후변화가 댐의 저수용량에 미치는 여향 도출하여 피해비용 산출
산림 생태계	• 산림식생분포의 변화 예측 - 침엽수림, 활엽수림(가시나무류 군락 포함), 침활혼효림 대상으로 예측	• 기후변화에 따른 산림분포 변화, 산림기능 변화 및 산림재해(산불, 산사태) 가능성 변화 분석을 통한 피해비용 산출
식량	• 벼 생산량 변화 예측 - 전라도 단위 면적당 벼 생산량을 중심으로 예측	• 벼 생산량에 대한 추가적 분석 - 30년 편년의 기상자료가 구축되어 있는 전국 56개 지역(도서지역, 대관령, 추풍령지역 제외) • 보리 생산량에 대한 분석 • 기후변화가 농업이윤에 미치는 피해비용 산출
건강	• 여름철 이상고온으로 인한 초과사망 피해 추정 - 서울시를 대상으로 예측	• 여름철 이상고온에 따른 초과사망자를 전국단위로 산출 • 이상고온에 따른 초과사망자를 화폐학적 비용으로 추정하여 기후 변화의 피해비용 산출
연안	• 해수면 상승에 따른 습지와 건조지역의 침수면적 및 피해가치 산출	• 해수면 상승에 따른 우리나라 해안사빈(모래사장)의 침식(후퇴)을 예측 - 연안지역의 주요 관광자원의 하나인 해수욕장을 대상으로 피해 비용 산출
재해	• 기후변화로 인한 대표적인 재난에 대한 현황 및 향후 예측 자료 조사	(2차년도 연구에서는 부문별 재난 예측 포함)

4. 기후변화 경제학적 분석 Ⅲ : 부문별 기후변화 영향의 종합결과

수자원	• 기후변화에 다른 주요 강유역의 수자원 피해비용은 2100년에 약 1,076억 원으로 추정
산림생태계	• 기후변화에 의해 2100년에 잠재 산림분포의 변화(아고산 및 냉온대 면적 약 25% 감소, 온난대 및 아열대 면적 약 65% 증가)와 잠재 토양탄소저장량의 감소가 예상되며 이에 따른 피해비용은 2100년 약 3,301억 원 추정
농업	• 기후변화로 인한 쌀 단수 감소로 농업총이윤은 2100년까지 지속적인 손실(약 7%) 예상 • 재배시기 조정 등 적절한 적응대책 사용 시 농업총이윤이 오히려 증가(약 4%)할 것으로 예상
건강	• 여름철 폭염으로 인한 초과사망자가 2100년까지 증가할 것으로 예상(65세 이상 인구기준. 2011~2020년 평균 약 264명, 2091~2100년 평균 약 8,175명) • 폭염경보 등 적응대책 추진 시 매년 피해규모의 약 14%절감 예상(2100년, 약 2,064억 원 절감)
연안	• 기후변화로 인한 해수면 상승에 따른 연안 침식 피해비용은 2100년 약 1조 2,234억 원, 범람 피해비용은 약 6조 3,053억 원이 되어 2100년 총 피해비용이 약 7조 5,287억 원에 이를 것으로 추정

* 기후변화에 부문별 피해비용은 연안(1.01%) 〉 건강(0.12%) 〉 식량(0.05%) 〉 산림생태계(0.03%) 〉 수자원(0.01%) 순으로 나타남. 위는 부문별 피해비용 중 일부 영향만 고려한 것으로 추가적 부문 분석 시 부문별 피해비용 및 상대적 피해정도는 변화될 수 있음

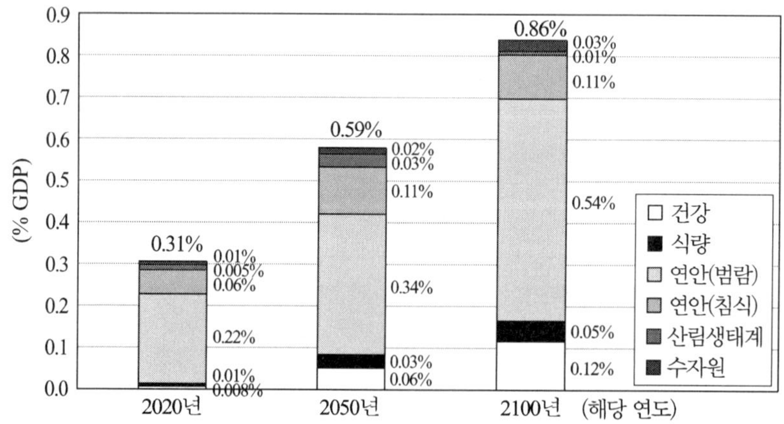

〈그림 10-1〉 부문별 기후변화 피해비용

(출처 : 채여라 외, 우리나라 기후변화 경제학적 분석 Ⅲ, 한국환경정책・평가연구원, 2012)

제11장

기후 변화와 식량

제1절 식량 생산에 미치는 주요 원인
제2절 세계 식량 현황
제3절 국내 식량 현황
제4절 식량 대책

식량은 농산, 축산, 수산물을 가공하여 얻어왔으나 이 중 가장 기본적인 식량 자원은 농산물이다. 농경시대 이후 밀, 쌀, 옥수수 등 곡물을 대량 재배하여 식량으로 이용하여 왔고, 또한 소, 돼지 등의 축산물과 어류 등의 수산물 생산을 위한 사료로 다량의 농산물이 이용되기 때문이다. 그러나 농산물의 생산량은 기온, 강우량 등 기후 변화와 밀접한 관련이 있다. 기후 변화는 산업화시대 이후 꾸준히 증가한 이산화탄소에 의한 지구의 온실가스가 주요 원인이다. 온실가스 증가로 인하여 기온이 증가하고, 빙하가 녹고, 집중 강우가 빈번하고, 기후 변동 폭이 증가하는 등 기상 이변이 빈번히 발생한다. 2008년 이산화탄소의 농도는 385.3 ppm이었고, 매년 0.5 %씩 증가하여 10년 후에는 약 410 ppm에 도달하고, 이로 인한 기온 증가는 산업화 이전에 비하여 2.4 ℃ 증가에 해당된다(그림 11－1).

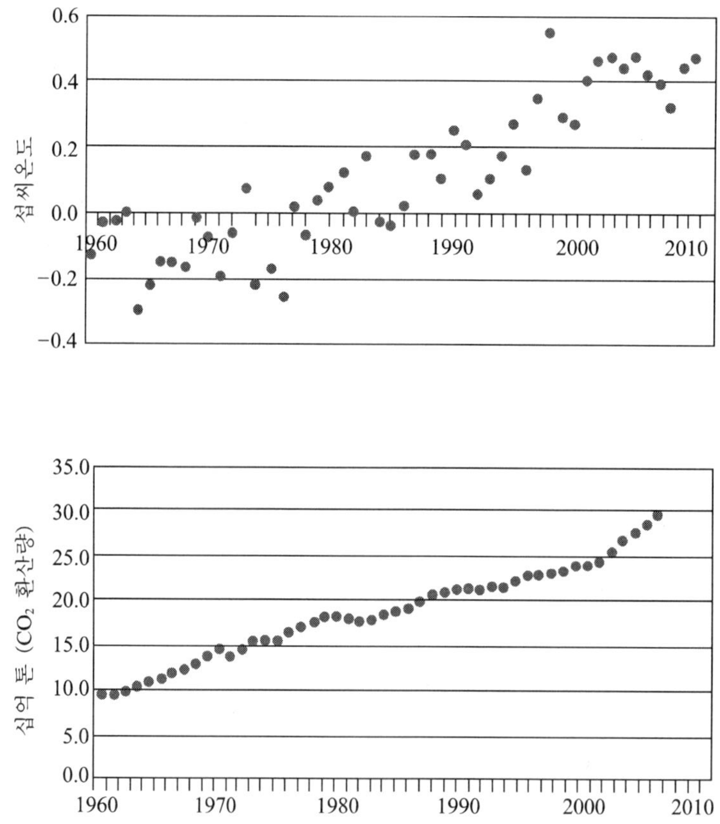

〈그림 11－1〉 세계 기온 편차 및 온실가스 배출량 (자료: Beddington et al., 2012)

기후 변화로 인한 기온 변화, 홍수, 태풍 등의 기상 이변은 밀, 쌀, 옥수수 등의 농산물 생산량에 단기적 및 장기적으로 직접적인 영향을 끼친다(표 11－1).

[표 11-1] 기후 변화가 식량 생산에 미치는 직접적 영향

	식량 생산 영향
단기적	고온, 저온 등 기온 변화에 의한 생산량 감소 태풍, 폭설 등 재해에 의한 생산량 감소 홍수, 가뭄에 의한 농경지 및 농업용수 감소 병충해 발생 증가
장기적	사막화 등에 의한 농경지 감소 농약, 비료 사용에 의한 생태계 약화 생물 다양성 감소

제1절 식량 생산에 미치는 주요 원인

1. 경작지

식량 생산에 중요한 요인으로는 경작지, 농업용수, 기후가 있다. 이 중 경작지는 개발도상국의 경우 일부 지역에서는 산림 개간 등을 통해 증가하나 다른 지역에서는 사막화, 집중 호우 등의 기후 변화에 의하여 감소하고 있다. 반면에 선진국에서는 산업화로 인한 농경지가 공업 단지로 점차 변화되어 감소하고 있다.

전 세계 경작지는 14억 111만 헥타르로 선진국이 41 %, 개발도상국이 59 %를 차지한다. 지역적으로는 경작지 면적이 아시아가 가장 많고, 다음으로 유럽이며, 아프리카와 북미는 거의 비슷하다. 라틴아메리카는 유럽의 절반 수준이다. 1991년 이후 선진국은 전체 경작지의 약 4 %인 5천6백만 헥타르의 경작지가 줄었고, 개발도상국은 약 6천4백만 헥타르가 증가하여 지난 15년간 전체 경작지의 약 0.5 %에 해당하는 8백만 헥타르가 증가하였다. 이는 대략 호주의 총 경작지에 해당되는 면적이다. 그러나 집중 경작과 지나친 비료 사용으로 경작지가 손상되고 있는데 전체 경작지의 약 40 %가 부분적으로 손상을 받고 있다.

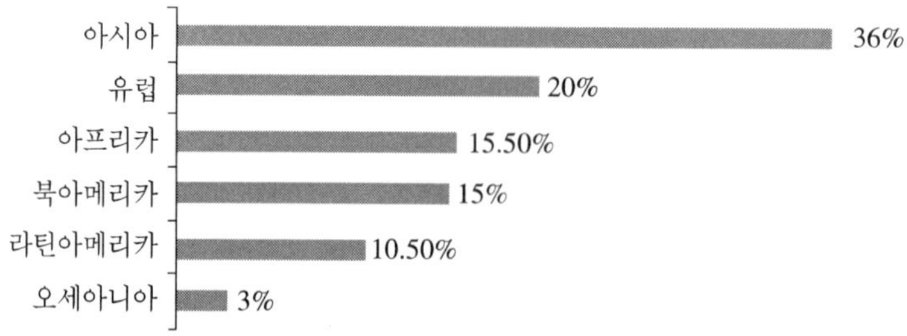

〈그림 11-2〉 전 세계 경작지 비율 (자료: Universal Ecological Fund, 2011)

2. 농업용수

전 세계 농경지의 80 %, 그리고 목초지의 거의 100 %가 비에 의존하고 있으나, 점차 관개 농지가 증가하고 있는 추세이다.

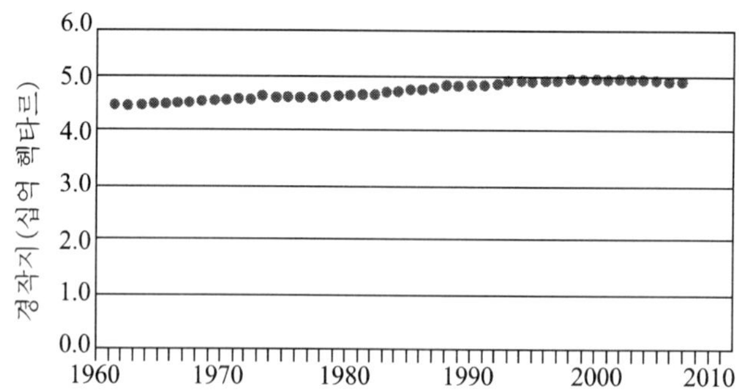

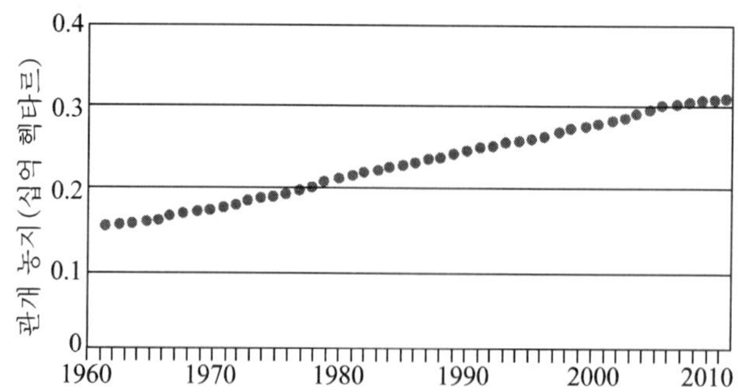

〈그림 11-3〉 전 세계 경작지와 관계농지 변화 (자료: Beddington et al., 2012)

3. 기후

기후는 온도, 강수량과 바람을 포함한다. 이들의 조합에 따라 세계 각 지역의 독특한 기후 특성을 나타낸다. 전 세계의 주요 농업 생산 지역은 온대와 열대 지역에 위치해 있다. 기후 변화가 식량 생산에 영향을 많이 미치는 지역은 용수 부족과 기온 증가가 발생이 예상되는 적도 지역과 강우량 변화가 예상되는 온대 지역이다. 기온 증가와 강우 패턴의 변화는 농작물 생산에 직접 영향을 미치고, 동시에 관개용수량에도 영향을 미친다. 기후 변화가 식량 생산에 미치는 영향은 지역에 따라 긍정적인 지역도 있고, 부정적인 지역도 있지만, 전 세계적으로는 부정적인 영향을 미친다.

제2절
세계 식량 현황

1. 기후 변화가 세계 식량 생산량에 미치는 영향

기후 변화가 농작물 생산에 미치는 영향을 조사하기 위하여 NCAR(National Center for Atmospheric Research, UK)과 CSIRO(Commonwealth Scientific and Industrial Research Organization, Australia)의 2가지 모델을 이용하여 2050년 곡물 생산량을 예측한 결과 기후 변화로 인하여 곡물 생산에 가장 피해가 큰 지역은 사하라사막 이남의 남부아프리카와 남아시아이다(표 11－2). 2050년에 남아시아의 경우 기후 변화로 인해 쌀, 밀, 옥수수의 생산량이 각각 14 %, 44~49 %, 9~19 % 감소할 것으로 예측되고, 남부아프리카에서는 쌀, 밀, 옥수수 생산량이 각각 15 %, 34 %, 10 % 감소한다고 예측된다. 반면에 극동 지역은 농작물의 종류에 따라 달라지는 데 쌀은 약 10 % 감소하나 밀은 약간 증가한다고 예측된다. 개발도상국은 선진국에 비하여 전체 곡물을 평균하여 볼 때 영향을 많이 받을 것으로 예측된다.

[표 11-2] 기후 변화가 2050년 식량 생산에 미치는 영향

곡물생산	남아시아	극동 아시아	유럽 및 중앙아시아	라틴 아메리카	북 아프리카	남부 아프리카	선진국	개발 도상국	전 세계
쌀									
2000(mmt)	119.8	221.7	1.1	14.8	5.5	7.4	20.4	370.3	390.7
2050 No CC(mmt)	169.9	217.0	2.6	17.8	10.3	18.3	20.3	434.9	455.2
2050 No CC(% change)	41.0	−2.1	144.4	19.8	87.4	146.0	−0.3	17.4	16.5
CSIRO(% change)	−14.3	−8.1	−0.2	−21.7	−32.9	−14.5	−11.8	−11.9	−11.9
NCAR(% change)	−14.5	−11.3	−0.8	−19.2	−39.7	−15.2	−10.6	−13.6	−13.5
밀									
2000(mmt)	96.7	102.1	127.5	23.5	23.6	4.5	205.2	377.9	583.1
2050 No CC(mmt)	191.3	104.3	252.6	42.1	62.0	11.4	253.7	663.6	917.4
2050 No CC(% change)	97.9	2.1	98.1	78.7	162.3	154.4	23.6	75.6	57.3
CSIRO(% change)	−43.7	1.8	−43.4	11.4	−5.1	−33.5	−7.6	−29.2	−23.2
NCAR(% change)	−48.8	1.8	−51.0	17.4	−8.7	−35.8	−11.2	−33.5	−27.4
옥수수									
2000(mmt)	16.2	141.8	38.0	80.1	8.2	37.1	297.9	321.3	619.2
2050 No CC(mmt)	18.7	264.7	62.7	143.1	13.1	53.9	505.1	556.2	1,061.3
2050 No CC(% change)	15.7	86.6	65.1	78.8	59.4	45.3	69.6	73.1	71.4
CSIRO(% change)	−18.5	−12.7	−19.0	−0.3	−6.8	−9.6	11.5	−10.0	0.2
NCAR(% change)	−8.9	8.9	−38.3	−4.0	−9.8	−7.1	1.8	−2.3	−0.4
조									
2000(mmt)	10.5	2.3	1.2	0.0	0.0	13.1	0.5	27.3	27.8
2050 No CC(mmt)	12.3	3.5	2.1	0.1	0.1	48.1	0.8	66.2	67.0
2050 No CC(% change)	16.5	50.1	77.2	113.0	128.0	267.2	60.5	142.5	141.0
CSIRO(% change)	−19.0	4.2	−4.3	8.8	−5.5	−6.9	−3.0	−8.5	−8.4
NCAR(% change)	−9.5	8.3	−5.2	7.2	−2.7	−7.6	−5.6	−7.0	−7.0
수수									
2000(mmt)	8.4	3.1	0.1	11.4	1.0	19.0	16.9	43.0	59.9
2050 No CC(mmt)	9.6	3.4	0.4	28.0	1.1	60.1	20.9	102.6	123.5
2050 No CC(% change)	13.9	11.6	180.9	145.3	12.2	216.9	23.6	138.7	106.2
CSIRO(% change)	−19.6	1.4	−2.7	2.3	0.3	−2.3	−3.1	−2.5	−2.6
NCAR(% change)	−12.2	6.7	−10.4	4.3	0.7	−3.0	−7.3	−1.5	−2.5

Note: The rows labeled "2050 No CC(% change)" indicate the percent change between production in 2000 and 2050 with no climate change. The rows labeled "CSIRO(% change)" and "NCAR(% change)" indicate the additional percent change in production in 2050 due to climate change relative to 2050 with no climate change. For example, South Asia sorghum production was 8.4 mmt in 2000. With no climate change, South Asia sorghum production is predicted to increase to 9.6 mmt in 2050, an increase of 13.9 percent. With the CSIRO scenario, South Asia sorghum production in 2050 is 19.6 percent lower than with no climate change in 2050(7.72 mmt instead of 9.6 mmt); mmt = million metric tons.

자료: Nelson et al., 2009

2. 세계 인구증가

전 세계 인구증가는 지난 50년에 비하여 증가 속도는 상당히 저하될 것으로 예상되나 절대 증가수는 여전히 높다(그림 11−4). 현재 전 세계 인구는 약 68억이며 2050년에는 91억

으로 23억 즉, 34 % 증가가 예상되는 데 대부분의 인구증가는 개발도상국에서 일어나며 그 중에서도 최빈국에서 많이 증가될 것이다. 또한 도시화도 지속되어 도시화 비율이 현재 약 49 %에서 2050년에는 전 인류의 약 70 %가 도시에서 거주할 것이다. 도시 생활은 소득 수준 증가와 더불어 기존의 생활 습관, 특히 식습관에 매우 큰 영향을 끼쳐 곡물 및 다른 주요 곡물의 수요는 감소하고 대신 야채, 과일, 고기, 유제품, 생선 등의 소비가 증가할 것이다. 도시 인구의 비중은 증가하지만 농촌 지역은 당분간 가난과 굶주림에 처할 것이며 현재에도 약 10억의 인구가 식사를 통한 에너지를 충분한 섭취 못하고 있다.

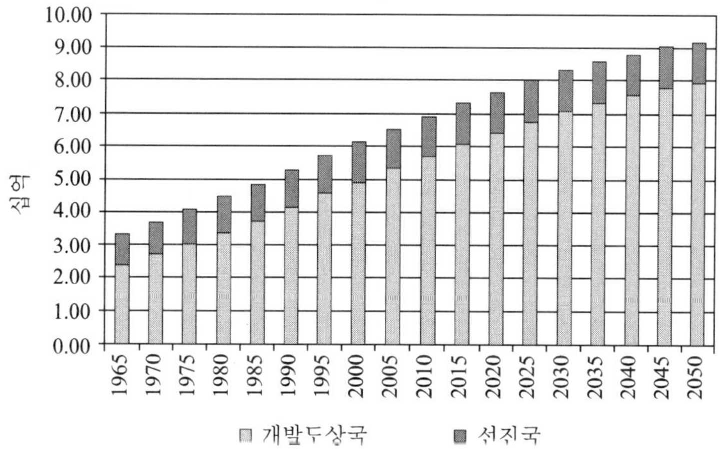

〈그림 11-4〉 전 세계 인구증가 (자료: FAO, 2009)

3. 식량소비 추세

우리는 식품 섭취를 통해 얻은 에너지를 이용하여 성장, 기초 대사 등 생명을 유지하고 있다. 건강한 식사는 신체 건강에 필요한 영양원을 제공하나 영양이 부족하면, 면역저하, 육체와 정신 발달 지체 등이 발생된다. 식품을 통해 얻을 수 있는 성분 중 탄수화물, 단백질, 지질이 기본 에너지원이고, 미량 성분으로 비타민, 무기질이 필요하다.

1990년과 2000년간의 식품 소비경향은 큰 차이가 없다. 야채는 42~44 %, 구근류는 17~18 %, 육류 8.5~9.5 %, 유제품 20 %이다. 그러나 선진국과 개발 도상국간의 식품소비 패턴의 차이는 크다. 선진국은 곡물의 소비가 전체 식품의 1/3이나, 개발도상국은 1/2이다. 반면에 육류는 개발도상국이 5~7 %, 선진국이 14.5~15 %이며, 유제품도 개발도상국은 10~11.5 %, 선진국은 36~37 %이다. 개발도상국에서는 부족한 육류 단백질을 보충하기 위해 5 %의 콩류를 소비한다.

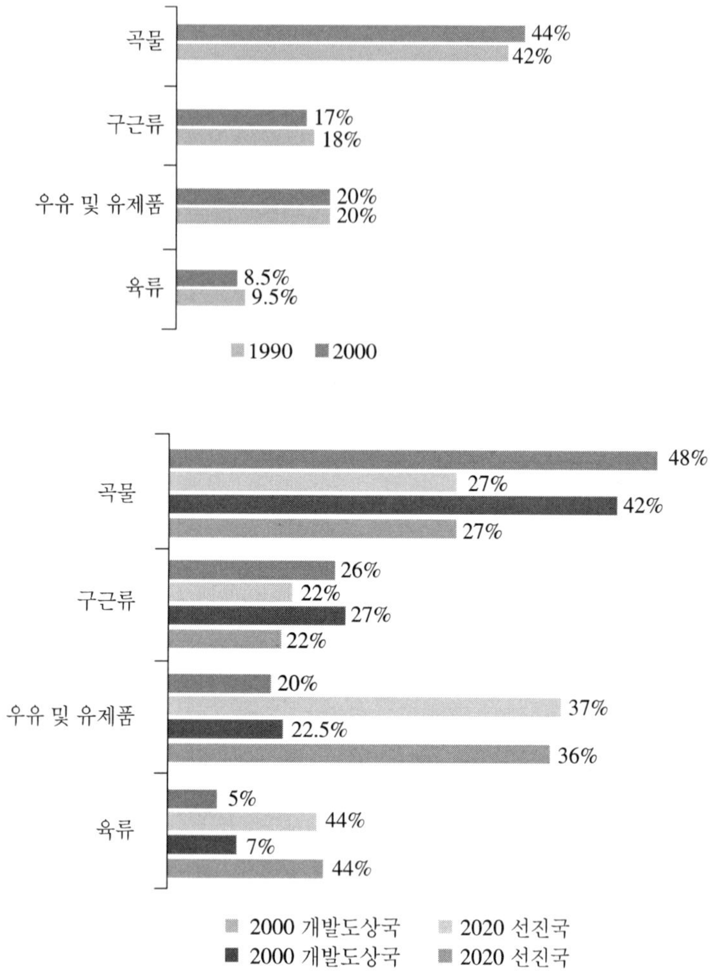

〈그림 11-5〉 전 세계 식량 소비 실태 (자료: Universal Ecological Fund, 2011)

한편 소득이 증가하고, 식품의 구매가 용이 할수록 식품의 패턴의 변화가 발생한다(그림 11-6). 즉, 소득 증가와 식품의 구매가 용이함에 따라 식단 중 단백질의 비율은 큰 변화가 없으나 탄수화물 비율은 급격히 감소하고, 지방 비율은 반대로 증가한다. 이러한 경향은 중국 등의 아시아와 중남미 등 신흥 경제 성장국에서 발생할 것으로 예측 된다. 지방 섭취의 증가는 다시 말해 식물성 식단에서 동물성 식단으로 패턴이 변화됨을 의미하는 데 동물성 식품 생산 증가는 상당량의 곡물이 사료로 소요되며 이에 따라 1인의 동물성 식품 식량을 생산하는 데 더욱 많은 경작지가 필요하게 되고 전 세계 식량 부족의 중요 원인이 된다(표 11-3).

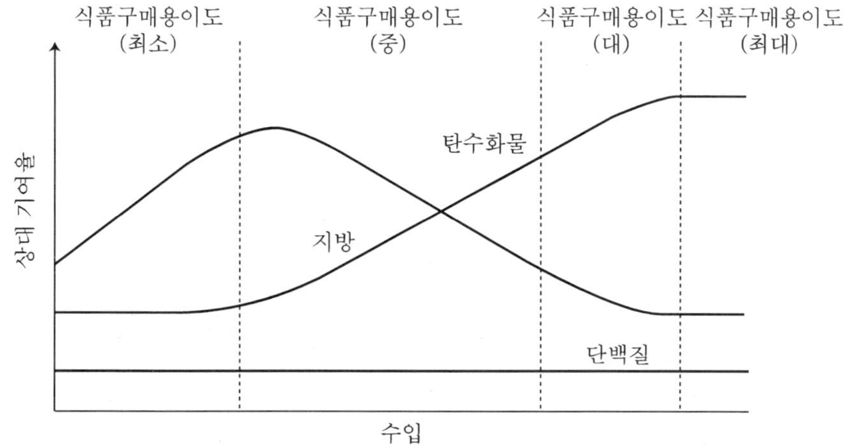

〈그림 11-6〉 수입에 따른 식단 변화 (자료: Beddington et al., 2012)

[표 11-3] 동물의 사료 단백질 전환율

종류	사료단백질 전환율(%)
쇠고기	4.8
돼지고기	12.5
닭고기	17.7
우유	22.9
계란	23.5

자료: 박현진 등, 2008

4. 식량낭비

식량 낭비와 손실은 지역과 식품 공급 단계에 따라 달라진다(그림 11-7). 가장 손실이 많은 지역은 북미, 유럽, 극동 아시아 순이고, 가장 손실이 적은 지역은 남부아프리카, 남아시아이다. 손실이 발생하는 단계를 살펴보면 아프리카, 동남아시아의 경우는 수확 후 단계와 경작단계에서 손실이 높다. 반면에 중진국 및 선진국인 유럽, 북미, 극동 아시아 지역에서는 소비단계에서 식량 낭비가 크다. 이는 개발도상국에서는 식량의 보관 시설 부족하여 식량이 변질되어 손실이 많이 발생하는 데 비하여 선진국에서는 과구매와 과소비로 인한 음식쓰레기가 식량 손실의 주요 원인임을 알 수 있다.

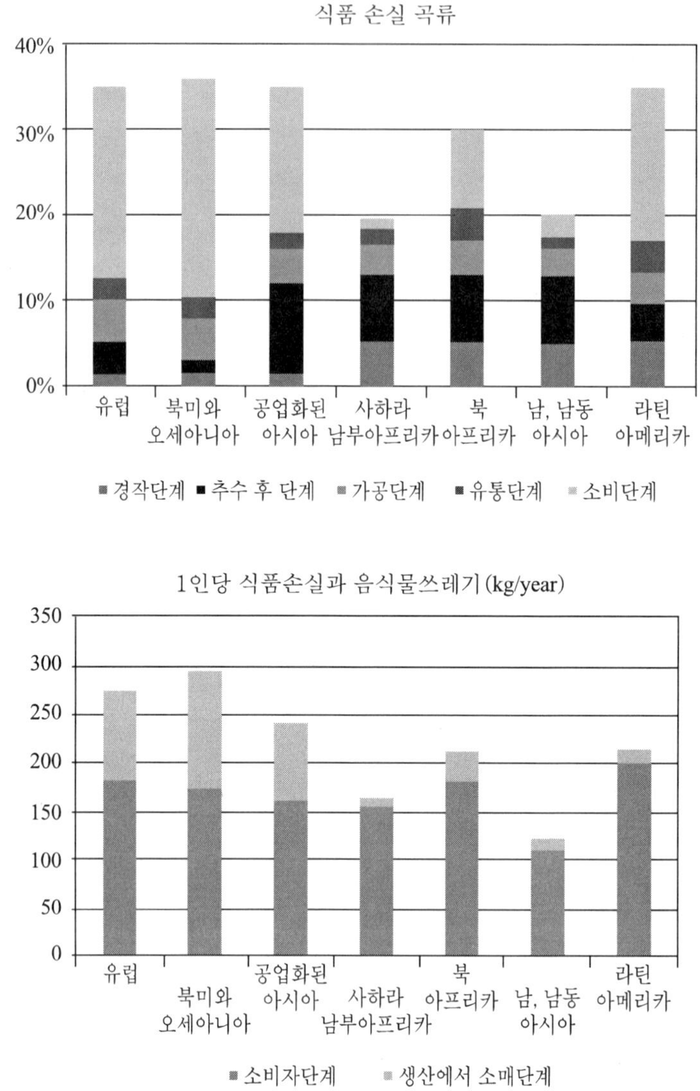

〈그림 11-7〉 지역별 식량 손실 및 낭비 (자료: Beddington et al., 2012)

5. 전 세계 기아

기후 변화에 의한 식량 부족과 곡물 가격 상승은 기아와 영양실조를 초래한다. 특히 2007~2008년 식량 가격 상승 시에 만성적 기아가 1억1천 5백만에 이르렀다. 영양실조의 피해자는 대부분이 여성과 어린이인데 미숙아는 어머니의 영양 부족과 연관성이 크다. 오늘날, 저개발 국가에서 매년 5세 이하의 어린이 6백5십만 명이 영양결핍, 기아로 사망한다. 2020

년에 인구가 8억9천만 명이 더 증가되면 영양 부족의 수가 증가되어 전 세계 인구 5명 중 1명이 굶주림에 고통을 받을 것이다.

전 세계 영양 부족 인구수와 비율은 표 11-4와 같다. 가장 영양 부족 인구가 많은 곳은 남아시아이고 다음으로 남아프리카, 동아시아 순이다.

[표 11-4] 지역별 영양 결핍 인구 수 및 비율

지역	영양 부족 인구수(백만)		전체 영양 부족 인구수 비율(%)	
	1990~92년	2011~13년	1990~92년	2011~13년
선진국	20	16	2	2
남아시아	314	295	31	35
사하라사막 남부아프리카	173	223	17	26
동아시아	279	167	27	20
동남아시아	140	65	14	8
라틴아메리카와 카리브해	66	47	6	6
서아시아와 북아프리카	13	24	1	3
코카시아와 중앙아시아	10	6	1	1
오세아니아	1	1	0	0
합계	1,015	842	100	100

자료: FAO, IFAD and WFP. 2013

또한 그림 11-7처럼 지역 별 인구 당 영양 부족인구의 비율은 1990년에는 남아프리카, 동남아시아, 카라비안, 남아시아 동아시아 순으로 높았으나, 2011년에는 남아프리카, 카라비안, 남아시아, 오세아니아 순으로 지역별 감소 경향이 다르게 나타났다. 특히 동남아시아와 동아시아 지역의 영양 부족 인구의 비율이 크게 감소한 반면에 남부 아프리카는 가장 감소 비율이 낮았다. 이는 아시아 지역은 경제 성장으로 인하여 영양 결핍 비율이 줄어듦을 알 수 있다.

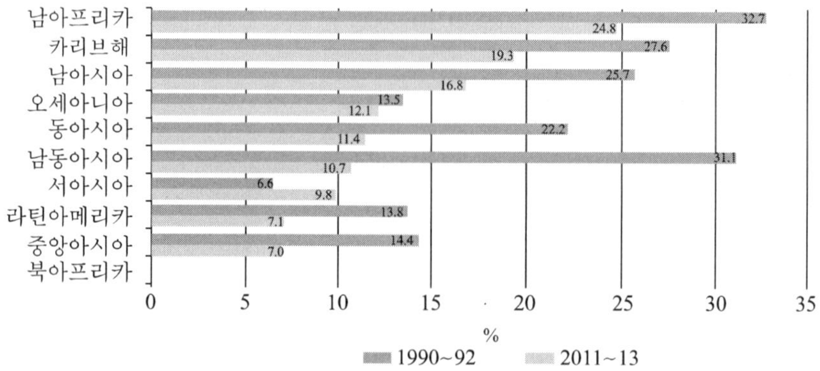

〈그림 11-7〉 **지역별 영양실조 감소 추세** (자료: FAO, IFAD and WFP, 2013)

제3절 국내 식량 현황

국내 식량 구조는 매우 열악하다. 2010년 곡물자급률의 경우 OECD 국가 평균이 110 %인데 한국은 27 %로 낮으며 이 중 쌀과 서류는 각각 104.6 %, 98.7 %이나 밀은 1.7 %로 매우 취약하다. 또한 농경지 면적도 2005년 이후 연평균 1.2 % 감소하여 2010년 1,715천 ha로 지속적으로 감소하고 있는 실정이다. 2008년과 2010년의 국제 곡물 가격 폭등, 기후 변화 지속, 인구증가 그리고 바이오연료 증가에 따라 향후 세계 식량의 전망이 매우 어두운 편이다. 이에 따라 정부에서는 새로운 식량자급률을 발표하였는데 곡물자급률은 기존 26.5 %에서 2015년 30 %, 2020년 32 % 2022년 27.3 %로, 주식 자급률은 54.9 %에서 2015년 57 %로, 2020년 60 %, 2022년 55.4 %로 조절하였다. 특히 밀의 경우 2010년 1.7 %에서 2016년 10 %, 2020년 15 %로 목표치를 대폭 높였다가 2022년에 다시 9.9 %로 하향하여 현실화하였다.

[표 11-5] 국내 식량 자급률

품목	'10년	'15년 목표치		'20년 목표치	'22년 목표치
		기존	재설정		
곡물자급률 * 사료용 포함	26.7	25.0	**30.0**	**32.0**	**27.3**
식량자급률 * 식용곡물	54.9	-	**57.0**	**60.0**	**55.4**
주식자급률 * 쌀 + 밀(+보리)	64.6 ('08년)	54.0	**70.0**	**72.0**	**63.6**
쌀	104.6	90.0	**98.0**	**98.0**	**98.3**
보리	27.8	31.0	**31.0**	**31.0**	**36.6**
밀	1.7	1.0	**10.0**	**15.0**	**9.9**
콩	31.7	42.0	**36.3**	**40.0**	**45.2**
옥수수				**-**	**8.2**
서류	98.7	99.0	**99.0**	**99.0**	**109.0**
사료	37.5	-	**41.2**	**44.4**	**38.4**
- 배합사료	24.7	-	**24.2**	**24.6**	**23.6**
- 조사료				**90.0**	**87.0**
채소류	89.3	85.0	**86.0**	**83.0**	**89.5**
과실류	81.1	66.0	**80.0**	**78.0**	**77.4**
육류	72.0	71.0	**71.4**	**72.1**	**72.0**
- 쇠고기	43.2	46.0	**44.8**	**48.0**	**42.6**
- 돼지고기	80.9	81.0	**80.0**	**80.0**	**78.6**
- 닭고기	79.7	80.0	**80.0**	**80.0**	**83.2**
우유 및 유제품	65.4	65.0	**65.0**	**64.0**	**54.5**
계란	99.8	100	**99.0**	**99.0**	**99.6**

* 곡물자급률은 곡물전체(사료용 포함)를, 식량자급률은 식용곡물만을 대상으로 산출

** 주식자급률 '15년목표치는 보리를 제외한 수치임

*** 보리, 밀, 콩은 사료용을 제외한 식용 자급률임

***** 사료자급률은 배합사료와 조사료의 생산량 · 소비량을 단순 합산하여 산출

자료: 농림수산식품부, 2011, 농림축산식품부 2018

제4절

식량 대책

기후 변화에 따른 식량 문제는 국내만의 문제가 아니고 전 세계적인 문제이다. 우리가 살고 있는 지구촌은 다음의 요소에 영향을 받는다. 즉, 주어진 기후 조건에서 생산할 수 있는 식량 생산량, 인구증가에 따라 필요한 식량, 그리고 농업활동이 기후 변화에 끼치는 영향 등이다(그림 11-8). 현재 지구촌은 영양결핍에 고통 받고 있는 수많은 사람을 통해 알 수 있듯이 지구촌 안전영역 밖에서 작동한다. 만약 인구증가, 식습관, 곡물생산량 및 기후 변화가 현 상태로 계속 유지된다면 2050년에도 여전히 안전영역 밖에 있을 것이고 조절이 어려운 단계로 넘어갈 것이다. 전 세계 식량 문제를 해결하기 위해서는 다양한 노력이 필요하다. 예를 들어 인구증가에 따라 필요한 식량은 채식 비율을 높인 식단, 식량손실 감소, 식량의 효율적인 유통관리를 통해 줄일 수 있다. 그리고 기후 환경에 적합한 곡물 재배, 농업용수관리 및 농업 혁신을 통해 식량 변화에 적응할 수 있을 것이다. 또한 농업 생산 활동 중 발생하는 온실가스를 감소하려는 노력도 식량문제 해결에 도움이 될 것이다.

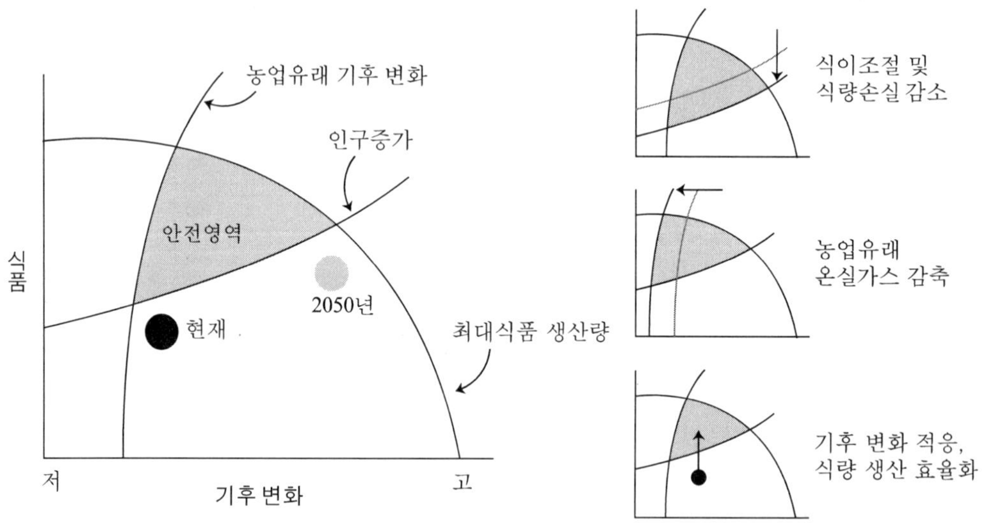

〈그림 11-8〉 식량과 기후 변화의 안전영역 (자료: Beddington et al., 2012)

1. 온실가스 감소

온실가스의 감소를 위해서는 화석 연료 소비를 줄이기 위한 꾸준한 노력이 필요하다. 현재 전 세계적으로 화석 연료 소비를 줄이기 위해 바이오에탄올, 바이오디젤, 풍력 등 지속 가능한 대체 에너지 개발 및 실용화에 대한 관심이 매우 높다. 그러나 바이오 에탄올의 경우 에탄올 생산을 위해 옥수수를 원료로 다량 사용함에 따라 전 세계적으로 곡물 가격의 불안을 초래할 위험이 있다. 따라서 식용과 사료로 부적합한 농산물 부산물을 이용한 에탄올 생산을 위한 적극적인 연구 투자가 필요하다. 또한 식량 생산 과정 중 발생하는 온실가스를 감소하기 위한 노력이 동시에 요구된다.

2. 기후 변화에 적응

기후 변화에 따른 병충해 증가, 기온 변화에 적합한 우수한 종 개발을 위해 다양한 연구 개발이 필요하다. 동시에 농업용수 부족이 예상되므로 물을 효율적으로 활용할 수 있는 관개 시설 확충이 필요하다.

3. 식습관 및 음식쓰레기 낭비 줄이기

소득 증가에 따라 전 세계적으로 동물성 식품의 소비가 증가하고 있다. 그러나 동물성 식품을 소비가 증가하면 증가할수록 식량 위기가 심해질 것이며 이로 인한 각종 문제 발생이 우려된다. 따라서 채식을 적극적으로 활용하기 위한 다양한 식품 개발이 매우 필요하다. 또한 현재 개발도상국의 식단의 44 %를 차지하는 곡류를 기후 변화에 적합한 감자, 고구마 등의 구근류로 전환하기 위한 노력이 필요하다.

- 시리얼에서 구근류로 전환(시리얼은 개발도상국 식단에 평균 44 % 차지)
- 감자는 4번째로 중요한 작물이다(추위와 병충해에 잘 견디는 감자 개발)
- 고구마는 5번째 주요 작물(쌀, 옥수수, 감자에 비해 물 소비가 적음)
- 축육, 유제품에서 식물성 단백질로 소비 변화(단백질 공급원으로 콩류 이용, 콩에는 단백질이 18~25 % 함유)
- 개발도상국에서는 콩류를 5 % 소비(선진국 0.5 % 소비)

참고문헌

Beddington J, Asaduzzaman M, Clark M, Fernández A, Guillou M, Jahn M, Erda L, Mamo T,Van Bo N, Nobre CA, Scholes R, Sharma R, Wakhungu J. 2012. Achieving food security in the face of climate change: Final report from the Commission on Sustainable Agriculture and Climate Change. CGIAR Research Program on Climate Change, Agriculture and Food Security(CCAFS). Copenhagen, Denmark. Available online at: www.ccafs.cgiar.org/commission.

Gerald C. Nelson, Mark W. Rosegrant, Jawoo Koo, Richard Robertson, Timothy Sulser, Tingju Zhu, Claudia Ringler, Siwa Msangi, Amanda Palazzo, Miroslav Batka, Marilia Magalhaes, Rowena Valmonte-Santos, Mandy Ewing, and David Lee 2009. Climate Change. Impact on Agriculture and Costs of Adaptation. International Food Policy Research Institute.

FAO. 2009. How to feed the world in 2050.

http://www.fao.org/fileadmin/templates/wsfs/docs/expert_paper/How_to_Feed_the_World_in_2050.pdf

FAO, IFAD and WFP. 2013. The State of Food Insecurity in the World 2013. The multiple dimensions of food security. Rome, FAO.

Universal Ecological Fund. 2011. The Impacts of Climate Change on Food Production: A 2020 Perspective.

박현진, 이철호, 2008, 식품저장학, 고려대학교

농림수산식품부, 2011, 식량자급률 목표치 재설정 및 지급률 제고방안.

이철호, 이숙종, 2011, 글로벌 식량위기와 한국의 대응방안. 식품과학과 산업, 44, 20-37.

농림축산 식품부. 2018. 2018-2022 농업, 농촌 및 식품산업 발전계획

제12장

기후 변화와 수산업

제1절 우리나라의 수산업 현황
제2절 기후 변화와 수산업

제1절

우리나라의 수산업 현황

1. 수산업의 의미

1) 수산업의 뜻

수산업이란 바다, 강, 호수 등 수계(水系)에서 살고 있는 생물 중에서 인류 생활에 직접 이용할 수 있는 수산생물을 잡거나 기르는 산업 또는 수산생물을 가공, 처리하여 인간이 유익하게 이용할 수 있게 하는 산업 등 수산물을 생산, 가공, 처리하는 과정을 산업화한 것을 말한다.

2) 수산업법상의 수산업

수산업법에서는 수산업을 '어업, 어획물 운반업 및 수산물 가공업'으로 정의하고 있다. 어업은 수산 동식물을 포획, 채취 또는 양식하는 사업과 염전에서 바닷물을 자연 증발시켜 소금을 생산하는 사업을 말하며, 양식은 수산 동식물을 인공적인 방법으로 길러서 거두어들이는 행위와 이를 목적으로 어선·어구를 사용하거나 시설물을 설치하는 행위를 말한다. 최근에는 '해양목장', '재배 어업', '기르는 어업' 등의 용어를 사용하여 혼용하기도 하나, 이는 엄밀한 의미에서 양식과는 구분된다. 수산물 가공업은 수산 동식물을 직접 원료 또는 재료로 하여 식료, 사료, 비료, 호료, 유지 또는 가죽을 제조 또는 가공하는 사업을 말한다.

3) 수산업의 특성

수산업은 많은 특성이 있는데, 특히 수산업의 대상이 되는 자원 중에서 수산생물자원은 여타 자원들과는 달리 독특한 특성을 가지고 있다. 즉, 화석 연료인 석탄·석유·가스나 광물자원 등은 인간이 이용함에 따라 계속 감소하는 갱신불가능자원이지만, 수산생물자원은 계속 생산되며, 또한 계속 소멸되는 갱신가능자원이다.

또한, 수산자원은 다른 자원과는 달리 대개 이동성을 가지고 있으며, 그 자원의 대부분이 주인이 없다는 특징이 있다. 특히, 200해리 경제수역 체계가 정착되기 전에는 더욱 그러했다. 따라서 한 국가에 속해 있는 자원이라도 그것이 다른 국가의 자원이 될 수도 있으며, 공해상에서의 주인이 없는 자원이라도 그 자원을 과다 이용하게 되면 인근 연안국의 자원에 영향을 줄 수도 있으므로 수산자원은 국제적인 분쟁의 원인이 되기도 한다. 흔히 여러 국가에 의하여 이용되고 있는 해역의 공유 자원들은 인근 연안국들 간에 수산자원의 공동관리 협약이 없는 경우, 예를 들면 황해나 동중국해처럼 경쟁적인 과도한 어획으로 인해 자원 감소를 초래하는 상태에 처하게 된다. 따라서 이러한 경우에는 상호 호혜적으로 수산자원을 효율적으로 이용하기 위한 공동 노력을 기울여야 할 필요성이 대두된다.

2. 우리나라의 수산업

1) 발전과정

우리나라의 수산업은 1945년 광복을 맞이하여 일제의 오랜 침탈과정에서 벗어날 수 있었지만, 한국동란과 사회적 혼란은 수산업 부문에 또다시 큰 타격을 주는 결과가 되었다.

수산업의 발전이 본격화된 것은 1960년대부터라고 할 수 있다. 당시 국가 경제의 목표는 자립 경제의 달성이었으며, 이를 위해 경제개발 5개년 계획이 실시되었는데, 수산업도 식량산업과 외화 획득 산업으로서의 역할이 중시되어 1967년의 '수산진흥계획', 1977년의 '연근해어업진흥책' 등이 수립되어 정부의 지원 정책이 다각적으로 이루어졌다. 그리하여 1970년대의 고도 성장기간 동안에 수산업 부문은 국가 경제 발전에 커다란 견인차 역할을 담당하였다.

수산 부문에 대한 시설 투자의 확대로 무동력 어선이 동력 어선으로, 그리고 소형 어선은 대형화되는 등 어업의 근대화가 빠른 속도로 진행되었다. 양식업에 있어서도 원시적인 양식방법으로부터 수하식과 부류식 및 가두리 등 보다 능률적인 자본집약형 양식 방법이 도입되었고, 인공종묘 생산기술의 확립으로 대량 생산체제가 확립되었다.

2) 우리나라 수산업이 세계에서 차지하는 위치

세계의 수산업 생산량은 약간의 기복이 있지만 꾸준히 증가하여 1990년대에 접어들어 1억 톤을 넘어 섰으며, 2011년에는 2억 톤을 넘게 되었다(그림 12－1).

주요 국가별 수산물 생산(수산식물 제외) 순위는 중국이 1989년부터 세계 1위의 자리를 차지하고 있으며, 다음으로 일본, 러시아, 미국 등의 순서이었으나, 2011년에는 중국, 인도, 인도네시아, 페루, 미국 등의 순서로 바뀌게 되었다. 우리나라는 1986년에 약 360만 톤을 생산하여 세계 7위를 차지한 적도 있었지만, 점차 감소하여 2011년에는 약 240만 톤으로 세계 15위의 위치에 있다.

한편, 세계 수산물 교역에서 우리나라가 차지하는 비중은 수출에서 1983년에는 7위였던 것이 2012년에는 20위로 급격히 축소되었으며, 수입에서 1983년에는 20위권 밖이었으나 2012년에는 9위로 급격히 확대되는 경향을 나타내고 있다.

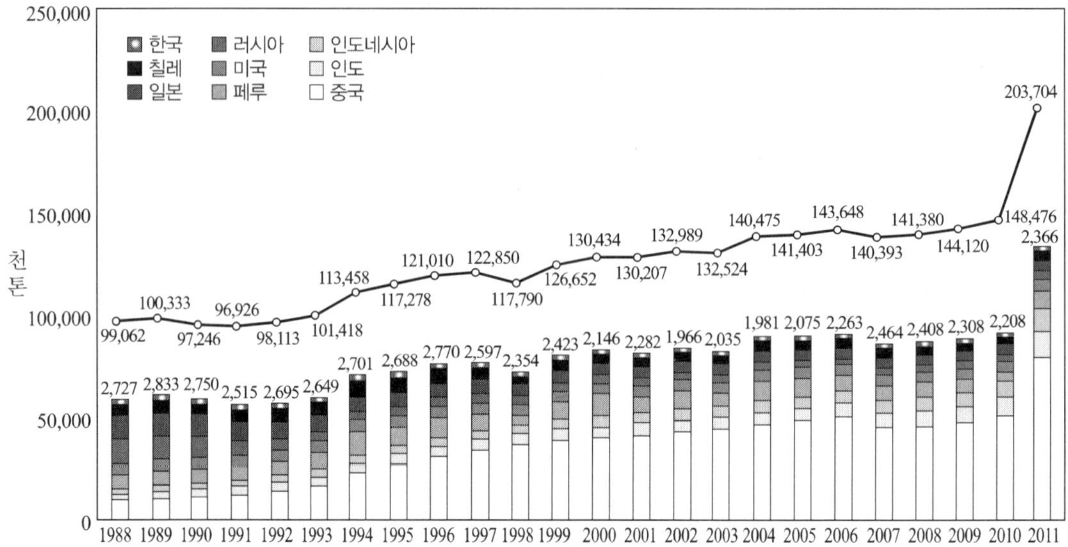

〈그림 12-1〉 **세계의 주요 국가별 수산업 생산(수산식물 제외) 현황** (자료: FAO, 1992-2015)

3) 우리나라 수산업의 생산 동향

우리나라의 수산업은 1960년대의 수산 분야에 대한 각종 지원책이 정비되면서 고도의 발전을 이루어 왔다. 특히, 고도 경제성장기인 1970년대에 들어 발전 속도가 더욱 빨라졌으며, 외화 획득을 위해 원양어업과 천해 양식업이 중점적으로 육성되었다. 그러나 1980년대 중반 이후 어업생산은 정체되기 시작하였고, 1990년대에 들어서는 감소 추세에 있다(그림 12-2).

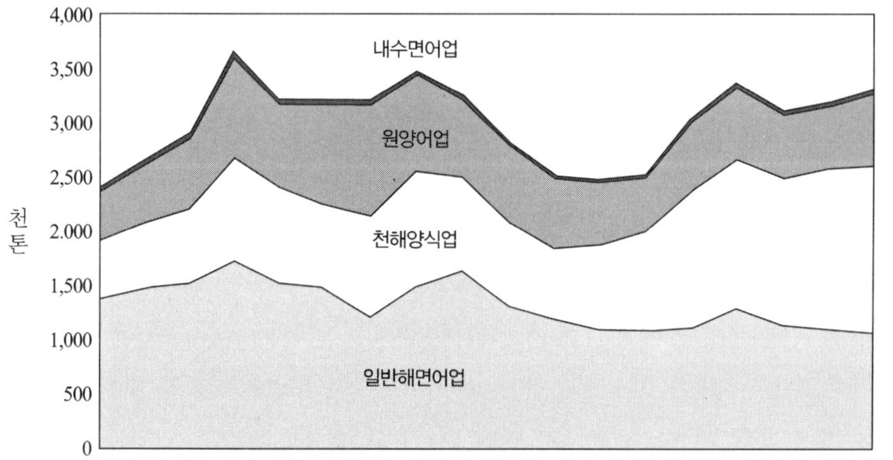

〈그림 12-2〉 **우리나라의 부문별 어업생산 추이**

부문별로 보면, 수출 산업으로서 중요한 위치를 점하고 있던 원양어업이 1980년대 후반부터 국제적인 어업 규제의 강화와 본격적인 200해리 경제수역 체제의 성립 등에 따라 축소되고 있고, 근해어업은 인접 연안국과의 조업 경쟁, 자원 감소로 인해 정체되고 있으며, 연안 및 양식업도 어장 환경의 악화, 자원 감소, 어업노동력 감소 등으로 축소되고 있는 추세이다.

2014년의 종류별 생산 실적을 보면, 어류의 생산이 전체 생산량 가운데 약 38 %를 차지하고 있으며, 패류가 약 13 %, 연체동물이 약 11 %, 갑각류가 약 5 %를 점하고 있고, 해조류는 약 33 %를 차지한다(그림 12－3).

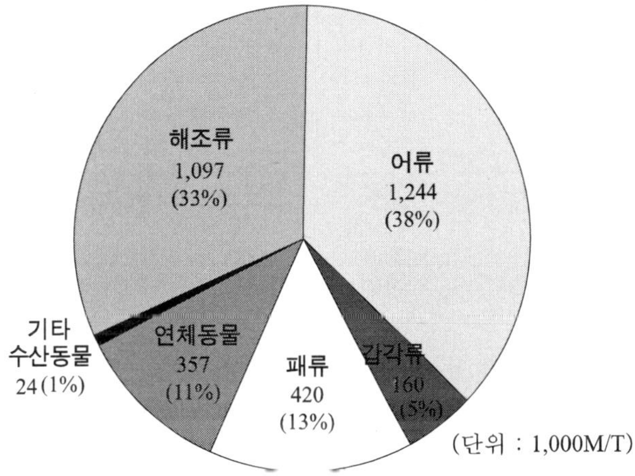

〈그림 12-3〉 수산물의 종류별 생산 실적 (자료: 한국수산회, 2015)

일반해면어업의 어류 생산에서 중요한 어종은 멸치류, 고등어, 갈치, 삼치류, 조기류, 전갱이류 등의 순이며, 연체류에서는 오징어, 붉은대게, 꽃게, 젓새우류, 굴류 등의 순이다. 그리고 해조류에서는 미역, 우뭇가사리, 톳의 순으로 생산실적이 많다.

4) 수산물의 수급 현황

수산물의 수급이란 연간 국내 소비를 위해 필요한 수산물의 총 수요량과 그에 대응하는 수산물의 총 생산량 및 공급량을 말한다. 우리나라의 수산물 수급은 1980년대 이전까지는 전체 수요량을 국내 생산으로 충당하였으나, 그 이후부터는 국내 생산만으로는 수급의 균형을 맞추어 나가는 것이 어렵게 되었다.

최근, 우리나라의 수산물 총 생산량은 310만 톤에 불과한 반면, 총 수요량은 590만 톤을 넘고 있다. 한편, 총 생산량 가운데 약 110만 톤이 수출되고 있으므로, 수산물의 총 수요를 충족시키기 위해서는 일정한 수산물 수입이 불가피하며, 수산업을 둘러싼 환경 변화와 더불어 앞으로 수입 수산물에 대한 의존도는 계속 높아질 것으로 전망된다(표 12－1).

우리나라의 수산물 이용은 식용이 대부분이며, 전통적으로 활어와 선어 중심이었다. 그러나 최근에는 약 80 % 이상이 가공용으로 이용되고, 나머지 20 %만이 활·선어로 소비되고 있다. 이것은 우리나라의 수산물 이용 방식이 과거의 활·선어 중심에서 1980년대 이후 냉동식품을 포함한 가공품 중심으로 변화하고 있다는 것을 말해 주는 것이다. 이러한 사실에서 국민소득 수준이 높아지고, 생활양식이 서구화·간편화되면서 국민의 수산물에 대한 소비 형태에 큰 변화가 일어나고 있기 때문이다.

[표 12-1] 우리나라의 수산물 수급 및 이용 현황 (단위: 천톤)

구 분		1970	1980	1990	2000	2010	2013
공급	생 산	935	2,410	3,275	2,514	3,111	3,133
	수 입	–	41	380	1,420	2,339	2,008
	재 고	–	68	276	582	528	802
합 계		935	2,519	3,931	4,516	5,978	5,943
수요	국내소비	810	1,746	2,583	2,668	3,624	3,642
	수 출	125	696	1,058	1,338	1,751	1,087
	이 월	–	77	290	510	603	1,214
1인당 소비량(kg)		17.3	27.0	36.2	35.6	51.3	53.8

자료: 한국수산회, 1971–2014; 한국농촌경제연구원, 1971–2014

한편, 국민 1인당 수산물 소비량은 생활수준의 향상과 건강에 대한 관심이 커짐에 따라 1970년 17.3 kg에서 2013년 53.8 kg으로 약 3.1배 증가하였다. 그러나 1인당 1일 어패류를 통한 동물성 단백질 공급량은 축산물에 비해 감소 추세에 있다(표 12–2).

[표 12-2] 동물성 단백질 공급 추이 (단위: g/1인당 1일, %)

구 분	1970	1980	1990	2000	2010	2013
계	10.66	20.15	33.15	41.19	47.32	50.50
축 산 물	4.07	9.49	17.25	26.27	30.17	32.77
어 패 류 (점 유 율)	6.59 (61.8)	10.66 (52.9)	15.88 (47.9)	14.92 (36.2)	17.15 (36.2)	17.73 (35.1)

자료: 한국농촌경제연구원, 1971–2014

5) 우리나라 수산업의 문제점

우리나라 수산업은 정책적인 지원에 의한 생산 수단의 고도화, 수산물 소비 확대 등에 힘입어 고성장을 구가하여 왔으나, 어업생산력의 확대에도 불구하고 1990년대부터 자원 감소에 따라 어업생산이 정체 내지 감소 추세를 나타내고 있다(표 12-3).

우리나라의 수산업은 1980년대 이후 국민 경제가 고도화함에 따라 생산 비용의 상승, 노동력 부족 등이 초래되며, 다른 산업에 비해 채산성이 낮아지고, 대외적으로도 경쟁력이 약화되고 있는 실정이다. 1990년대 초반까지 최대의 생산을 차지하고 있던 원양어업은 연안국들의 조업규제 강화에 따라 생산이 급격히 감소하고 있으며, 어업 구성에서도 북양 트롤, 유자망, 다랑어 연승 등에서 현재는 일부 다랑어 선망과 오징어 채낚기만이 명맥을 유지하고 있다. 또한, 우리나라 주변 수역에서 조업하고 있는 근해어업은 국내 어업간의 조업 경쟁은 물론이고, 인접 연안국인 중국, 일본 어선과의 조업 경쟁이 치열해지고 있으며, 그 결과 경제적인 가치가 높은 수산자원의 감소가 급속히 진행되고 있다. 연안 및 양식어업에서도 매립과 간척사업에 의한 어장 상실, 공단 및 생활오폐수로 인한 수질 오염, 어업 질서의 문란, 어업 노동력의 유출 등으로 인해 어업생산성이 정체 및 하락하고 있다.

한편, 이와 같이 수산업의 여건이 악화되고 있는 중에도 어업 경영을 지탱해 온 것은 수산물 소비 확대에 의한 어가(魚價) 상승이었는데, 1990년대에 들어서는 수산물 수입시장의 개

[표 12-3] 우리나라 어업생산 구조

연도	어업노동력		어선세력		총어획량 (천톤)	일반해면어업 (천톤)	천해양식어업 (천톤)	원양어업 (천톤)	내수면어업 (천톤)
	어가 호수 (천호)	어가 인구 (천명)	척수 (천척)	척당 톤수 (톤)					
1980	134	725	78	9.9	2,371	1,370	541	458	39
1982	127	656	87	9.3	2,600	1,473	596	528	45
1984	128	626	90	9.4	2,860	1,522	678	658	50
1986	126	585	93	9.5	3,603	1,726	947	930	57
1988	122	531	99	9.6	3,173	1,512	887	774	36
1990	122	496	100	9.8	3,164	1,472	773	919	34
1992	116	425	94	10.2	3,167	1,207	935	1,025	34
1994	110	382	77	12.2	3,446	1,486	1,072	887	31
1996	102	330	75	12.9	3,217	1,624	875	719	30
1998	99	322	91	10.8	2,808	1,308	777	723	27
2000	82	251	96	9.6	2,494	1,189	653	651	21
2002	73	215	94	8.7	2,458	1,096	782	580	19
2004	73	210	92	7.9	2,519	1,077	918	499	25
2006	77	212	86	7.8	3,032	1,109	1,259	639	25
2008	71	192	81	7.7	3,361	1,285	1,381	666	29
2010	66	171	77	7.8	3,110	1,133	1,355	592	31
2012	61	153	75	8.1	3,183	1,091	1,489	575	28
2014	59	141	68	8.6	3,306	1,059	1,547	669	30

자료: 해양수산부, 1981-2015

방에 따라 이마저도 기대할 수 없게 되었다. 그리고 1994년 유엔 해양법의 발효에 의해 1990년대 후반 동북아 수역에 새로운 EEZ체제가 구축됨에 따라 어장이 축소됨으로써 경영 기반은 한층 더 위축되었다.

이상과 같이 수산업을 둘러싼 여건의 변화에 따라 우리나라 수산업은 종래와 같은 어업생산력의 확대를 기대할 수 없게 되었으며, 이러한 여건의 변화에 대응하여 어업생산력의 축소, 어업질서의 확립, 수산자원의 보호 및 관리, 수산물의 부가가치 향상 등을 종합적으로 고려한 어업 구조의 재편이 시급한 과제로 부상하고 있다.

제2절

기후 변화와 수산업

1. 기후 변화가 세계 수산업에 미치는 영향

1) FAO의 예측

[표 12-4] 기후 변화에 대한 FAO의 예측

기후 변화에 따른 수산업의 영향	confidence 분류
• 생태계의 지리적 이동 및 내부 변화로 인해 해면 및 내수면 어종이 뒤섞이는 현상 및 산란 지역의 변동 발생	high
• 수산자원의 성장 기간 장기화, 겨울철 치사율 감소 및 고위도 지역 어류의 빠른 성장, 수산자원의 산란 패턴 변화, 이동 경로 변화 야기	〃
• 어장의 변화: 새로운 어족자원의 분포도가 기존과 달라짐	〃
• 내수면에서 산란하는 어족(예: 연어 등)은 기후 변화에 크게 영향을 받음	〃
• 생태계 변화에 따라 장기적으로 수산자원의 경제적 가치가 하락	medium
• 소규모 어업인 및 특정 어종에 대해 의존성이 높은 어업은 기후 변화로 인한 불균형으로 어려움을 겪음	〃

자료: FAO, Fisheries & Global Climate Change

FAO는 IPCC(Intergovernmental Panel on Climate Change; 유엔정부간기후변화위원회)가 발표한 기후 변화 시나리오에 근거하여 어업의 피해 정도를 '강한 확신(high confidence)', 확신(medium confidence)'으로 분류하였다.

어류마다 해수 변화에 따른 반응도는 각각 다르겠지만, 그 중에서도 규모가 작은 내수면에 서식하는 어류의 영향 정도가 가장 클 것으로 예측하였다. 특히, 산란을 위해 바다에서 강으로 회귀하는 연어의 피해가 가장 클 것으로 예측하였으며, 그 다음으로는 각국의 연안 EEZ, 공해 순으로 영향을 받게 될 것으로 전망하였다.

2) 기후 변화에 따른 어류 생산의 이상 발생

지구 온난화가 진행되면서 기존의 풍부한 어장에서 생산되는 어종의 생산량이 급감할 것으로 예측된다. 북미 지역의 미국과 캐나다 남방 해역에서 난류성 어종인 가자미, 넙치의 생산량이 감소할 것으로 예측되며, 대구의 주요 산란 지역인 북해(North Sea) 남부 해역에서 대구가 사라질 위험 가능성이 대두되고 있다. 또한, 송어와 농어를 비롯한 약 20여 종이 미국의 한류 해역에서 주로 서식하는데, 지구 온난화 현상으로 생산량이 최대 50 %까지 감소할 것으로 예측된다. 일본에서는 해조류의 피해가 가시화되고 있는데, 일부 지역에서는 김이 해수 온도의 상승에 따라 수확기 단축, 야생 해조류의 빈번한 출몰 등으로 수확량이 급감하고 있다.

지구 온난화의 영향으로 한류성 어종은 해수 온도가 좀 더 낮은 북극이나 심해로 이동하고, 한류성 어종이 있던 자리에는 난류성 어종으로 대체되는 현상 발생한다. 지중해 북서 지역은 한류 수역이지만 최근 난류성 어종인 놀래기과 그루퍼(grouper), 세네갈 서대 등이 종종 발견되고 있으며, 미국 오대호에서는 수온 상승으로 인해 27종의 난류성 어종이 새롭게 서식할 것으로 예측된다. 또한, 미국 플로리다 주에서는 난류성 어종이 새롭게 이동해 토종 어류를 공격하는 사례 발생하고 있다.

3) 해수 온도의 상승으로 인한 어병 발생률 증가

해수 온도가 상승함에 따라 어병 발생 및 확산을 가속화시키는 미생물 및 기생충의 번식 확대 가능성이 증가한다. 즉, 미생물 및 기생충의 번식 확대는 어류의 면역 체계를 약화시켜 어병 발생률이 증가할 뿐만 아니라 집단 폐사 가능성을 증가시킨다. 또한, 이는 수산물을 소비하는 소비자의 인체에도 영향을 미칠 가능성이 증가한다는 것을 의미한다.

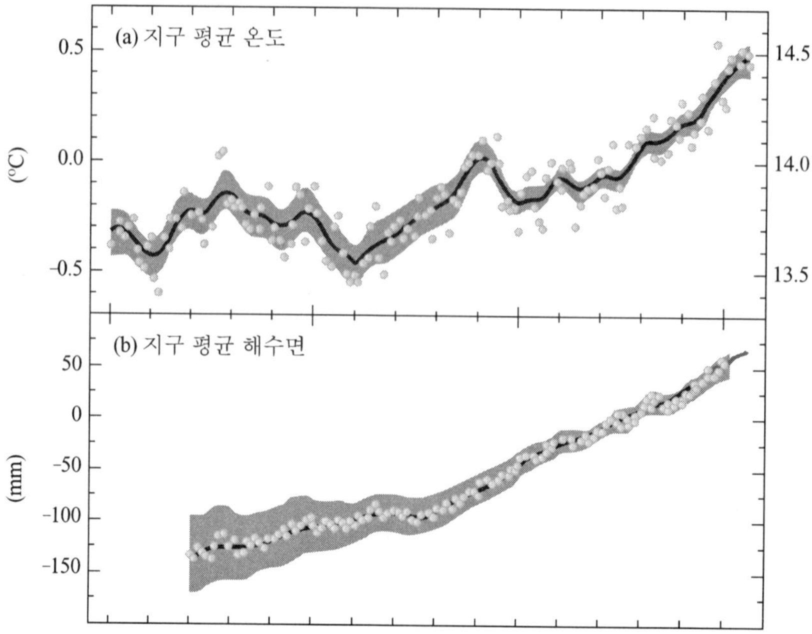

〈그림 12-4〉 지구 평균 온도 및 해수면 상승(1850~2005년)
(자료: IPCC, Climate Change 2007; The Physical Science Basis, 2007. 2)

2. 기후 변화와 우리나라의 수산업

1) 해수면 상승의 영향

국립해양조사원의 조사 결과, 부산 가덕도 연안에서 해수면 변화를 관측하기 시작한 1977년부터 2006년까지 30년간의 수위가 9.1 cm 상승한 것으로 나타났다. 이는 연간 0.3 cm씩 높아진 셈인데, 2006년의 연평균 해수면은 105.1 cm로서 30년 만에 최대치를 기록하였다(그림 12－5).

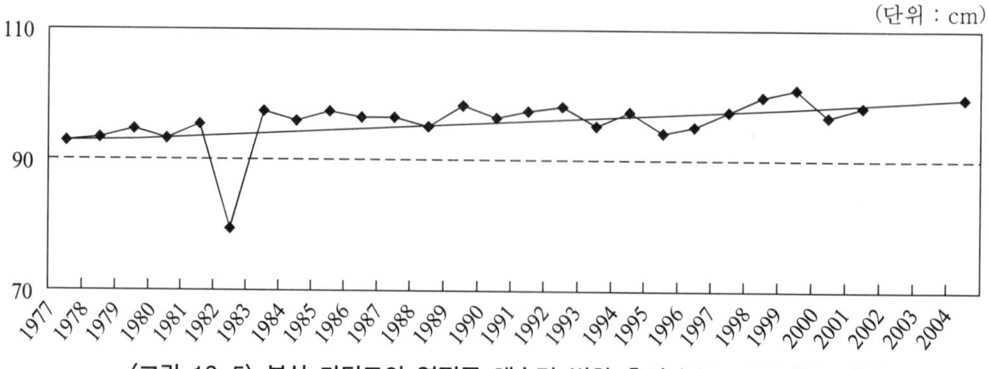

〈그림 12-5〉 부산 가덕도의 연평균 해수면 변화 추이 (자료: 국립해양조사원)

해수면이 상승하는 이유는 해수 온도가 높아질수록 해수의 부피가 커지기 때문인데, 해수 온도의 상승으로 부산 기장군과 강서구 등 부산 연안의 미역 및 김 양식장의 수확량이 급감하였다.

2) 난류성 어종의 생산량 증가

국립수산과학원의 조사 결과, 서해안 난류성 어종의 어획 비율이 높아지고, 일부 어종의 분포역이 북쪽으로 확산되고 있는 것으로 나타났다. 대표적 난류성 어종인 살오징어, 멸치, 병어류, 고등어가 전체 어획량의 약 60 %를 차지하는데, 난류성 어종의 자원밀도 증가 및 분포역 확대는 수온 상승에 따른 서해로의 유입 자원의 증가 때문인 것으로 추정된다.

우리나라에서도 해수 온도 상승에 따라 한류성 어종의 어획량은 점차 감소하고, 그 자리를 난류성 어종으로 대체되는 현상이 발생하고 있다. 2007년 3월 강원도 고성, 속초 지역에서는 대표적인 난류성 어종인 오징어의 생산량이 급증하여 각각 260톤, 426톤이 어획되는 한편, 명태와 청어 등의 한류성 어종의 어획량은 급감하고 있다.

3. 기후 변화에 따른 수산업의 대책

1) 수산 분야의 대응 방안

(1) 해조류의 이산화탄소 저감식물 지정

우리나라의 해조류 양식면허는 2,381건 4,757 ha로 해면양식면허(130,980 ha)의 57.1 %를 차지하고 있는데, 개도박 등의 해조류의 CO_2 흡수율은 열대우림 대비 약 5배 정도 높은 것으로 알려져 있다. 따라서 해조류를 이산화탄소 저감식물로 지정하여 이산화탄소 배출에 대비할 필요가 있다.

(2) 지역 고유의 해조류 발굴을 통한 신품종 개발 보급

동해에는 쇠미역 · 곰피, 서해에는 톳 · 모자반 · 뜸부기, 남해에는 김 · 미역 · 다시마 · 톳 · 청각 · 감태 · 잘피 · 홑파래 등을 중점 보급하여 개발할 필요가 있다.

(3) 저탄소 녹색성장을 위한 법적 제도 개선

탄소 배출권 거래제에 대비하여 수산 분야의 참여 방안을 마련하여야 한다.

(4) 기후 변화 대응체계 구축 및 탄소 흡수원 확충

해양 생태계, 수산 재해 및 생산성 영향 평가와 대책을 수립하여야 할 것이다.

(5) 온실 가스 배출 감축 설비 투자에 대한 금융 및 세제 지원

에너지 절약형 수산업을 육성하여 보급하여야 한다.

(6) 바이오 에너지 등 미해결 핵심 기술 개발의 투자 확대

수산 분야의 바이오매스 활용 기술을 개발하여 보급하여야 한다.

2) 기후 온난화에 대비한 주요 양식 품종별 관리 방안

(1) 해조류

① 김양식 산업의 안정화 조기 구축

○ 품질 저하 및 작황 부진에 대비하여 고수온에 강한 품종 개발
: 육상 인공채묘 및 냉동망 보급

○ 고수온 지역의 모조 확보 관리

② 아열대성 대체 품종 양식기술 개발

○ 대상 품종 : 곰피, 감태 등의 아열대성 대형 갈조류

○ 내온성 홑파래 양식기술 개발 보급 및 고부가가치 상품 개발

③ 주요 양식 품종의 양식순기 변화에 대응한 양식체계 재조명

(2) 패류

① 패류 육종 프로그램 개발 및 시험어장 운영을 통한 시설 시기의 재정립 등 양식순기 조정

○ 인공종묘 생산기술 확립 및 품종의 다변화
: 패・해조류 복합양식기술 개발

○ 굴, 꼬막, 새꼬막, 홍합 등의 채묘시기가 빨라지고, 양식순기 단축에 따른 새로운 양식 매뉴얼 제작 보급

② 전복 양식산업의 안정화

○ 수온 상승에 대비한 고내온성 우량 종묘 생산 보급(난류계 전복)

○ 하절기 전복 먹이용 대체 해조류 개발 보급(감태 등)

(3) 어류

① 외해 양식의 도입으로 양식의 새로운 패러다임 전환

○ 외해 양식어장 개발 가능 해역 조사 : 여수(거문도, 연도)
○ 종묘 생산기술 확보 어종 : 다랑어, 능성어, 다금바리 등
○ 자연산 치어 확보 가능 어종 : 고등어, 전갱이, 다랑어 등

② 지구 온난화 대비 월동 가능 어장 개발
○ 수온 변화에 민감한 돌돔, 감성돔, 능성어 등의 온대성 어류의 양식 활성화에 대비한 월동 적지 확보

(4) 질병

① 지구 온난화 관련 친환경 수산 기반조성 및 안전 수산물 생산관리 강화
○ 질병감정기관 지정 운영
○ 수산동물질병방역센터 운영
○ 친환경수산물품질인증기관 역할 수행
○ 수산물위생안전센터 운영

② 내수면어장(뱀장어 등)의 수질관리 및 질병 모니터링
○ 수산용 의약품 인진사용 지도 및 홍보 강화

(5) 환경

① 수온 상승에 따른 적조생물 출현 우점종 천이에 따른 탄력적 대응체제 구축
② 양식어장 재배치(내만성 어장 축소 및 외해성 양식어장 확대)
: 적지조사 후 양식 품종 변경에 적합한 어장구조 재편
③ 에너지 절감형 양식 개발
○ 지열(heat pump system)을 이용한 가온 시스템 보급
④ 친환경 배합사료 참여 어가 및 어장정화사업 확대

(6) 기타

① 통발용 인공미끼 개발
○ 낙지통발어업에서 대부분 중국산 칠게를 미끼로 사용
② 해파리 배출 분쇄기 개발
○ 최근 해파리 대량 발생으로 어획량 감소 및 어구 피해 증가
③ 기후 변화에 대응한 방류용 우량 종묘기술 개발
④ 서·남해안 지역 김 황백화현상의 원인 규명

참고문헌

교육과학기술부(2011): 고등학교 수산일반.
교육인적자원부(2006): 고등학교 수산일반.
김병호 외(2012): 수산의 이해, 수산경제연구원BOOKS · 블루&노트.
金鎭乾 외(2002): 水産의 理解, 有一文化社.
장호영 외(2017): 수산학개론 제2판, ㈜ 도서출판 바이오사이언스.
梁在穆 외(2000): 水産學槪論, 集賢社.
한국농촌경제연구원(1971-2015): 식품수급표.
한국수산회(1971-2015): 수산연감.
한국해양수산개발원 정책동향연구실(2007): 기후 변화가 수산업에 미치는 영향.
해양수산부(1981-2015): 해양수산통계연보.
FAO(1992-2015): Yearbook of Fishery Statistics.

제13장

기후 변화와 해양오염

제1절 오염원

제2절 오염 현상

경제 발전의 속도에 비례하여 해양 환경에 미치는 오염물질의 부하량이 크게 증가하였고 오염물질의 종류 및 현상 또한 다양해지고 있다. 해양오염은 그 원인이 해양에서 유래되었든 또는 대기나 육역에서 유래되었든 관계 없이 수산자원의 양이나 종 다양성을 감소시켜 해양의 생산력을 감소시키는 결과를 가져온다. 흔히들 해양은 육지의 그림자라고 한다. 이는 해양, 특히 연안은 육지 환경의 영향을 많이 받는다는 뜻이기도 하다. 특히, 대규모 임해산업단지 개발이나 갯벌 매립과 같은 대단위 개발 사업은 해양 환경에 심각한 악영향을 미친다. 이 절에서는 해양오염의 원인과 현상, 이로 인한 피해 및 대책에 대하여 논의하기로 한다.

제1절 오염원

해양오염을 일으키는 원인물질이 어디에서 유래되었는지에 따라 크게 육상기인 오염원과 해양기인 오염원으로 나눌 수 있다. 그 외에 대기에서 기인되는 오염물질도 있으나, 크게 두 가지로 대별할 수 있다.

1. 육상기인 오염원

바다 표면에서 증발된 순수한 형태의 물은 대기 중에 존재하는 여러 가지 물질을 녹인 채 강수의 형태로 옮겨져, 하천수나 호소수와 같은 표면수와 지하수의 형태를 거쳐 결국은 해양으로 다시 돌아온다. 이 과정에서 육지로부터 여러 가지 물질을 녹여서 또는 버려진 물질을 함유한 채 바다로 다시 돌아오게 된다.

이러한 지구적 규모의 물 순환에서 해양은 가장 낮은 준위에 있으므로, 특히 육지의 영향을 많이 받는 연안과 외해와의 치환이 잘 되지 않는 내만 같은 경우는 육역에서 유입되어 들어오는 물질의 종류와 양에 크게 영향을 받게 된다.

육상에서 기인되는 오염물질을 종류별로 구분하면 다음과 같다.

1) 산소를 소비하는 유기물

이 범주에 속하는 오염원은 주로 가정 하수나 공장 폐수, 축산 폐수 등에 포함되어 있는 탄수화물, 단백질, 지질 등과 같은 다양한 형태의 유기성 물질이다. 일반적으로는 BOD (biochemical oxygen demand, 생화학적 산소요구량) 또는 COD(chemical oxygen demand, 화학적 산소요구량) 항으로 표시 가능하나, 해양에서는 통상 COD를 사용한다. COD는 해수 내에 존재하는 유기물을 산화제를 사용하여 화학적으로 산화를 시킬 때 요구되는 산소의 양으로써, 오염의 정도를 간접적으로 표현한다.

유기물은 자연수계 내에서 분해되면서 용존산소와 반응하므로, 수중의 용존산소(DO, dissolved oxygen)농도를 감소시키게 된다. 따라서 많은 양이 일시에 유입되거나 유기물 중 그 특성상 비교적 빠른 속도로 분해되는 유기물의 경우 수중의 용존산소를 일시에 고갈시켜 산소를 호흡하는 생물들을 폐사시키게 되는 결과를 가져온다. 일반적으로 해양 생태계 내에서 어류 등 고등 생물들이 상대적으로 용존산소 농도에 민감하므로, 이러한 유기물에 의한 산소 고갈의 피해를 크게 입어 대량 폐사 등의 문제를 야기하기도 한다.

2) 중금속

중금속이 해양으로 유입되는 경로는 매우 다양하여 강, 하천 또는 대기를 통하여 유입되기도 하고, 해양투기 등으로 직접 유입되기도 한다. 중금속이 일단 해양 생태계로 유입되면, 그 양이 비록 매우 미량이라도 먹이 연쇄를 따라 생산자에서 1차 소비자, 2차 소비자 순으로 생체 내에 축척되는 양이 증가되는 생태단계 농축(bio-accumulation)을 거쳐 결국 인간에게 상당한 농도로 축적되게 된다. 이러한 현상은 수은 축적에 의한 미나마타병이나 카드뮴 축적에 의한 이따이이따이병과 같은 예에서도 잘 알 수 있다. 우리나라의 경우 마산만 등에서 저니 중 중금속 농도가 상당히 높은 것으로 알려져 있다.

대도시나 산업단지들이 있는 경우, 강이나 하천을 통해 바다로 유입되어 들어오는 중금속의 양도 크게 증가한다. 특히, 강 하구는 상류로부터 유입된 토사나 부유물질의 퇴적작용이 매우 활발하고, 해수의 약 알칼리성 pH 등으로 인하여 강물 속의 중금속이 대부분 침강해서 퇴적한다. 따라서 오염된 하구의 퇴적물에 서식하는 저서 어패류에는 중금속이 높은 농도로 농축되어 있게 된다.

3) 영양염류

육역에서 해양으로 유입되는 영양염류는 대단히 다양하며, 유입 경로는 유기물의 경우와 일치하는 경향이 있다. 비타민 B_{12}와 같은 미소 영양염류와 질소와 인과 같은 거대 영양염류로 대별할 수 있는데, 특히 질소와 인이 주 관심대상 물질이다. 질소와 인의 주 발생원은 사람이나 동물의 분뇨, 가정 하수 등이며, 부영양화의 원인물질로 작용한다. 즉, 질소와 인은 자연 상태에서 결핍된 상태로 존재하기 때문에 식물의 성장에 제한 인자로 작용한다. 그러다 다른 여러 가지 요인에 의하여 과도하게 수역에 유입되면, 식물의 성장을 촉진시키게 되는 부영양화 현상을 일으키며, 수생태계 내에서 내부 부하로 작용하게 된다.

4) 쓰레기

해양에서 문제를 일으키는 육지기인 쓰레기는 주로 장마철이나 우기시 강이나 하천을 통하여 해양으로 유입된다. 바다 쓰레기는 자원 손실과 생태계 파괴뿐만 아니라 오염의 원인 행위자인 인간에게 직접적인 피해를 유발하기도 한다. 특히, 각종 폐기물이 선박 운항에 주는 피해는 무척 심각하다. 선박의 스크류에 철선이나 그물이 얽히거나 플라스틱이 냉각수 계통으로 빨려 들어가 엔진에 이상을 일으키는 사고는 아주 흔하게 발생한다.

하천을 통한 육상 폐기물의 해양 유입에 관하여는 관리 주체가 모호하고, 관련법도 미비되어 있다. 이에 따라 여름철 집중 호우시 하천을 통한 대규모 부유 쓰레기 예방대책 및 규제가 이루어지지 않고, 금강이나 한강, 낙동강 등과 같이 하천이 여러 지자체를 경유하여 흐르는 경우 수거 비용의 분담에 관한 합의도 이루어지기 힘든 것이 문제이다. 또한, 도서지역에서의 쓰레기도 처리 없이 해양으로 유입되는 경향이 있는데, 현재 폐기물관리법은 거주 인구 50호 미만의 도서지역을 폐기물 수거, 처리 제외지역으로 정할 수 있게 함으로써 폐기물의 해양 유입을 제도적으로 무방비 상태에 놓이게 하고 있고, 일정 규모 이상의 도서지역에 설치된 간이 소각로 역시 거의 가동되지 않고 있는 실정이다. 따라서 그 양이 많지는 않지만 소규모 도서지역에서 발생되는 생활 쓰레기의 상당 부분이 미처리된 상태로 해양으로 유입되고 있다.

통상 하천을 통해 유입되는 부유 쓰레기는 여름철 집중 호우시 강 하구 지역에 쓰레기 차단막 등을 설치하여 쓰레기가 해양으로 유입되기 전에 수거하는 것이 경제성 측면에서도 효율적이며, 그 보다 앞서 쓰레기가 하천이나 해양으로 유입되지 않게 법적, 제도적 장치를 마련하는 것이 필요하다.

쓰레기와 같은 부유성 폐기물은 종종 국가간 쓰레기 이동 문제를 야기하기도 하는데, 이와 관련하여 지난 2006년에는 한 · 중 · 일 · 러 4개국이 모인 제1차 북서태평양회의에서 의제로 다루기도 하였다.

5) 해양투기

해양투기(sea dumping, ocean dumping)란 육상에서 처분이 곤란한 일반 고체 폐기물, 특정 산업 폐기물, 방사성 폐기물 등을 선박 또는 항공기에 적재하여 해양에 인위적으로 투기하는 행위를 말한다.

우리나라에서 폐기물 해양투기 제도는 1988년부터 도입되어 동해 2곳, 서해 1곳을 투기지역으로 지정하여 운영하여 왔으며, 투기량은 1988년 55만 톤을 시작으로 2004년 975만 톤, 2005년 993만 톤까지 증가한 후 2007년 745만 톤으로 다소 줄었다. 허용된 항목은 폐수, 폐수 오니, 축산 폐수, 하수 오니, 무기물, 준설 토사, 원료 동식물, 수산물 가공 잔재물이다. 원래 2011년부터는 이들 중 하수오니와 축산폐수는 전혀 해양에 투기하지 못하도록 법령이 개정되었으나 이런저런 이유로 계속 미루어지고 있는 실정이다. 2014년 1월 기준 전면 금지계획이었으나 2년 유예된 상태이다. 또한, 연도별 해양 투기 총 허용량제도를 시행해 해양 투기 오염물질 규모를 2011년까지 매년 100만 톤씩 감축하여 400만 톤까지 낮추고, 해양 투기 허용물질의 종류도 우선 14개에서 9개로 줄이는 등 지속적으로 축소하고 있다.

국제적으로는 1972년 만든 런던 협약을 통하여 바다에 유해물질의 해양 투기를 엄격히 규제하고 있으며, 준설물, 하수 오니, 생선 폐기물, 선박, 해상 인공 구조물, 불활성 무기 지질물질, 천연기원 유기물, 고립도서의 강・철・콘크리트 재질의 대형 물체와 같은 7개 폐기물에 한해서만 예외적으로 배출을 허용하고 있다. 우리나라는 1993년에 런던협약에 가입한 바 있다.

6) 미세플라스틱

플라스틱이 최초로 등장한 것은 1930년대 영국 화학자들에 의해서고, 대중화되기 시작한 건 2차 세계대전 이후니 채 100년이 되지 않은 기간 동안 플라스틱은 유리, 나무, 철, 종이, 섬유 등을 대체하는 기염을 토했다. 이제 식품, 화장품, 세제, 의약품 등 현대인의 생활은 모두 플라스틱으로 싸여 있다고 해도 과언이 아니다.

미세플라스틱은 5 mm 미만의 작은 플라스틱으로 처음부터 미세 플라스틱으로 제조되거나, 플라스틱 제품이 부서지면서 생성되는 것들이다. 미세 플라스틱은 일상생활에서 쉽게 접할 수 있는 치약, 세정제, 스크럽 등에 포함돼 있다. 피부 각질 제거에 효과 있는 세안제나 치약 속에 든 작고 꺼끌꺼끌한 알갱이 역시 플라스틱이다. '마이크로비드(microbead)'로 불리는 아주 작은 플라스틱은 최근 해양 오염의 적으로 경계대상이 되고 있다. 시판되는 제품에 함유된 마이크로비드는 주로 폴리에틸렌으로 만들어지며, 폴리프로필렌, 폴리에틸렌 테레프탈레이트, 폴리메틸 메타크릴레이트, 나일론으로도 만들어진다. 마이크로비드는 크기가 1 mm보다 작은 플라스틱이다. 크기가 5 mm 이하인 것을 미세 플라스틱이라고 하는데, 마이크로비드의 크기는 그보다 훨씬 작은 것이다. 이렇게 작은 마이크로비드는 폐수 처리 과정에서 걸러지지 않고 하수구를 통해 강으로, 바다로 스며든다.

바다로 흘러간 마이크로비드는 어떻게 될까? 바닷새에게는 이 작고 반짝이는 마이크로비드가 물고기 알로 보일 수 있다. 이미 바닷새들을 플라스틱을 주식처럼 먹고 있다고 한다. 거북은 비닐을 해파리로 오인해 먹기도 하고, 고래는 썩지 않는 플라스틱 때문에 위가 파열돼 죽은 채로 발견되기도 한다. 2015년 여름 일본 도쿄에서 잡은 멸치 64마리 중 49마리의 체내에서 미세 플라스틱이 발견된 연구 사례도 있다. 호주 연방과학산업연구기구(CSIRO)는 알바트로스, 갈매기, 펭귄 등 42개 속 186종의 바닷새들의 먹이 행태 및 해양 플라스틱 관련 자료를 종합하고 분석해, 2050년이 되면 모든 바닷새의 99.8%가 플라스틱을 먹게 된다는 연구 결과를 발표했다. 물고기는 플라스틱을 먹기만 하는 게 아니다. 작게 쪼개진 플라스틱은 비늘에 박히거나 아가미를 통해 몸속으로 들어간다. 해양 포유동물 267종은 플라스틱 때문에 다치거나 죽는다. 미역이나 김과 같은 해조류나 산호초, 굴 등도 미세 플라스틱으로 인해 위험에 처하는 것은 마찬가지다. 프랑스 국립해양연구소(IFREMER)의 아르노 후베 박사 연구팀은 폴리스틸렌 입자를 풀어놓은 물에 태평양에 서식하는 굴을 이식하는 실험을 진행했다. 두 달 후 굴의 난세포 수가 정상보다 35 % 줄어들었고, 정자의 활동 빈도도 정상보다 23 % 느린 것으로 조사됐으며, 굴의 성장속도도 현저하게 느려진 것을 확인했다. 게다가 플라스틱을 먹은 굴은 내분비교란물질을 배출했다.

물고기만 문제가 아니다. 중국 화둥사범대학교 연구팀은 중국산 소금 제품 안에 마이크로비드를 포함한 '미세 플라스틱'이 섞여 있다는 사실을 알아냈다고 밝혔다. 연구팀에 의하면 바닷물로 만든 소금의 경우는 평균 1 kg당 550~681개의 미세 플라스틱이 존재하는 것으로 조사됐다. 권장 섭취량에 맞춰 이 소금을 먹으면 1년에 1000개의 미세 플라스틱 알갱이를 섭취하는 셈이 된다.

마이크로비드로 인해 식수가 오염되는 상황도 예상해볼 수 있다. 바다에 버려진 크기가 큰 플라스틱은 햇빛과 파도에 의해 잘게 쪼개진다. 플라스틱은 얼마나 더 작아질 수 있을까? 1 mm의 1/1000인 1 μm(마이크로미터) 크기의 마이크로비드도 발견된 바 있다. 작아지고 눈에 보이지 않는다고 분해되거나 사라지는 것이 아니다. 작고 보이지 않기 때문에 더 위험해질 뿐이다. 게다가 플라스틱은 자석처럼 외부 오염물질을 끌어당긴다. 폴리에틸렌과 폴리프로필렌 조각은 폴리염화비페닐이나 DDT 같은 독성 화학물질과 비스페놀A 등의 내분비교란물질을 흡수하는 스펀지 역할을 한다. 이렇게 오염된 플라스틱이 축적된 해양 생물을 먹는다면 인간 역시 안전할 수 없다.

해양 플라스틱 폐기물에 관한 최초의 보고서는 이미 1960년대에 나왔지만 크게 대두되지 않았다. 하지만 마이크로비드에 대처하는 자세는 사뭇 다르다. 미세 플라스틱의 문제에 대한 국제 컨퍼런스가 최초로 열린 때는 2008년으로 비교적 최근이지만 위기감은 높다. 미국의 각 주는 2015년에 잇달아 마이크로비드 사용금지를 선언했고, 지난해 말 오바마 대통령은 2017년부터 세안제품에 마이크로비드 사용을 전면 금지하는 수질오염 방지법에 서명했다. 유니레버, 로레알, 존슨앤존슨 등 다국적 위생제품생산 업체들도 앞 다퉈 생산 중단을 선언했다.

과연 인간은 얼마만큼의 마이크로비드를 바다에 버리고 있을까? 정확한 수치조차 알기 어렵다. 해양 미세 플라스틱 문제에서 우리 바다도 예외가 아니라는 것만은 분명하다. 국내에 유통되는 400개 이상의 제품이 마이크로비드를 함유하고 있다. 한 제품이 무려 35만 개를 함유한 경우도 있다고 한다. 한국해양과학기술원 유류유해물질연구단에 따르면, 거제 해역의 바닷물 1 m^3에서 평균 21만 개의 미세 플라스틱이 발견된다고 한다. 이는 싱가포르 해역의 100배에 달하는 양이다. 플라스틱은 탄생한 지 한 세기도 되기 전에 우리 생활을 잠식했다. 플라스틱 의자에 앉아 플라스틱 그릇, 플라스틱 포크로 음식을 먹으면서도 몰랐다. 우리가 플라스틱을 먹게 될 줄은. 이미 바닷새와 물고기의 위장엔 플라스틱이 가득하다. 이 같은 문제의 심각성 때문에 전 세계적으로 미세 플라스틱 사용을 규제하는 법안들이 통과되고 있다. 미국에서는 2015년 '마이크로비즈 청정해역 법안'이 통과되면서 물로 씻어내는 제품에 미세 플라스틱을 사용할 수 없도록 했으며, 스웨덴에서는 화장품에 미세 플라스틱 사용을 금지하고 있다. 우리나라의 경우 2017년 7월부터 미세 플라스틱을 화장품에 사용할 수 없도록 규정하고 있으며, 해양수산부에서는 미세 플라스틱 환경 영향 조사를 진행해 그 결과를 2020년에 발표할 예정이다.

7) 열오염

원전 및 화력 발전소, 정유공장 등의 대규모 사업체에서는 발전기를 돌리기 위해 많은 양의 냉각수를 필요로 하고, 냉각수를 확보할 목적으로 해안가 지역에 설립되는 경우가 많다. 이 때, 냉각용으로 취수된 물이 열교환기를 통과한 후 수온이 약 4~10℃ 정도 높아져 다시 바다로 배출되는 물을 온배수라고 하고, 이로 인하여 배출 해역의 수온이 정상적인 해저 수온보다 높아지게 되어 직접 및 간접적으로 생태계 변화 등 환경 변화를 초래하게 되는 현상을 열오염 현상이라 한다. 특히, 원자력 발전소에서 배출되는 냉각수가 가장 큰 문제를 일으킨다.

통상 육상에서는 일교차가 10℃ 이상일 경우도 많지만, 해수의 일간 수온 변화는 1℃ 미만으로 매우 안정적이다. 따라서 해양 생물은 안정된 수온 환경에 적응되어 있어서 인위적인 수온 변화에 매우 민감하다. 즉, 생물의 생식, 발생, 성장, 행동 등에 직접적으로 영향을 미칠 수 있다. 수온 증가에 의한 영향으로는 온도 변화가 크고 급격할 경우 치사에 이르기도 하지만, 통상 생물 다양성 감소와 같은 생태계 변화를 일으키며, 특히 고착성 생물에 피해가 큰 것으로 알려져 있다. 또한, 온도 증가는 생물의 호흡량 증대, 산소 용해율 저하로 인하여 산소 결핍을 유발하며, 수온약층(깊이에 따른 수온 변화가 급격하게 일어나는 층) 생성 및 수온약층 이하 수심의 용존산소 결핍을 가져오기도 한다. 그 외 수온의 증가는 수온 상승으로 인한 직접적인 영향을 나타내지 않더라도 수온 외 다른 스트레스(질병, 유해물질 등)에 대한 해양 생물의 내성을 낮출 수 있으며, 냉각용수 취수시 냉각용수 내의 각종 부착생물, 유생 등이 열교환기 내에 부착하는 것을 방지하기 위하여 염소 처리를 하는 경우, 배출수 잔류 염소에 의한 영향도 있다. 이러한 열오염에 의한 피해를 줄이면서도 폐열을 효율적으로 이용하기 위한 수단의 하나로 온배수를 이용한 난류성 어류의 양식을 실시하는 것도 이론적으로 가능한 아이디어중의 하나이다.

7) POPs

환경에 배출되면 오랫동안 잔류하면서 생태계 먹이사슬을 통하여 생물체에 축적되는 유해물질을 POPs(persistent organic pollutants: 잔류성 유기 화합물)이라고 한다. 주로 인간의 생산 활동이나 폐기물의 처리과정에서 생성되는 인공적인 산물이며, 이 물질은 생태계에나 인체에 일단 유입되면 매우 안정적으로 존재하면서 변이현상을 유발한다. POPs는 자연환경에서 분해되지 않고 독성, 장거리 이동성, 잔류성을 가져 먹이사슬을 통해 동식물 체내에 축적되어 면역체계 교란, 중추신경계 손상 등을 초래하는 유해물질이다. 대부분 산업 생산 공정에서 발생하며, 주요 물질로는 DDT, 알드린 등 농약류와 PCB, 헥사클로르벤젠 등 산업용 화학물질, 다이옥신, 퓨란 등이 있다.

국제적으로는 UNEP(유엔환경계획) 중심으로 화학물질 안전관리 방안을 논의해 왔으며, 2001년 5월에는 12개 POPs를 규제하기 위한 POPs 규제 협약(스톡홀름 협약)이 채택되었다. 규제 대상 12개 POPs는 염화비페닐(PCBs), 다이옥신(dioxins), 퓨란(furans), 올드린(토양 살충제), 딜드린(방충제), DDT(살충제), 엔드린(살충제), 클로르덴(제초제), 헥사클로르벤젠(살충제), 마이렉스(살충제), 톡사펜(살충제) 및 헵타클로르(토양 살충제)이다. 이중 다이옥신과 퓨란은 각종 화학물질의 생산과정에서 부산물로 발생하며, 석탄, 목재 및 각종 폐기물 소각과 자동차 배출 가스 등에서 부산물로 발생하는 대표적인 잔류성 유기 오염물질이다.

2. 해양기인 오염원

해양 내에서 인간의 활동에 의하여 버려지는 물질에 의해서 야기되는 오염은 그 발생원에 따라 어업 활동으로부터 발생되는 것과 선박에 의해서 발생되는 것으로 대별할 수 있다.

1) 어업 활동

어업 활동에서 배출되는 폐기물 중 가장 규모가 크고 문제가 되는 것은 폐그물을 포함한 폐어구이다. 어민들이 방치하거나 버린 폐어구는 생태계를 파괴하는 주범으로 꼽힐 뿐 아니라, 해상 안전사고의 원인으로 지적되어 왔다.

정부는 2006년부터 근해안강망어업, 연안개량안강망어업, 근해통발어업, 근해자망어업, 연안자망어업, 연안통발어업에 대해 어구실명제를 실시하고 있다. 어민들은 해당 어구에 어업허가번호와 선박명, 어업인 이름, 연락처, 사용 어구 일련번호 등을 의무적으로 표기해야하며, 이를 어길 경우 어업정지 및 해기사 면허정지라는 행정처분을 받게 된다. 어구실명제는 어민들이 사용하는 어구에 실명을 기재함으로써 과다한 어구 사용을 막고, 폐어구를 해상에 방치하거나 불법 투기하는 사례를 줄이기 위하여 도입되었다. 이 제도는 어구를 중복 설치하여 벌어졌던 어민들 간의 분쟁도 줄일 수 있을 것으로 예상된다.

또한, 정부는 2003년부터 연근해어업 허가를 받은 어선들이 조업을 하다가 그물에 걸려 올라오는 쓰레기를 다시 버리지 않고 가져오도록 유도하기 위하여 조업 중 인양된 폐어구 등 해양 폐기물을 어업인들이 수거해 올 때 수매해 주는 해양 폐기물 수매사업을 실시하고 있다. 수매 대상 쓰레기는 조업을 하다가 그물에 걸려 올라온 폐어구, 폐로프, 폐비닐 등이다.

바다 쓰레기는 자원 손실과 생태계 파괴뿐만 아니라 오염의 원인 행위자인 인간에게 직접적인 피해를 유발하기도 한다. 특히, 각종 폐기물이 선박 운항에 주는 피해는 무척 심각하다. 선박의 스크류에 철선이나 그물이 얽히거나 플라스틱이 냉각수 계통으로 빨려 들어가 엔진에 이상을 일으키는 사고는 아주 흔하게 발생한다. 버려진 그물이나 어구가 바다를 떠다니면서 끊임없이 물고기나 게, 해양 동물들을 죽이는 것을 '유령 어업(ghost fishing)'이라 한다. 물개는 지난 30년 동안 그 수가 절반으로 줄어들었는데, 매년 4만 마리 정도가 버려진 그물에 머리를 집어넣어 목이 졸리거나 몸이 묶여 죽어가고 있다. 태평양에서 2개월 동안 조업하는 각국의 연어잡이 어선에서 쓰는 자망에 걸려 매년 25만 마리 이상의 새들이 죽는 것으로 추정되고 있으며, 버려진 어구에 걸려 죽는 게나 어류의 수는 정확히 추산할 수는 없어도 엄청날 것으로 생각되고 있다.

바다에 버려지는 쓰레기 중에서 플라스틱이 가장 문제가 되는 이유는 장구한 세월 동안 분해되지 않고 오래도록 남아서 여러 가지 피해를 유발하기 때문이다. 바다 속에서 분해되는

데 걸리는 시간은 종이는 1개월, 로프는 3~14개월, 대나무는 1~3년, 페인트칠이 된 나무 조각은 13년이 걸린다. 이에 비해서 통조림 깡통은 100년, 알루미늄 깡통은 200~500년이나 걸리고, 그물을 비롯한 각종 플라스틱 제품은 무려 500년 이상의 세월이 걸린다. 바다에 버리는 쓰레기의 피해자는 누구보다도 무수한 해양 생물들이다.

액상 형태의 오염원 중 중요한 것은 양식장에서 배출되는 오염물질이다. 해상 가두리 양식은 관리 및 운영의 효율성 때문에 연안 지역에 설치되어 있고, 가두리 설치 지역의 해저에는 급이된 사료 중 미섭취된 부분이나 양식 어류에서 배출되는 배설물과 죽은 물고기 사체 등이 주요 오염원이다. 일반적으로 생사료의 대부분은 치어들로 구성되어 공급량의 65 % 정도만 섭취되고, 나머지는 유실되어 양식 어장 일대의 수질을 오염시키고, 바닥에 퇴적층을 형성하는 원인이 된다. 또한, 생사료용 치어의 남획은 어족 자원을 고갈시키는 주요 원인 가운데 하나이다.

연안 양식에 의한 자가 오염에 대한 대책으로는 과밀 양식 방지, 해저 경운, 황토 살포, 퇴적물 준설, 기타 해저 폭기법, 생석회 살포법, 미생물을 이용한 퇴적물 정화 등의 방법이 소개되고 있다. 경운은 형망을 이용하여 오염된 퇴적물을 경운함으로써 유기물의 분해를 촉진하는 것으로, 국지적으로 오염된 해역이나 간석지 등에 적용하기 용이한 방법이다. 황토 살포법은 오염된 퇴적물을 황토나 점토를 살포하여 피복시키는 방법으로 영양염류의 용출을 억제하는 방법이다.

2) 선박

선박으로부터의 오염은 선박에서의 불법 투기, 선저 폐수(bilge), 유조선으로부터 유출되는 oil spill, 밸러스트 수(balast water)에 의한 오염, 방오 도료에 의한 TBT 등이 있다.

(1) 밸러스트 수(선박 평형수)에 의한 오염

외국서 온 화물선이나 유조선이 하역을 하고나면 수면 근처에 있던 배의 무게 중심이 위로 올라간다. 이 때, 프로펠러 일부가 수면으로 나오면 공기 중에서 헛돌게 되어 배가 앞으로 잘 나아가지 않고 가벼워진 탓에 전복될 위험도 커진다. 따라서 출발 전 빈 배의 바닥 안쪽에 바닷물을 채워 약간 가라앉힌다. 이 물을 밸러스트 수라고 부른다. 보통 20만 톤급 유조선에는 5~7만 톤, 12만 톤급 화물선에는 3~4만 톤 정도의 밸러스트 수를 채운다. 문제는 배가 도착지의 바다에 밸러스트 수를 방출한다는 것이다. 밸러스트 수에 실려 간 해양 생물은 이렇게 외국으로 이동한다.

국제해사기구(IMO)에 따르면, 현재 세계적으로 연간 약 100억 톤의 바닷물이 밸러스트 수로 옮겨지고 있고, 밸러스트 수를 따라 이동한 생물은 7,000종이 넘는 것으로 추정되며, 이

과정에서 1일 평균 300여종의 유해한 해양 생물종과 병원균이 이동하는 것으로 알려져 있다.

이와 같이 생태계에 악영향을 미치는 외래 생물종과 콜레라와 같은 병원균이 선박의 밸러스트 수를 통해 전 세계적으로 이동하는 것을 방지하기 위하여 영국 런던에 본부를 두고 있는 국제해사기구(IMO)는 2009년부터 밸러스트 수 및 침전물을 배출 전 처리하도록 의무화하고 있다. 즉, 국제 항해에 종사하는 모든 선박은 육지에서 200마일 떨어진 수심 200미터 이상의 바다에서 밸러스트 수를 교환하여야 하며, 선박에 들어있는 밸러스트 수를 바다에 배출할 때는 국제 기준에 맞는 처리장치를 사용하여 처리하도록 의무화하고 있다. 또한, 400톤 이상의 선박은 밸러스트 수 관리계획과 밸러스트 수 관리기록부를 작성, 시행하도록 요구하고 있다.

(2) 해양 유류 오염사고

유류 오염사고는 발생시 그 피해가 심각하여 대량의 유류를 단시간에 해양으로 유입시켜 생태계에 오염 부하로 작용하게 한다. 유류의 경우 화학적인 구조가 간단하지 않으며, 분해에 걸리는 시간 또한 매우 길며, 오염은 단시간에 일어나지만 복원에 필요한 기간은 상상을 초월한다. 우리나라의 경우 1997~2006년간 총 3,915건의 오염사고가 발생하여 10,234 kL의 기름이 유출되었다. 2006년 말 기준 최근 10년간 유출량 100톤 이상의 대량 유출사고는 14건에 불과하지만 전체 유출량의 68 %를 차지하고 있다.

2006년도 오염사고 285건 중 1 kL 미만의 소량 오염사고는 대부분 중 · 소형 어선으로부터 발생한 271건으로 전체 사고수의 95 %를 차지하고 있으며, 10 kL 이상 유출된 중 · 대형 오염사고는 5건밖에 되지 않으나 유출량은 359.7 kL로 전체 유출량의 84 %를 차지하였다. 사고 원인별로는 취급 부주의 41 % 117건, 파손 26 % 74건, 해난사고 26 % 73건, 고의 배출 5 % 14건 순으로 나타났다. 유류 이송 및 취급 소홀 등 부주의에 의한 오염사고 117건 중 어선 44건, 육상으로부터의 오염 21건, 화물선 18건, 유조선 13건, 기타선 21건으로 어선과 기타 선박으로부터 소량의 유출사고가 많이 발생하였다. 이는 유출량에 있어서는 큰 비중을 차지하고 있지 않으나, 대형 유조선과 화물선에 비해 운항과 정박이 연안에 집중되어 있어서 연안 해역의 지속적인 오염원으로 작용하여 환경에 심각한 영향을 미칠 수 있다는 것을 뜻한다.

유출된 유류를 제거하기 위해서 유처리제를 사용하기도 한다. 유처리제는 계면활성제와 액체 파라핀계 탄화수소인 용제로 구성되어 있다. 액체 파라핀계 탄화수소는 점성이 큰 중질유에 계면활성제가 잘 침투하도록 도와주지만, 수중에 미세 방울로 분산되어 생물에 독성을 나타내기도 한다. 방제나 정화작업을 통해서도 제거되지 않고 남아있는 성분들은 해양 내에 잔류하여 장기적인 영향을 주게 된다. 특히, 고분자 방향족 탄화수소들은 분해 속도가 매우 느리거나 거의 분해되지 않고 잔류하면서 해양 생물에 농축되어 악영향을 미친다. 외국의 사고 사례를 보면, 원유나 연료유의 유출 사고 후 7~10년이 경과하여도 게나 굴과 같은 갑각류와 패류의 서식지가 회복되지 않는 경우를 쉽게 볼 수 있다.

유류 오염사고는 발생시 해양으로 유출되는 유류의 종류가 매우 다양하며, 유출 상황, 기상 조건 등이 상이하기는 하나 오일펜스 등 확산 방지막을 설치하여 기름의 확산을 최소화하고, oil skimmer를 이용하여 표면의 기름을 회수한다. 제거 효율은 유층의 두께, 에멀젼화된 정도, 점도, 해황 등 여러 요인에 따라 다르나, 파고가 2 m 이상일 경우 효율이 매우 낮아 쓸모가 없다. 이러한 직접 회수가 곤란하거나 회수 후 남은 잔여 기름은 유흡착제를 투입하여 흡착 수거한다. 이러한 물리적 처리를 거친 후 최종적으로 유처리제를 사용하는 것이 타당하다.

(3) 선저 폐수

선저 폐수(bilge)는 선박의 밑바닥에 괴는 유성 혼합물로 연료유・윤활유가 해양으로 유출돼 바닷물을 오염시키므로, 해양오염방지법에서는 항해 중인 선박은 순간배출률(시간당 배출되는 기름의 부피를 그 시점에 대한 선박 속도로 나눈 비율)이 1해리당 60 ℓ 이하일 것으로 규정하고 있다. 또, 기름의 함유량이 1만 cm^3당 1cm^3 미만일 것을 규정하고 선저폐수 배출 방지장치의 설치를 의무화하고 있다.

(4) 트라이부틸주석 화합물(TBT, tri butyl tin)

TBT 화합물은 유기주석 화합물의 일종으로 강한 독성을 가지고 있어, 주로 선박 및 어망 등의 부착생물 방지제로 사용되어 왔다. 부착 방지제로 사용되는 TBT는 페인트에 화학적으로 결합되어 있다가 수화(hydrolysis)에 의해 서서히 용출됨으로써, 선박 밑면에 부착하려는 생물들을 붙지 못하게 하나 용출시 연체류에 큰 영향을 미치며, 고동류의 경우 임포섹스(암컷의 수컷화)를 유발시키는 주 오염물질로 알려져 있다. 우리나라의 경우 2000년부터 연근해 어선, 잡종선, 일부 해양 구조물, 어망 및 어구에 사용을 규제하고 있으며, 내항 여객선 및 화물선, 외항 여객선, 화물선, 어선으로 그 규제를 확장할 예정이다.

제2절

오염 현상

1. 갯녹음(백화현상)

갯녹음이란 조간대의 해조류가 녹아 유실되는 현상을 뜻하는 순우리말이다. 이러한 제 현상을 의미하는 국제적인 어휘로서 통용되고 있는 'whitening' 또는 'whiting event'를 직역하여, 백화현상(白化現象)이란 어휘로 통일하여 사용하기도 한다. 일반적으로 백화는 해조류가 번성하고 있던 암초지대에서 어떤 원인으로 해조류가 고사·소멸하고, 그 공간을 석회조류로 불리는 여러 종류의 산호말(홍조류)이 점유하여 암반이 백색 또는 황색, 분홍색을 나타내는 현상을 말한다. 최근 국내에 파급되고 있는 현상은 조하대 수심 20 m까지 이르는 해저에서 일반 해조류가 유실되는 것은 물론 석회조류가 급증하고, 때론 이들마저도 죽어 가는 경향을 띠고 있다.

갯녹음에 의한 해중림의 소멸은 어류의 산란장, 유·치어 육성장, 생태계의 파괴로 이어져 어업자원 전체에 악영향을 미친다. 또한, 전복·성게·소라 등의 조식성(藻食性) 패류 및 어류 자원에 악영향을 미친다. 결국 다시마·미역·우뭇가사리 등의 식용 해조자원이 쇠퇴하고, 어민 소득원에 커다란 타격을 주어 사회적인 악영향을 미친다. 갯녹음의 원인은 정확하게 알려져 있지는 않으나, 대기 중 이산화탄소의 증가 및 지구 온난화에 의한 수온 상승, 연안역의 오염, 군집의 동태와 생물학적 작용, 질소, 인 등의 결핍이 불러오는 빈(貧)영양화 등으로 알려져 있다. 우리나라에서는 1992년 제주 해역에서 처음 보고된 이후 지금은 제주 대부분 해역과 동해안의 강원도 북방한계선, 남해안까지 관측되고 잇다.

갯녹음 발생시 해결 방안으로는 인공적 방안으로 갯녹음 현상이 나타난 바다에 성숙한 미역, 다시마를 투입하고, 바위에 해조류의 종묘를 감아주는 방안이 제시되어 있다. 실제 갯녹음 현상은 섬, 방파제 등에 막혀 바깥 바닷물과 잘 섞이지 않아 바닷물 온도가 높은 지역에서 일어나므로, 방파제 아래쪽에 구멍을 뚫어 해수 교환이 잘되도록 하며, 양식장은 해수유동이 잘 되는 곳으로 옮기고, 바닥 청소를 자주 하는 것이 좋은 방법이다.

2. 부영양화(Eutrophication)

부영양화란 영양물질 즉, 질소와 인이 과잉으로 존재하는 현상으로 인구증가, 산업 및 농업과 같은 인위적 요인에 의하여 외부로부터 과잉으로 유입된 영양염류가 폐쇄된 수역 내에서 과도한 생산력을 유발시켜, 그 수역에서의 다른 이용 가치와 조화를 이루지 못할 정도로 증가하여 여러 가지 문제를 일으키는 현상이다. 부영양화 정도가 심한 수역에서는 산소 농도의 변동 범위를 크게 하여 산소 농도 감소 시 주변 동식물의 떼죽음을 가져오게 한다.

부영양화가 해양 환경에 미치는 영향으로는 연안 해역의 부영양화로 식물성 플랑크톤이 대량 번식할 경우 수산용수로서의 가치가 저하될 뿐만 아니라, 생산되는 어종 또한 저급 어종이 주류를 이루게 된다. 부영양화된 해역에서는 적조 발생이 잘 일어나며, 빈산소 수괴의 형성 또한 현저하다. 부영양화 방지를 위해서는 생활 하·폐수의 고도 처리가 선행되어야 하며, 오염된 퇴적물의 경우 영양염류의 내부 순환원으로 작용하므로, 이에 대한 개선 대책이 필요하다.

3. 적조(Red tide)

적조란 해양에 서식하는 식물성 플랑크톤이나 그 외 박테리아나 미생물이 번식에 알맞은 환경조건이 될 때, 일시에 많은 양이 번식되거나 또는 생물 물리적 현상으로 집적되어 바닷물의 색깔을 변색시키는 현상이다.

우리나라의 대부분의 적조현상은 남해안에서 발생하였는데, 주변에 공단지역이 많이 들어서서 수질 오염이 가속화 된데다 특히, 매년 9월경에는 해수의 온도가 20℃ 정도에 이르며, 수심이 얕고 섬들이 많아 해류의 영향을 적게 받기 때문이다. 이에 비해 동해안은 수심이 깊고, 바닷물의 교류가 빠른데다 수온이 낮은 이유로 대표적 적조현상은 나타나지 않았으며, 서해안은 조석 간만의 차가 크고, 갯벌의 발달로 적조가 잘 발생하지 않는 지역이었다. 그러나 1990년대 이후 외해성 적조가 빈발하면서 적조의 양상도 달라졌다. 즉, 우리나라 연안의 적조는 1962~1970년 중반까지 주로 진해만 일대의 내만에서 무독성의 규조류에 의해 발생하였다가 곧 소멸되곤 하였으나, 1980년대에는 외만으로 적조가 확산되고, 기간도 장기화하는 양상으로 변화하게 되었다. 또한, 연안역의 오염이 심화됨에 따라 적조가 발생하는 해역도 전국 연안으로 확대되고 있는 추세이다. 우리나라 대부분의 적조현상은 거의 남해안의 폐쇄성 내역인 진해만과 마산만, 당동만, 원문만에서 이루어졌으나, 최근에는 동해와 서해에서도 코클로디니움 등에 의한 적조가 빈발하고 있다.

적조의 원인 물질은 육지에서 유래되어 해양으로 유입되는 영양염류와 가두리 양식장 등에서 유래된 영양염류 등이다. 육지에서의 오염원으로는 적절하게 처리되지 못한 상태로 해양에 유입되는 산업 폐수, 가정 하수, 축산 폐수 등이다. 이러한 유입 물질 외에도 적조발생이 일어나기 위해서는 환경 조건이 중요한데, 적조 발생 조건으로는 첫째, 지형적으로 내만성이고, 외양과의 해수 교환이 적은 폐쇄성 해역이어야 한다. 둘째, 물리적 측면에서 볼 때,

적조 생물의 생활 수온인 15~20℃가 유지될 수 있는 여름철이어야 한다. 또한, 이들 적조 생물의 광합성 활동에 필요한 일조량이 풍부해야 하며, 안정된 수괴가 형성되어야 하는 것도 한 조건이 된다. 셋째, 육지로부터 강우 등에 의하여 적조 생물의 성장과 번식에 필요한 비료 성분인 영양염류가 유입되어 바닷물 속에 풍부하게 녹아 있어야 한다. 특히, 질산염과 인산염은 적조 미생물의 성장 제한인자로 작용하며, 이 외에 비타민 복합체, 미량 원소 등이 바닷물 속에 녹아 있어야 한다.

적조는 주로 봄철 장마에 의하여 육상으로부터 다량의 영양염이 해양으로 유입되고, 며칠간 쾌청한 날씨가 지속되면 발생하는 게 일반적이었다. 그러나 최근 연안 해역의 유기오염이나 부영양화가 진행된 곳에서 발생하는 적조는 강수에 의한 영양염의 유입이 없어도, 해저 퇴적층으로부터 영양염의 용출과 식물 플랑크톤의 성장을 촉진시킬 수 있는 성장 촉진 물질이나 자극 물질의 공급이 이루어져 계절에 관계없이 발생하는 현상을 보이고 있다.

발생된 적조에 대처하기 위한 방안으로는 화학약품의 살포가 한 가지 방법으로 제시되고 있으나, 생태계의 다른 생물에 대한 영향이나 화학약품의 비용을 고려하여 양식장이나 폐쇄성 수역에서만 사용하도록 해야 할 것이다. 약품의 경우에도 적조 생물뿐만 아니라 우점하는 다른 해양 생물에 대한 영향도 검토해야 할 것이다.

퇴치용 천적들을 이용하는 생물학적 방법도 제안되고 있다. 이것은 생태계 내에서 피식자-포식자 관계를 이용해 원하지 않는 생물을 제거하는 방법이다. 초식성 동물 플랑크톤이 얼마나 많은 양의 식물 플랑크톤을 먹는가에 따라 식물 플랑크톤의 양이 변할 수 있다. 따라서 적조 원인생물을 효과적으로 먹어치울 수 있는 천적 생물을 찾아내고, 이들을 대량 번식시켜 적조 발생 초기에 투입하여 적조를 방지하는 것도 연구해 볼 만한 가치가 있을 것이다.

현재 가장 널리 사용되는 방법은 황토살포법이다. 황토가 동물성 플랑크톤의 일종인 적조 생물을 흡착하여 가라앉히고, 특히 황토 속에 들어있는 알루미늄 성질이 적조 생물의 세포를 파괴하는 데 탁월한 효과가 있다고 알려져 있다. 국립수산과학원의 실험 결과, 적조 생물이 황토 입자에 흡착해 가라앉는 효과가 있으며, 황토 내의 알루미늄 성분은 적조 생물의 세포를 파괴하고, 황토 살포 30분 후엔 약 78 %의 적조생물이 제거된다고 밝혔다. 그러나 일부에서는 지나친 황토 살포가 저서 생태계를 파괴시킨다고 보고하고 있어 황토 사용에 대한 신중론도 있다. 따라서 유독성 적조 발생을 감시, 조기에 예보할 수 있는 시스템의 개발이 가장 중요한 방책 중의 하나이다. 그 외 적조를 예방하기 위한 가장 근본적인 방법은 영양염류를 포함하고 있는 오·폐수의 유입을 엄격하게 규제하는 일이므로, 폐수를 방출하는 공장에 폐수 재처리시설의 설치를 의무화하고, 생활하수 종말처리장을 더 많이 건설하여야 할 것이다. 국민들도 환경 문제에 관한 인식을 새롭게 하여 오염물질을 되도록 적게 버리고 재활용하도록 노력하고, 어민들은 양식장에서 나오는 각종 사료 찌꺼기 및 배설물에 의한 부영양화를 막도록 노력하여야 할 것이다.

4. 빈산소 수괴

빈산소 수괴란 저층의 용존산소가 낮아지는 현상을 말하며, 보통 수중의 용존산소 농도가 2.5 mL/L(3.6 mg/L) 이하를 빈산소 수괴라 하고, 0.025 mL/L 이하를 무산소 수괴라 한다. 통상 남해안의 리아스식 해안이나 해수 유동이 느리고, 오염물질이 축적되기 쉬운 반폐쇄성 지형·지세를 가진 여수 가막만이나 경남 진동만, 통영시 북만 등에서 발생빈도가 높다.

빈산소 수괴의 발생 원인은 첫째, 조류 소통이 원활하지 못한 해역에서 자주 발생한다. 연안에서의 용존산소 공급은 대기 혹은 외해수와의 해수 교환에 의해서 주로 이루어지나, 조류 소통이 원활하지 못한 폐쇄적인 만의 경우 저산소화 되기 쉽다. 둘째, 수온 또는 밀도 성층이 강하게 형성되는 해역에서 자주 발생한다. 여름철 일사량의 증가에 의해 수온약층이 약하게 형성되거나, 대량 강우의 경우 표층에서 저층으로 산소 공급이 극히 제한되어 저층의 용존산소는 부족하게 되기 때문이다. 셋째, 부영양화된 해역에서 자주 발생한다. 육상으로부터 생활하수 및 산업 폐수의 유입이 많은 해역은 영양염이 풍부하기 때문에, 빈번한 적조의 발생 등으로 인하여 수중 또는 퇴적물 내에 유기물이 다량 축적되어 고수온기에 미생물의 분해 작용이 활발하게 이루어지면, 저층에서 일시에 다량의 용존산소를 소비하게 되어 저산소화 된다.

빈산소에서 기인되는 현상으로 황화수소 등 무기이온 물질을 다량 함유한 저층의 저산소 수괴가 기상 등의 조건에 의해 표층으로 용승할 경우, 광 산란에 의해 해수 표면의 색깔이 청록색 또는 은백색으로 변화하는 현상이 생길 수 있다.

대비책으로는 수하식 양식장의 경우 수하연의 길이를 짧게 조절하고, 살포식 패류 양식장에서는 어장정화사업을 철저히 하여야 하며, 해상 어류 양식장에서는 밀식을 방지하여야 한다.

5. 냉수대 현상

냉수대란 여름철 주변 해역보다 수온이 5~10℃ 이상 차가운 해수가 연안에 출현하는 경우를 말한다. 여름철 연안의 깊은 곳에 냉수가 존재하는 것이 정상적인 해황이지만, 남서풍, 남동계절풍이 며칠 이상 지속적으로 불게 되면 연안쪽 표층의 더운 물이 외해 측으로 밀려가고, 아래층에 있던 냉수가 표층으로 올라오기 때문에 생기는 현상이다. 이 냉수대의 출현은 바람의 방향과 세기, 그리고 바람이 지속되는 시간 및 연안의 형태, 중층의 냉수괴의 발달 정도에 따라 달라진다.

6. 청수와 청조

청수(淸水)란 맑은 물이란 뜻으로 주로 내만에서 바다 밑바닥까지 보일 정도로 물이 맑고, 그 물이 지나가고 나면 생물이 폐사한다고 하여 어업인들에 의해 청수대 또는 독수대라 불리어져 왔다. 일 년 중 6~9월 사이에 출현하나, 주로 8월 중순에서 9월 사이에 많이 발생한다. 반폐쇄성 내만에서 생기는 청수는 진해만 서부 해역 등지에서 발생하며, 수온이 낮고 용존산소 농도도 낮으며, 황화물과 영양염류 농도는 높은 특징이 있다.

한편, 청조(淸潮)는 해수 표층 부근의 수색이 청백색 또는 은백색을 띄며 마치 비눗물을 풀어놓은 것처럼 보이는 현상을 일컫는다. 원인은 명확하지 않으나 빈산소수와 같이 산소가 부족한 저층수 중에 다량 함유되어 있는 철, 망간, 황화물 등 각종 염류들이 산소가 풍부한 표층으로 상승하면서 산소와 결합하여 광산란을 일으켜 수색이 변하는 것으로 알려져 있다. 진해만과 같이 빈산소 수괴가 형성되는 주변 육지부에서 간혹 발생하며, 청조 발생 시 인근 축양 어류, 자연산 저서 어류 및 갑각류의 폐사 사례가 확인되고 있으나 정확한 통계자료는 없다.

수산 생물의 폐사와 관련이 깊은 내만 해역의 청수 및 청조는 빈산소 수괴의 형성에 기여한다. 따라서 빈산소 수괴의 형성 방지를 위해서는 연안역 부영양화의 주원인이 되는 육상 오염 부하를 저감하는 것이 가장 바람직하며, 이외에 적정 양식시설을 유도하고, 오염된 퇴적물에 대한 관리가 필요하다.

참고문헌

국립해양조사원(2007): 바다안내도.

교육인적자원부(2003): 고등학교 해양 일반.

이상용 외(2002): 해양학, 시그마 프레스.

한국해양자료센터(2008): http://kodc.nfrdi.re.kr/home/kor/near-goos.

Clark, R. B.(2001): Marine Pollution, 5 ed., Oxford University Press.

Stewart, R.H.(2005): Introduction to physical oceanography.

Tan, A.K.(2005): Vessel-source Marine Pollution-The Law And Politics of International Regulation, Cambridge University Press.

ㄱ

가수분해단계(Hydrolsis) 147
강우의 특성 30
갯녹음 221
건강 172
결정질 실리콘전지 138
경작지 181
경제적 효과 145
고도성장 사회 시나리오 100
고집광을 통한 태양열 발전 133
공기의 주성분 70
공유지의 비극 25
광역화 18
광학적 두께 78
국내 식량 현황 190
기온감률(temperature lapse rate) 71
기후 12, 183
기후 변화 74, 94
기후 변화 과학 110
기후 변화 현황 111
기후 변화와 사회경제적 대응 173
기후 변화의 영향요인들 155
기후시스템 74
기후와 경제성장 154

ㄴ

냉수대 224
농업생산 55
농업용수 182

ㄷ

다원화 사회 시나리오 100
다이옥신 21
다이옥신류(PCDD) 21
대기 8
대기권 68
대기대순환(global atmospheric circulation) 68
대기질 및 기상 변화 120
대기효과(atmospheric effect) 80, 81
대류(convection)현상 71
대류권(troposphere) 68, 70
대체에너지의 개발 60
대표농도경로(RCP) 101
독립영양생물(Autotroph) 13
동·식물과 농작물의 영향 121

ㅁ

먹이그물(food web) 16
메탄생성단계(Methanogenesis) 148
물 9
물산업 34
물산업 동향 34
물의 순환 40
물의 양 30
물환경 변화 33
미량화 21
미세소비자 13
미이용 자원의 활용 59

ㅂ

바이오에너지(Bio-energy) 139
박막 태양전지 138
백화현상(白化現象) 221
복사강제력(RF) 88
복사냉각(radiation cooling) 80
복사에너지(radiant energy) 72
복사평형(radiation balance) 80
복잡성 16

부영양화(Eutrophication) 221
부패(Decay) 46
분해자 13
비생물적 구성요소 13
빈산소 수괴 224

ㅅ

산림생태계 172
산생성단계(Acidogenesis) 147
산소를 소비하는 유기물 211
산소의 순환 42
생물권 8, 48
생물적 구성요소 13
생산자 13
생태계 8, 13
생태학(ecology) 8
선박 218
성층권(stratosphere) 68, 71
세계 식량 현황 183
소비자 13
수권 47
수산업 196
수자원 171
수자원의 부족 121
순복사량(net radiation) 68
스턴(Stern)보고서의 주요 내용 163
시차성 18
식량 172
식량 대책 192
식량낭비 187
식량소비 추세 185
식량자급률 190
쓰레기 212
쓰레기를 이용한 에너지 62

ㅇ

암석권 47
야간경계층(nocturnal boundary layer) 71
야간제트(nocturnal jet) 71
어업 활동 217
연안 172
열권(thermosphere) 68
열수지 81
열오염 213, 215
영양염류 211
온실가스 농도의 증가 88
온실가스 배출 시나리오 99
온실가스 배출량 91
온실가스(greenhouse gas) 82
온실효과(greenhouse gases) 80
유기 태양전지 138
유기성 폐기물 140
유전자 조작식품(GMO) 18
유전자변형생물체 19
유황 50
육상기인 오염원 210
인간의 건강 및 산업의 영향 121
인간의 영향 48
인구 부양능력 55
인구증가 54, 184
인구증가속도의 억제 64
인의 순환 47
일상생활 속의 날씨 152

ㅈ

자원 55
자원의 불필요한 사용금지 63
자원의 한계 57
잔류성 유기 화합물 216
재생가능 자원 55
재활용(recycling) 63

저층제트(low level jet) 71
저품위 자원 59
적정기술(appropriate technology) 58
적조(Red tide) 222
전 세계 기아 188
제품 내구연한의 연장 63
조력(潮力) 62
종다양성의 감소 23
종속영양생물(Heterotroph) 13
중간권(mesosphere) 68, 72
중금속 211
지구대기 68
지구대기의 효과 78
지구복사에너지 72
지구온난화 81
지구온난화의 대책 122
지구온난화의 원인 85
지구온난화지수(GWP) 82
지구의 기온 및 해수면 상승 120
지속발전형 사회 시나리오 101
지역공존형 사회 시나리오 101
지열 61
지하수 31
진공관 태양열 집열기 132
질산화(Nitrification) 46
질소고정(Nitrogen Fixation) 44
질소의 순환 44
집광형 태양열 집열기 133
집광형 태양전지 139

ㅊ

청수(清水) 225
청조(清潮) 225

ㅌ

탄소의 순환 41
탈질(Denitrification) 47
탐지(detection) 94
태양광 136
태양광발전 136
태양복사에너지 72
태양에너지 11, 60
태양열 130
태양열 이용시스템 132, 135
태양열 축열기술 134
태양열시스템 제어장치 135
태양전지 136, 138
토양 11
투과능(transmissivity) 78

ㅍ

평판형 태양열 집열기 132
폐목재계 바이오매스 143
표면온도 77
풍력 61
퓨란류(PCDF) 21
플랑크 법칙(Planck's law) 76

ㅎ

해양기인 오염원 217
해양투기 213
해저자원 59
핵에너지 자원 59
핵융합에너지 62
혐기성 소화(anaerobic digestion) 147
혼합층(mixed layer) 71
화학 성상 69
황의 순환 50
회수할 수 없는 재생불능 자원 56

INDEX

회수할 수 있는 재생불능 자원 56
흑체(blackbody) 76
흑체복사(black body radiation) 72, 76
흡수능(absorptivity) 79

영문

Beer의 법칙 78
CO_2 농도의 증가 85
ESSD 25
FAO의 예측 202
GMO(Genetically Modified Organisms) 19
GWP(global warming potential) 82
IPCC(inter-governmental panel on climate change) 82
Kirchhoff의 법칙 77
LFG(Land Fill Gas) 62
MTS(Methanogenic Treatment System) 62
PCDD(polychlorinated dibenzo-p-dioxin) 21
PCDF(polychlorinated dibenzofuran) 21
POPs(persistent organic pollutants) 216
ppb(parts per billion) 21
ppm(parts per million) 21
RCP 시나리오 102
RDF(Refuse Derived Fuel) 62
RF(radiative forcing) 88
Stefan-Boltzmann의 법칙 77
Wien의 변위법칙(Wien's displacement law) 76

기타

1, 2차 연구의 주요 내용 168
2,3,7,8－사염화다이옥신(TCDD) 21
3차 연구의 주요 내용 169

INDEX

생태계와 기후변화 정가 12,000원

발 행 2019년 3월 10일 2판 1쇄
저 자 정병곤 · 김득수 · 차왕석 · 김민영 · 구재근 · 장호영
발행인 정우용
발행처 도서출판 동화기술
경기도 파주시 광인사길 201(문발동, 파주출판도시)
Tel (031)955-4211~6 donghwapub@nate.com
Fax (031)955-4217 www.donghwapub.co.kr
(등록) 1977년 12월 19일/9-16호

ISBN 978-89-425-9206-7